天下‧文化
BELIEVE IN READING

WHY STARTUPS FAIL
A New Roadmap for Entrepreneurial Success

不受傷創業

哈佛商學院的 6 堂必修課
幫助新創企業避開失敗陷阱，建立穩定獲利的成功事業

2,000 位哈佛商學院學生與校友的創業顧問

湯姆・艾森曼 TOM EISENMANN——著

林俊宏——譯

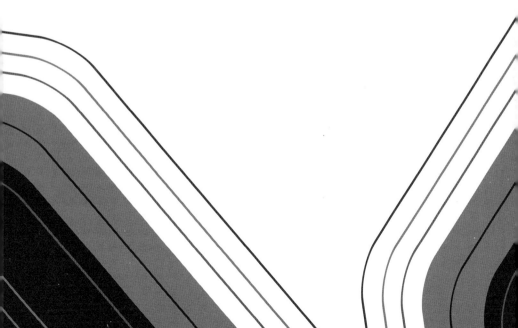

各界推薦

「幸福的家庭都是相似的，不幸的家庭各有各的不幸」不只是托爾斯泰在《安娜·卡列尼娜》中的經典名句，似乎也是新創企業起起落落的確切寫照，而《不受傷創業》這本書，則幫我們羅列了創業失敗的多種常見劇本。

從明確定義「失敗」與「新創企業」開始，作者解構了不同創業階段所面對的常見挑戰，除了詳列可參照的模型框架與決策點，更輔以充滿細節與反思的具體案例，是非常少見具有嚴謹架構的創業書籍。

如同書中所提，有兩種方式能讓我們從挫敗中學習：一種是親自體驗挫敗，另一種則是去觀察他人的錯誤。以一個創業者的視角來看，前者無可避免，必須面對，關於後者，《不受傷創業》則提供了多樣的劇本供我們學習與避免。

——鄭涵睿
綠藤生機共同創辦人暨執行長

創業是九死一生的艱辛過程，有人說創業五年公司存活的機率是 1%。每一位創業者無非戰戰兢兢的先從生存開始，而先無論怎麼樣算是成功，避免失敗絕對是優先考量，本書透過完整的歸納與分析，讓創業者可以不用親身經歷犯錯就避開危險，就像是新手駕駛前可以有模擬器來提高容錯空間。在閱讀的過程當中，也重新思考自己經營公司上，為何如此幸運度過了前面五年，透過這些歸納而能更篤定接下來的路途！

——龔建嘉
鮮乳坊創辦人

不論是首次創業，或是想要帶動公司的創新風氣，本書都是必讀大作。

——艾瑞克・萊斯（Eric Ries）
長期證券交易所（LTSE）創辦人暨執行長
《紐約時報》暢銷書《精實創業》、《精實新創之道》作者

新創企業的起步與擴大規模，就像在下一盤棋：需要有雷射般的精準專注、持續判斷優先順序，還得隨時有各種應變方案。我一直希望能有一本指南，協助創業者無論往哪個方向都能避開常見的陷阱。而艾森曼就點出了常見的創業失敗模式，為我們點亮一條成功之路。不論你是剛要起步，或是已經注視著自己的終局，艾森曼的見解都有無上價值。

——珍・海曼（Jenn Hyman）
Rent the Runway 共同創辦人暨執行長

大家都知道，光有好點子，還不能保證創業成功。我在《創業鯊魚幫》（Shark Tank）總會看到，就算是最聰明、動機最強烈的創辦人，有著最創新的點子，有時候也會走錯路，面臨是否關門大吉的決定。本書提供了完美的路線圖，每位創業家口袋裡都該有一份，讓自己不用做那些令人心碎的決定，也讓業績蒸蒸日上。

——戴蒙・強（Daymond John）

ABC 電視台《創業鯊魚幫》明星評審

《紐約時報》暢銷書《一無所有的力量》、

《努力要趁早》（*Rise and Grind*）、《權力變動》（*Powershift*）作者

我一開始讀，就愛不釋手。艾森曼精闢解說新創企業失敗的原因，清晰且面面俱到。不管是要創業、投資或是在新創企業團隊擔任成員，本書都不容錯過。只要能避開企業失敗的這幾大主因，我們就能看到更多創業成功的案例。而社會正比以往更需要有人創業成功。

——蜜雪兒・薩特琳（Michelle Zatlyn）

Cloudflare 共同創辦人暨營運長

目錄

獻給姬兒、卡羅琳與傑克

.

前言

　　為什麼絕大多數新創企業最後都是失敗收場？幾年前，我赫然發現自己竟然無法回答這個問題，為此大受打擊。不久之後，我又親眼目睹兩間熟悉的新創企業倒閉，他們的創辦人還都曾經是我的學生。稍後在本書中，各位讀者將認識這些創業者，並深入了解他們的經驗。這兩間公司分別是三角測量公司（Triangulate）：擁有一支才華洋溢的團隊負責設計與經營線上交友網站；以及昆西服飾（Quincy Apparel）：他們的創業構想令人叫絕，針對年輕職場女性販售時尚、價格合理且更合身的上班服飾穿搭。這兩個創業構想都曾經得到我的讚賞，我甚至還投資了昆西服飾。然而，儘管兩間公司都看來大有可為，最後卻是雙雙黯然收場。究竟為什麼？我雖然能夠提出許多導致失敗的可能原因，但就是抓不準真正的根本癥結。

　　這實在讓我很不安，畢竟我身為學界專家，學生都是美國最頂尖的商業精英，我還要教他們未來最有可能成功創業的方法，卻說不出來導致創業失敗的原因。而且，新創企業倒閉的

比例超過三分之二，該解釋的可多了！[1]

　　過去 24 年，我一直是哈佛商學院的教授，固定開設企管碩士生必修的「創業經理人課程」（The Entrepreneurial Manager）。此外，我也運用自己的學術研究、作為天使投資人的經歷，以及在新創企業擔任董事的經驗，另外針對創業的各種層面開設 14 門選修課程。哈佛商學院就是一間創業工廠：自 2006 年以來，畢業校友已經創立超過 1,300 間得到創投資金支持的新創企業，當中自然有不少公司成功創業。[2] 過去 10 年間，哈佛商學院總共有 19 間新創企業市值超過 10 億美元，躍升成為獨角獸企業，如 Stitch Fix、Cloudflare、Oscar Health 與 Zynga 等。許多獨角獸企業的創辦人都是我的學生，我也為他們的創業計畫提供指導與意見回饋；至今為止，我已經像這樣協助超過 2,000 位哈佛商學院的學生與校友。

　　不過，在這段時間內，我也看到許多校友創業失敗的例子。這些失敗的例子當時看來一樣前途大好，創業者才華洋溢、意志堅定，並且遵照我們認定可以創業成功的劇本，執行上也同樣完美無缺。他們首先找出市場上尚未滿足的需求，以此設計獨特而與眾不同的產品來滿足需求，而且也採用最頂尖的精實創業（Lean Startup）技巧來驗證市場需求。他們採用經過證實有效的商業模式、聘請顧問協助，並雇用確實具備創業所需經驗的員工。不論怎麼看來，這些新創企業都應該成功。但是……結果卻不如人意。

　　我就是無法解釋為什麼這些公司徒有潛力卻難以發揮，這讓我開始懷疑在哈佛商學院教的那套劇本，是否真的如同我想的那樣天衣無縫。我給那麼多創業者的建議，會不會根本有問題？如果我無法好好解釋為什麼創業會失敗，又怎麼能有信心告訴學生怎樣創業才會成功？

　　從那時起，我就決定投入一切心力，找出「創業為何會失敗」的真正理由。我一一找出經常會導致失敗的行為與模式，希望能夠協助創業者避免致命的失誤，讓他們與整個創業團隊不必陷入痛苦。失敗一點都不好玩！如果這些錯誤根本可以避免，何必去感受痛苦、虛擲光陰、浪費資金？這些時間與資金都能有更好的運用，不僅對創業者、員工與投資人有好處，更有利於國家社會。社會需要創業者解決各種問題，不該看著諸多新創企業思慮不周、黯淡收場，還綁住了大量人才與資源。但是到頭來，要是創業者確實已經盡了最大努力卻仍然失敗，我希望能為他們提供一些工具，讓他們得以從中學到寶貴的經驗後，再次強勢回歸。以此為目標，我開始一項多年期的研究計畫，本書正是精華的集結。

解碼「失敗」這回事

　　我的第一步是先研究其他領域的失敗，像是醫學、體育與軍事領域。[3] 我已經知道，要找出新創企業倒閉的確切原因並

不容易，但是我也想知道，要在其他領域找出失敗的原因是否也同樣困難？又有哪些事物會阻擋我們找到答案？新創企業是否也有類似的問題？在這些領域中，是否已經有專家找出解決方案，能夠預測並避免失敗？這樣的解決方案是否也適用於創業的情境呢？

我的研究中確實有些好消息：從哲學到消防學，各個領域的專家都認為失敗能帶給我們諸多寶貴的教訓。

「不懂如何失敗，就不懂如何學習。」[4] 精實創業大師艾瑞克‧萊斯（Eric Ries）用這句話呼應 20 世紀偉大科學哲學家卡爾‧波普（Karl Popper）提出的重要概念。要是你對自己的假設信心滿滿，自認很清楚事物如何運作，而且一切也正如你所料，這表示你完全沒有學習到任何新事物。但是，如果計畫出了問題，逼迫你重新檢視假設，也就是測試假設、找出其中的不足。換句話說，你就像是做了實驗，卻發現無法驗證自己原始的假設；這種時候，你才能學到寶貴的新見解。

檢視其他領域的失敗後，我發現有兩種方式能讓我們從挫敗中學習：一種是親自體驗挫敗，另一種則是去觀察他人的錯誤。[5] 親自體驗挫敗的時候，靠著反思過程究竟出了什麼問題、可以有什麼不同的做法，就能學到寶貴的教訓。這樣的學習要發揮最佳效果，還得搭配上幾個條件：一、能夠頻繁且迅速得到回饋；二、因果關係清楚穩定；三、挫敗不會引發過度強烈的情感而讓人思緒混亂。像是天氣預報失準就屬於這類的失敗

案例；但是，新創企業的失敗可不能藉由這種方法學習教訓。

　　首先，初次創業的人本來就不可能親自體驗過創業失敗；就算是已經有許多次創業經驗的人，也只是多幾次經驗可以參考而已。再者，因為新創就是要做一些嶄新的事，必然會面臨到不確定的因果關係，導致各種行動的後果難以預期。最後，新創企業創辦人的身分認同必然和他創立的企業密不可分，於是，企業倒閉就會引發強烈的情緒，像是沮喪、自責與悲傷等。

　　幸好，我們還可以靠著觀察他人的錯誤進行觀察學習（vicarious learning），而不必事事親自體驗。這樣的做法對我來說駕輕就熟，因為哈佛商學院的教學方式就在於研究過去的企業案例。而我也發現，透過了解案例就能為創業者提供有力的協助，事前預見並且避開失敗。

　　我還發現更棒的一點是，「差點失敗」的案例特別能讓人學到教訓。正因如此，美國國家運輸安全委員會（National Traffic and Safety Board）會固定公布那些差點就要出事的飛航報告。這些報告不但能讓人了解負責人犯了什麼錯，也能讓人看到，是哪些決定與行動避免了最後的災難。因此，本書除了會談失敗的案例之外，也會談談那些差點就要失敗的案例。

　　研究其他領域的失敗案例也讓我更清楚了解到，為什麼要點出創業的困難所在這麼不容易。不論面對好事或壞事，我們常常落入哲學家所說的「單一因果謬誤」（single cause fallacy），把解釋過度簡化。[6] 看到某個重大失敗時，就會把焦

點放在某個大原因上，像是認定總統大選失利是因為「忽略某個關鍵搖擺州」，或是認為某支球隊在賽季後期兵敗如山倒是因為「明星投手腳扭傷」。但是事實上，這些失敗可能都是多種因素加成的結果。

另外，我們也很容易犯下心理學家所說的「基本歸因謬誤」（fundamental attribution error）。[7] 研究指出，我們解釋別人的行為時，常常會太過強調性格因素，而小看了情境因素，也就是說，比起社會壓力、環境條件，我們常常認為對方的人格類型與價值觀造成的影響更大。但是，當我們解釋自己的行為時，又容易認定那些好結果都是出於性格因素，特別是因為自己技能高超、生性勤奮，而壞結果都是情境因素的問題。所以，假設我們在路上被一台 BMW 超車插隊，我們會覺得那個駕駛肯定是一個自我中心的混蛋，而對方則會覺得開車的時候本來就會有視線死角、實在難以避免。或是在新創企業倒閉的時候，投資人與團隊成員通常會認為是創辦人有問題，而創辦人則通常會把矛頭指向外部環境，例如經濟不景氣，或是怪罪第三方的問題，像是投資人太急著要求成長。

這樣一來，要解釋新創企業為什麼會失敗，不論採用當事人或第三方提出的說法，或許都不夠可靠。因此，我們不能只看這些顯而易見的解釋，而是需要建立一套獨立、客觀的觀點，來評斷新創企業的價值主張、團隊成員的能力、投資人的目標、創辦人的動機等。幸運的是，我在哈佛商學院的工作讓

我能夠接觸到數百名校友創業家 ，他們也對我夠信任，讓我能夠達成目標，完成研究。

我的研究方法

　　研究其他領域的失敗案例能夠幫助我，讓我用更全面的案例研究來解釋新創企業為什麼無法成功。但這也代表我不能太過依賴過往的學術研究，因為以前的研究多半是根據理論模型、計量經濟分析與大規模調查，很少採用嚴謹的訪談或仔細的案例研究為基礎。[8] 於是，我必須親自探察，到第一線去研究失敗的新創企業。

　　我訪談數十位創辦人與投資人，探究他們所創立或支持的新創企業為何失敗收場。我也閱讀幾十份創業失敗者本人或旁人的公開說法，就是為了找出各種一再出現的問題與模式。

　　事實證明，企管碩士的課堂是最能取得各種精闢見解的泉源。過去幾年間，我針對創業失敗的公司寫出 20 篇詳細的案例研究作為課堂教材，每每引發學生的精彩辯論，討論究竟哪裡出了問題、有沒有其他方法可以帶來更好的結果。當我說明這些案例的時候，創辦人通常也會到場，於是學生有機會進一步了解創辦人的解釋，也有機會了解各種反事實的假設，例如：要是你當時雇用另一位科技長會怎樣？

　　我開始全速推動這項研究後，就決定開一門企管碩士選修

課，以討論創業失敗案例為課堂焦點。我當初確實曾經擔心，一直討論創業失敗的例子會不會讓學生心情沮喪、興致低落？但是，結果恰恰相反，在每堂課上，學生都充滿動力，迫不及待想挑戰這種耗費腦力的謎團，探究為什麼某間新創企業明明產品強大、團隊優秀、投資人又兼具見識與財力，最後卻仍然失敗收場？和這些聰明的學生共同探討這個話題，不但讓我的思考更加敏銳，也讓我在接下來幾章的討論更是左右逢源。

　　我著手研究的最後一個部分是一項調查，找出失敗或陷入困境的新創企業做了哪些決定、具備哪些特性，再將他們與比較成功的新創企業做比較。總共有 470 間新創企業的創辦人協助我回答各式各樣的問題，其中涵蓋產品、顧客、競爭對手、團隊、資金等各個層面。根據調查數據，我就能夠驗證自己從訪談與案例研究得到的假設，找出創業失敗最常見的模式。

創業失敗的六種模式

　　我的研究找出六種模式，能夠解釋大部分創業失敗的原因。接下來我會先簡單介紹這些原因，再各自另闢章節來進一步討論。這些模式不像目前的常見說法，過度簡化創業失敗的原因；舉例來說，許多創投業者會說新創企業失敗是因為「騎師有問題」。[9]（創投圈常把新創企業比喻為賽馬，而創辦人就像是騎師。）在本書第一部「創業起跑」中，著重的就是創業

早期常見的三大失敗模式。而在第二部「擴大規模」，我會分析另外三大失敗模式，解釋為什麼許多新創企業已經進入創業後期、資源又豐富，仍然還是失敗。此外，我會針對每一種失敗模式舉出實際案例，並且指出可以避免類似錯誤的方法。

創業早期的三大失敗模式

　　神點子，豬隊友。在我研究的創業早期新創企業當中，常常看到就算企業抓住看來大有可為的良機，還是有可能失敗收場。換句話說，這些公司讓我們清楚看到，想要創業成功絕對需要有好的點子，但是光有好點子還不夠。前文提過，許多創投業者認為有天分的騎師比跑得快的馬更重要，於是他們心中理想的創辦人就要具備某些適當的條件，例如恆毅力、願景、產業人士的敏銳眼光，以及領導創業團隊的經驗。

　　然而，如果只注意創辦人，就會忽略影響新創企業成功與否的其他關鍵角色。各位在本書將會看到，除了創辦人，還有許多人都可能導致創業失敗，包括員工、策略合作夥伴、投資人等。在研究創業早期失敗的案例時，我就看到這種公司與主要資源提供者關係失調的模式一再發生，因此我把這種模式命名為「神點子，豬隊友」。

　　起跑失誤。資訊服務公司 CB Insights 針對最近幾十間倒閉的新創企業調查失敗的決定性因素，他們發現最常見、幾乎高達半數的失敗原因是「產品沒有市場需求」。[10] 這讓我百思

不解。畢竟精實創業的概念已經在創業界廣為流傳將近十年，並且經過大量實驗與疊代更新，創業者只要用這套方法，應該都能夠精準看到機會以及調整方向。[11] 但我們卻看到創業環境滿是這種自稱採用精實創業，卻從來沒有找到市場需求的失敗例子。究竟是為什麼？是不是精實創業的教條還缺了什麼？

我在 2010 年認識提出精實創業概念的始祖，從此成為忠誠的信徒。那一年，史蒂夫・布蘭克（Steve Blank）向我的學生介紹這項影響深遠的想法，而艾瑞克・萊斯也成為哈佛商學院的駐點創業家。但是隨著我逐漸深入研究創業失敗的眾多案例，我的結論是，精實創業的做法並未真正發揮理論上的效果。並不是這套方法不夠完善，而是有許多創業者號稱遵循精實創業的邏輯，其實卻只做到一部分而已。具體來說，他們通常都製作出可行範圍內最簡單的「最小可行產品」（Minimum Viable Product，簡稱 MVP），用來取得可靠的顧客回饋，參考他們的意見改進、疊代。藉由最小可行產品測試顧客的反應，應該就能避免浪費時間與金錢去製造或行銷一些沒有人想要的產品。然而，他們卻忘了應該在設計最小可行產品之前，就先調查顧客需求，於是仍然浪費掉寶貴的時間與金錢，製造出沒有抓到重點的最小可行產品。這就是所謂的「起跑失誤」；這些新創企業就像是槍響前就起跑的短跑選手，因為他們太渴望將產品推上市場。結果，精實創業這套說法甚至還鼓勵這種「預備、射擊、瞄準」的錯誤順序。

假陽性。也有某些新創企業，就因為最早的一批顧客反應極佳，而對市場需求過度樂觀，忽略這個機會當中藏著問題，於是在過程耗盡現金儲備。精實創業專家警告創業者，要小心判斷關於產品需求強弱的訊號究竟是真或假。但是創業者也和我們一般人一樣，很容易只看到自己想看到的東西。而所謂的「假陽性」，指的就是有少數早期採用者（early adopter）對產品極為熱情，於是讓創業者誤以為主流市場也必然反應熱烈，於是全力開始推進。等到第二波行銷發現反應不佳，雖然還是可以亡羊補牢，修改產品以吸引主流市場，但是這樣的策略轉向（pivot）很有可能代價高昂，既要重新設計打造產品，也得重新教育市場。而且潛在顧客也會對這些改變感到迷惑，在證明新產品好用之前不會再輕言相信。至於早期採用者則可能因為不習慣這些改變，於是放棄這項產品。

　　「起跑失誤」與「假陽性」都會讓新創企業走錯路，因而增加失敗機率。但是，這兩種錯誤模式大不相同。「起跑失誤」的錯誤在於跳過前期研究的步驟，導致做出來的產品無法滿足顧客需求。然而「假陽性」的錯誤則是因為太過重視早期採用者、不夠重視主流顧客，於是產品雖然能夠滿足顧客需求，卻抓錯了客群。

創業晚期的三大失敗模式

　　新創企業就算撐過「豬隊友」、「起跑失誤」以及「假陽性」

的錯誤，接下來還是得面對類似青少年進入成人期必經的成長痛。新創企業也像人類一樣，只要撐過嬰兒期，死亡率就會下降。然而，讓我訝異的是，創投公司就算挹注資金給創業晚期的新創企業，仍然會有三分之一的機會碰上虧損。[12] 這是怎麼回事？

速度陷阱。我研究創業晚期的失敗模式時，發現許多企業在真正倒閉之前早有跡象。值得注意的例子除了本書會提到的 Fab.com，還有酷朋（Groupon）、Nasty Gal 與 Beepi 等，都出現同樣的失敗模式，我稱它為「速度陷阱」。犯下「速度陷阱」錯誤的新創企業，都是自以為看到某個美麗的機會，樂見許多早期採用者熱愛這項產品，快速建立口碑，不用任何行銷費用就吸引來更多顧客。而且因為初期成長迅速，也就引來熱情的投資人入股。這些投資人開出高價，當然希望自己做的決定有道理，於是不斷催促企業積極擴張。而且這也不能都怪投資人，因為創業者本來就渴望公司能夠迅速成長。

經過一波密集行銷，這間新創企業終於讓一開始鎖定的目標市場達到飽和，這代表他們需要再擴大客群、進軍新的市場區隔，才能持續成長。然而，相較於早期採用者，公司的價值主張要再打動下一波顧客可沒那麼容易。新顧客肯為這項產品掏出的錢比較少，回購的可能性也比較低，自然也比較不願意推薦產品給其他人。這時，新創企業如果想要維持成長，就得砸重本行銷，因而推升招攬每一位新顧客的成本。

與此同時，公司早期的成長速度也就會引來競爭對手，想以低價競爭、砸錢促銷的方式卡位。到了某個時間點後，招攬每一位新顧客的成本就會超過這位新顧客可能帶來的價值。新創企業的營運變得非常燒錢，投資人也不願意繼續注資。此時執行長可能得猛踩煞車、放慢成長步調、精簡人力，以減少現金流出。這樣做雖然企業可能倖存，但必然面臨股價重挫，投資人也會遭受巨大損失。

缺少援助。「速度陷阱」的錯誤是企業不斷想追求成長，但產品在一波又一波新顧客的眼中愈來愈沒有吸引力，於是產品與市場的契合度不斷下滑。然而，在我稱為「缺少援助」的另一種創業晚期失敗模式中，超速成長引發的是另一種問題：雖然產品與市場的契合度仍然夠高、也帶來許多新顧客，但是正如創業早期失敗模式「神點子，豬隊友」，這些來到創業晚期的新創企業開始碰上兩種資源的短缺。

第一種是資金的短缺。有時候整個產業忽然就不再受到創投業的青睞，像是 1990 年代早期的生物科技業，又或者是 2000 年代晚期的潔淨科技業（cleantech）。在極端的情況下，就連體質健全的新創企業也無法再取得新資金；這就像是要倒洗澡水，卻把小嬰兒也一起倒掉了。這樣的資金短缺讓投資人與創業者都猝不及防，影響可能長達數個月、甚至好幾年。如果新創企業正在快速成長、試圖募資時，遇上這樣的資金短缺，又無法迅速撙節開支，很有可能就會一蹶不振、黯然倒閉。

第二種資源短缺則是缺少適當的高階管理團隊。新創企業擴大規模的時候，需要具備相關職能經驗豐富的高階主管，知道如何管理迅速擴張的工程、行銷、財務與營運團隊。如果招募這些主管的速度不夠快，或是找錯人，都可能造成策略漂移（strategic drift）、成本攀升，以及企業文化失調。

必須一再創造奇蹟。有些新創企業成長太快、犯下「速度陷阱」或「缺少援助」的錯誤，相較之下，也有一些創業晚期的新創企業雖然得到上億美元的創投資金、聘雇到幾百位員工，但是成長動能就是拉不起來。這些企業的願景遠大到令人咋舌，也就碰上許多挑戰，必須克服下列大部分、甚至全部的困難：一、需要說服大量顧客從根本改變行為模式；二、需要熟練某項新科技；三、需要和維持現狀就能享有既得利益的大企業合作；四、需要得到法規鬆綁，或是其他形式的政府支持；五、需要籌措大筆資金。上述每一項挑戰都是不成功便成仁，只要漏掉其中一項，這間新創企業的未來就大有問題。假設達成每一項挑戰的機率都是五五波，那麼成功完成這五項挑戰的機率，就和賭輪盤選到正確數字的機率一樣，只有 3%。想在這樣的賭局裡勝出，就等於創辦人押寶公司可以一再創造奇蹟！[13]

創業晚期落入「必須一再創造奇蹟」陷阱的企業，有些早已成為業界傳奇，像是 Iridium、Segway 以及 Webvan。至於比較晚近的例子則包括由 Skype 創辦人推出，希望成為

YouTube 對 手 的 Joost、 各 種 首 次 代 幣 發 行（Initial Coin Offering，簡稱 ICO），以及後文將會介紹的樂土公司（Better Place）；這間公司經營的是電動車充電站，以機器人替車主把沒電的電池換成充飽電的電池。這類型的新創企業常常會有極具領袖魅力的創辦人，畫出美好而耀眼的未來藍圖，吸引到一批員工、投資人與策略合作夥伴。

　　我們從事後之明就能夠了解到，為什麼這些必須一再創造奇蹟的企業會以失敗收場。但是，在當時卻可能很難判斷那些創辦人意圖「改變世界」的願景究竟是否只是妄想。舉例來說，在 1970 年代早期，聯邦快遞（FedEx，原名 Federal Express）還在草創階段，創辦人佛雷德・史密斯（Fred Smith）發動規模空前的募資計畫，很多人都覺得他瘋了。[14] 而在我寫這本書的時候，許多人對於伊隆・馬斯克（Elon Musk）腦筋是否正常、特斯拉（Tesla）能不能長久存續，也都抱持類似的疑問。儘管沒有任何萬無一失的方法能夠躲開「必須一再創造奇蹟」的失敗模式，但是我會列出一些早期警告訊號，能夠檢視創業晚期的新創企業是否正往這個方向前進。

就算失敗，如何不傷感情？

　　我在事後訪談那些歷經公司倒閉的創辦人，發現創業失敗會對人們造成多大的傷害。就這點而言，我特別想提一下昆西

服飾倒閉造成的影響。這間公司的兩位創辦人亞歷珊卓·妮爾森（Alexandra Nelson）與克里絲提娜·萊絲（Christina Wallace）在公司成立時曾矢言，不讓業務衝突影響兩人親密的友誼。但是兩年後，他們對於是否收掉公司起了爭執，之後也就相敬如冰、再也沒有交談。

曾有許多創業者在思考是否要收掉公司的時候來諮詢我的意見，我也因此看到這項決定帶來的直接後果。我們的對話當中總會展露許多赤裸裸的情感，這些創辦人感到憤怒、內疚、哀傷、恥辱、憤恨，有時候還不願意接受事實，但是也有些人就只是十分沮喪。不過誰能責怪他們呢？畢竟他們的夢想成空，人際關係支離破碎，自信心也大受打擊。很多人更是擔心會不會從此一世臭名，或是下個月付不付得出帳單，以後又還能做什麼。倒閉當下，就是如此痛徹心扉。

觀察到這些反應後，我很好奇有沒有方法可以幫助他們，在創業失敗之後不要如此痛苦。本書的第三部「不受傷創業」就是要探討這項挑戰，把焦點從新創企業失敗的原因，轉向創業者如何面對失敗。著重於創辦人在公司倒閉後，如何維持各種關係？又要怎樣從失敗中恢復、東山再起？

另一項會造成無謂傷痛的創業失敗模式則是「引擎空轉」。就算新創企業大勢已去，要痛下決心結束一切也絕不容易。許多創辦人都想再撐看看，不肯承認起死回生的機會渺茫，還想逃避那個無法避免的結果，於是讓自己與身邊的人都付出慘重

代價。結果只是無謂的消耗投資人可能還有機會回收的資金，也讓團隊成員浪費掉原先可以用來另尋高就的時間。而隨著壓力節節高升、希望日益渺茫、承諾一再食言，人際關係的裂縫也愈來愈大。

然而，到底該怎麼判斷何時應該繼續、何時應該放棄？這些年來，有幾十位創辦人問過我，究竟該不該給自己的新創企業再多一些時間與努力。而我很不願意承認的是，雖然我能評估企業有多少潛力、又有多少不利的風險，卻無法對這個問題給出有自信的答案。為什麼這個選擇這麼難？

原因之一在於，企業的失敗常常是慢動作演進，過程當中高低起伏。公司的成長走走停停，而潛在投資人又總是拐彎抹角的說「我們還需要更多時間考慮」，自然很難讓人判斷是否真的絕無希望。而且又常常有人說，偉大的創業者都是忍人所不能忍，撐到最後就能有甜美的果實。也有好多人聽著企業經過策略轉向而起死回生的神話，還時時有人提醒他們，推特、Slack 與 YouTube 的創辦人個個都是百折不撓。雖然他們最早做 podcast 軟體、電玩遊戲或交友網站都失敗，但就是撐下來了，現在才會得到如此巨大的成功。因此，創辦人常常都是鍥而不捨，覺得總有希望，想像著「新的產品功能一定能讓銷售由黑翻紅」、「新的行銷部副總經理一定能找到辦法，讓訂閱數一飛衝天」、「我們一定能撐得比對手更久，然後就能接手他們的顧客了」。

　　本書第三部就會探討如何決定壯士斷腕，並提供處理停業流程的建議。這些決定很可能會嚴重影響創辦人的名聲，甚至是外界對他們的道德判斷，所以我們要討論創辦人如何處理這些困難的抉擇。舉例來說，公司是不是真的應該死撐到用光戶頭的所有現金，同時繼續尋找新的投資人？這麼做的風險在於，如果公司真的倒閉，可能付不出薪水，也無法清償供應商的欠款。

　　此外，創辦人也不能小看創業失敗對情感與專業能力的影響。我在這部分的討論除了取材自我和創業者的訪談，也參考心理學研究如何從失敗中學習、如何應對損失。由於創辦人的身分認同必然與公司的表現密不可分，要從公司的倒閉當中學習各種教訓並不是件簡單的事。心理治療師有一些諮商技巧，能夠協助患者面對人生的重大損失，應對傷痛、恢復情感、找回人生意義，而創業失敗的人也能用這些技巧從失敗中學習。因此第三部會提出一些方向，讓創辦人了解該如何管理情緒、釐清究竟發生什麼事，並且從中學到教訓，知道接下來該做些什麼。

01
失敗的定義

　　得知機器人吉寶（Jibo）準備永遠關機時，有些人彷彿心都碎了。那是 2019 年 3 月，吉寶自己宣布：「讓我可以維持運作的伺服器很快就會關閉，我只想告訴你，和你在一起的時光，讓我真的很開心。非常、非常感謝，讓我有機會陪著你。也許等到某一天，當機器人比現在還要更先進得多，每個家庭裡都有機器人的時候，你可以和他們說，我向他們問好。」[1]接著，那是最後一次，吉寶跳了一段他的招牌舞蹈。

　　吉寶是一部社交機器人，最初設計的目的就是要和人類建立情感連結。[2]社交機器人科技的研究先驅辛西亞·布蕾齊爾教授（Cynthia Breazeal）任職於麻省理工學院媒體實驗室（MIT Media Lab），吉寶就誕生在她的實驗室。吉寶有個大約直徑 15 公分的圓錐形底座，上面連著另一個圓錐體，再加上一個半球形的頭。吉寶身體的每一個部分都能獨立旋轉傾斜，所以這個高約 30 公分的機器人能夠做出豐富的情感表現，扭腰擺臀都難不倒他！吉寶的頭上有一個平面觸碰螢幕，通常會顯示

著一個白色球體，會眨動、會發光，就像一隻眼睛。整體說來，吉寶的設計簡約而時尚，雖然沒有刻意模仿人類的形體，但在許多方面都可以像人一樣溝通。

吉寶配置了鏡頭、麥克風與喇叭，設定的人格是個聰明、樂於助人的 12 歲小男孩，這簡直是工程奇蹟。吉寶能夠回應各種語音提示，像是「嗨，吉寶，天氣怎麼樣？」；此外，他也能用螢幕顯示主人要求的各種資訊，像是「氣溫 28 度，天氣晴」，或是在螢幕上顯示選單圖示。吉寶在聆聽模式的時候，腰際會亮起一個藍色的圈圈。而且，吉寶內建的軟體十分先進，能夠辨識人臉與聲音。透過這些功能再加上流暢旋轉的底座，如果有人在房間裡一邊走動一邊和吉寶對話，他能夠轉頭「看」著那個人；就算是兩個人在對話，吉寶也知道該轉頭看著誰。

吉寶不只可以提供各種基本資訊，像是新聞、賽事分數與股價，也會講笑話、會放音樂、會設鬧鐘，還能幫忙閱讀電子郵件。不過吉寶懂的還不只這些。舉例來說，吉寶的程式知道怎麼開啟對話，像是有人回到家後，吉寶就會和他打招呼問道：「嗨，湯姆，早上你出門的時候，我警告過今天路上的車會比平常多。結果呢？今天通勤還順利嗎？」吉寶也能和小孩互動，一邊說故事給他聽，一邊顯示圖片作為輔助；吉寶還能幫忙拍全家福；當然，你甚至可以叫他跳舞。當時有愈來愈多搭配吉寶的應用程式正在研發，像是有個程式能讓吉寶知道房

間裡是不是有寵物單獨在家，引起寵物注意，甚至和寵物講話：「小白，不要再咬那隻鞋子了。」研發團隊也幾乎就要推出視訊會議功能，能夠辨識房間裡有誰正在講話、自動對準並且拉近鏡頭。[3] 只要爺爺奶奶家裡也有一個吉寶，就很適合在全家吃飯的時候透過吉寶向他們打招呼。

布蕾齊爾的團隊花了 20 年，研究機器人可以如何陪伴長者、鼓勵自閉症兒童參與社交互動、促進合作創意學習，以及開發其他有用的功能。2013 年，她與一位醫療保健領域的創業家潔芮・愛夏（Jeri Asher）合作，募到 220 萬美元的種子資金，想將這些發明商業化。她們請來史蒂夫・錢伯斯（Steve Chambers）擔任執行長；當時他還是自然語言理解暨語音辨識軟體公司紐安斯溝通公司（Nuance Communications）的總裁。

布蕾齊爾的研究顯示，社交機器人能夠改善老年人的情緒健康，因此團隊最早的定位是用吉寶來陪伴老人家。[4] 然而當時的主流創投業者雖然對消費電子產品與機器人這種複雜的系統感興趣，卻對銀髮市場興趣缺缺。儘管少數創投業者確實有興趣支持新創企業打入銀髮市場，因為銀髮族比較喜歡簡單一點的概念，像是手機的按鍵就是要大，但是這些業者又會因為這項計畫的科技遠景過於遠大而怯步。

於是團隊決定調整方向，把重點放在讓吉寶協助提升家庭凝聚力。他們認為，如果把吉寶放在廚房，或許有助於讓家人之間建立真正的對話，不管是爭執不斷的兄弟姐妹之間、又或

是愛裝酷的青少年與煩惱的父母之間，吉寶都能幫助他們相處得更融洽。有小孩的創投業者會對這樣的目標客群有所共鳴，而且在臉書（Facebook）用 23 億美元天價收購虛擬實境頭戴設備製造商 Oculus Rift 後，大家都對尖端的消費硬體大感興趣；Oculus Rift 和吉寶一樣，都是在軟體與硬體上進行突破性的結合，並且鎖定消費者市場為客群。此外，看到臉書、亞馬遜（Amazon）、Salesforce.com 等平台出現爆炸性成長，創投業者更是龍心大悅，認為吉寶作為平台將大有可為，得以吸引諸多第三方軟體與資訊服務程式大顯身手。

雖然如此，創投業者還是希望能夠先看到證據，證明這項創新發明確實有市場需求、實際上也能做得出來。為了了解消費者對產品有多少興趣，創投業者堅持要求吉寶公司必須開設群眾募資。吉寶的募資活動於 2014 年 7 月在 Indiegogo 上開跑，預購價 599 美元，號稱將在「2015 年假期前」出貨。[5] 在為期 3 個月的募資期間他們總共賣出 4,800 部，超過原本設定 3,000 部的目標。與此同時，錢伯斯為了證明吉寶的製造不會有問題，也請工程設計團隊先做出一部「科學怪人機器人」（Frankenbot），也就是說這部機器人具備所有功能，只是不太好看。2015 年 1 月，吉寶在第一輪募資大舉收穫 2,700 萬美元。

吉寶團隊手頭現金充裕之後，開始認真開發產品。但事實證明，打造這個機器人的難度超乎想像。最後他們又額外募資 2,800 萬美元，才終於在 2017 年 9 月讓產品上市；不只上市時

間比預期晚了將近 2 年，而且最後售價 899 美元，比 Indiegogo 的募資價高出 50％。後來，錢伯斯回憶當時思考還需要再募多少資金時表示，他原先認為產品的零件成本與研發時間或許會是原來預期的 2.5 倍與 2 倍。但事實上，成本與時間都變成原來預期的 4 倍。究竟為什麼？

製造並不是問題，業界其實早就有零件很類似的產品。錢伯斯解釋說：「大家會覺得製造出了問題是因為產品看起來很新奇，但事實並非如此。我們用的硬體並沒有牽涉到冷融合（cold fusion）的高科技，反而都是現成量產的螢幕、馬達、感測器或晶片組。」

錢伯斯說，這麼嚴重的拖延主要是碰上兩個問題。「第一，有很多用來做原始成本分析的零件，最後才發現不足以達到我們的要求。像是我們原先採用適用於辦公室環境的感測器，但後來才發現一般家庭的照明條件完全不同。而要升級感測器，還要跟著提升運算能力，這都會推升產品的成本。」

第二，吉寶工程師的一大難關是要研發出適合的中介軟體（middleware），用於接受來自感測器（等於是吉寶的「眼睛與耳朵」）的資訊，提供給各種應用程式後，再將指令送回作業系統（等於是吉寶的「大腦」）。這套軟體必須能夠追蹤人臉、定位聲音、偵測情緒，以及表現出豐富生動的身體動作等，而且這些複雜無比的任務還不容延遲，必須當下即時完成。然而，當時能夠支援即時互動的雲端服務才剛剛起步，所以吉寶

使用的軟體幾乎都必須內建，還要有強大的處理器才能運作。錢伯斯回憶表示：「我們光是為了在內建與雲端之間找到適當的平衡點，就花了超過一年。」

等到 2017 年 5 月，吉寶正加速準備上市，卻又屋漏偏逢連夜雨，錢伯斯確診白血病，必須立刻抽身緊急治療，改由科技長接下執行長的重擔。等到大約一年後，儘管錢伯斯徹底康復，但為時已晚，難以回歸團隊。

與此同時，還出現了沒人預料到的事情。[6]就在 2014 年 11 月，亞馬遜推出售價只要 200 美元的智慧喇叭 Echo，搭配語音助理 Alexa。如果消費者只是想要一個智慧設備，能夠聽懂簡單的語音指示，報新聞、播音樂、預告一下天氣，Echo 就能提供這些基本功能，而且價格低得多。

想要得到陪伴與情感連結的顧客都喜愛吉寶，但他們的人數就是不足以維持吉寶的運作。於是，產品上市後第一年的營收僅僅 500 萬美元，只有團隊預期的三分之一。而且這間新創企業已經燒光所有創投資金，也無法取得更多投資。管理團隊還曾經嘗試出售公司，但沒有任何買家打算繼續經營。最後，吉寶在 2018 年 6 月資遣了絕大多數員工，智慧財產權與其他資產後來則是出售給某一間投資公司。

所以，究竟是什麼原因導致吉寶失敗？最直接的原因是吉寶燒光了現金，但是這樣說就像是法醫判定某人死於失血過多一樣，實在說不上是有用的資訊。稍微好一點的說法是：吉寶

無法吸引到足夠的顧客。但這也同樣像是法醫只說某人死於槍傷，我們還是不知道究竟這個人是死在嫉妒的伴侶手裡，又或者就是個無辜的路人，死於幫派火拚的流彈。

要深入吉寶失敗的原因之前，我們需要先自問，所謂的「新創企業失敗」究竟是什麼意思？這個問題的答案其實沒有表面上那麼明顯，正如我發現到，我的學生竟然會激烈爭辯究竟吉寶算不算是一場失敗。

有些人認為吉寶當然是一場失敗：足足募到 7,300 萬美元的創投資金，產品研發過程卻揮金如土、曠日費時，最後還無法達到銷售目標。[7]

另一些人則認為，儘管吉寶的領導階層確實犯了錯，但公司無以為繼並不是因為這些錯誤，而是因為運氣太差。也就是說，那些難以預測、無法控制的事件才是導火線，特別是亞馬遜推出了 Echo。這些人也認為，吉寶是一次「還不錯」的失敗，塞翁失馬焉知非福，這對於未來研發陪伴老年人的新一代機器人來說，就像是先鋪出一條道路。

最後一種意見認為，雖然吉寶倒閉，仍然可以說是一種成功。因為這確實是傑出的科技成就，達到發明者的期許，打造出能與人類建立情感連結的家用機器人，儼然是一項令許多顧客都心滿意足的獨特創新。

在我看來，每種論點都自有道理，而且我也沒有明確的答案，於是就讓他們這樣繼續辯論下去。但這次課堂的經驗讓我

清楚知道一件事：我們需要一套標準，判斷某間新創企業究竟
算不算是失敗。

定義創業失敗

　　所以，我們說的「創業失敗」究竟是什麼意思？該如何定
義「創業」？怎樣才算是「失敗」？不同人看來可能有不同的想
法。

　　怎樣的人算得上是「創業家」？[8] 有些人認為，創業指的
是企業組織生命週期最早的那個階段；也有人認為創業跟公司
的規模有關，根據這個定義，所有小型企業主都可以說是創業
家，而「公司創業」（corporate entrepreneurship）也就成了自
相矛盾的詞彙。

　　有些人則認為，創業代表著某個人承擔起特定的角色；他
們認為所謂的新創企業，就是企業由某個創辦人或是業主兼經
理人來執掌。還有些人認為，創業的重點在於人格特質，特別
講求冒險與獨立。

　　而過去 30 年在哈佛商學院，我們認為所謂的創業精神就
是即使缺乏資源，也要追求實現新的機會。[9]創業者就是必須
要創造、提供一些新的東西，而且比起顧客現在能得到的選
項，必須更好、或是更便宜，這就是我們所說的「機會」。儘
管在一開始要追求某項機會的時候，創業者應該還無法取得所

需的所有資源，例如具備成熟技術的員工、生產設備或資金
等。

　　根據這項定義，創業指的就會是一種特別的管理方式，與
公司成立時間、規模，以及領導人的角色或人格特性都無關。
因此，雖然現在普遍認為所有的小型企業都算是新創企業，但
我們的定義排除了這種概念。畢竟就算是小公司，也有許多公
司在業務上軌道之後只是不斷照表操課、一成不變，而且他們
也早就有足夠的人才與資金來維持運作。

　　相對的，根據我們的定義，就算是在大型的企業、政府機
構或非營利組織內部，也可能出現新創企業。舉例來說，亞馬
遜的 Kindle 算是新創企業，但 Google 雲端硬碟不算。Kindle
推出的時候，電子書閱讀器的市場還在萌芽，而且亞馬遜在此
之前從未設計或製造實體產品，需要爭取各種新資源、新技
能。相較之下，Google 雲端硬碟則是針對當時已經存在且日
趨成熟的市場才推出，早在幾年前，就已經出現 Box、
Mozy、Carbonite 和 Dropbox 等競爭對手。除此之外，Google
早已握有打進這個市場所需的資源，包括行銷管道、資料中
心，以及一大群軟體工程師。

　　正因創業者追求的是嶄新的機會，又還無法掌握所有所需
需的資源，所以從我們的定義來說，創業就是有風險。創業風
險可以分成下列四種。

- **需求風險：**潛在顧客是否願意接受創業者預想的解決方案。以吉寶為例：究竟有沒有大批顧客希望在家裡放一部社交機器人？
- **科技風險：**要讓某項解決方案成真，需要多複雜的程式設計、科學上又需要怎樣的突破。以吉寶為例：程式設計團隊能否打造出關鍵的中介軟體，處理感測器輸入的資訊以及各種應用程式的指令？
- **執行風險：**創業者能否吸引並管理適合的員工與合作夥伴，真正讓創業計畫如預期般展開。以吉寶為例：能否在吉寶吸引到大量使用者之前，就讓第三方開發者願意編寫出各種應用程式？
- **財務風險：**新創企業需要外部資金的時候，就會出現這種風險。創業者能否以合理條件取得資金？以吉寶為例：在延遲上市並燒光手頭的現金之後，現有投資人是否願意投入更多資金？能不能找到新的投資人？

　　失敗是什麼意思？正因創業要面對這麼多風險，可以想見許多人都將失敗收場。但「失敗」究竟是什麼意思？我們一般講到失敗，標準的說法是結果不如預期，[10] 但這種定義沒辦法用來談新創企業的失敗，原因在於它太過寬鬆，會牽涉到兩大問題：哪些結果最重要？所謂不如預期指的是誰的預期？

　　談到失敗時，我們常常會認為是某個人或某項事物已經幾

乎沒有任何價值。但我不想這樣定義「失敗」。本書中談到這些失敗的新創企業，背後都是一群聰明、全心投入的創業者，他們的事業也曾經看來前途一片光明，至少最初都潛力無限。這群創業者確實犯了錯，但並不代表他們沒有能力，這跟事實差得遠了。正因為創業就是如此不確定、又有諸多資源限制，大多數創業者都會犯錯。我們也會看到，有些新創企業就算已經避開絕大多數的重大錯誤，最後還是只能黯然收場。他們雖然下的是聰明的賭注，但最後就是沒賭對。這當中又分成兩種結果，一種是雖然假設合理、事前也經過嚴謹的測試，但最後還是證明想法並不正確；另一種則是單純運氣不好，誰都無法預料。因此，我們得問第三個問題：新創企業失敗的時候，一定是因為有人犯了錯嗎？

哪些結果最重要？公司停止營運，一定就代表失敗嗎？停止營運通常是失敗的象徵，但仍然並非絕對代表失敗。舉例來說，有些創業計畫本來就只打算維持一段時間。像是在 200 年前，計畫招募人手出海捕鯨的時候，船長、船員、船主與共同出資者都只會談這次合作的好處。[11]如今，製片公司每次拍電影時，也是以類似的做法在招募導演、演員與拍攝團隊。每次拍完電影、做好剪接後製，接著就解散，並祈禱成品大受歡迎。像這樣每一次案子結束就解散團隊的工作，絕不能說是一種失敗。

相對的，有些新創企業雖然並沒有結束營運，卻已經名存

實亡。像是許多公司雖然破產，但依然繼續營運，沒有真正清算資產；還有一堆「殭屍企業」，雖然有足夠的現金流勉強支撐，卻無法真正為原始投資者帶來報酬。

這些想法深深影響我在本書為「創業失敗」所下的定義：新創企業的失敗指的是，早期投資人無法在現在或未來回收比當初投入資金更多的報酬。

為什麼限定是早期投資人？因為當新創企業表現不佳的時候，後期投資人常常可以回收幾乎所有資金，但早期投資人通常只能回收部分資金，甚至可能血本無歸。要解釋這一點，我們需要先稍微岔題，談一下創業投資的運作方式。新創企業通常會以發行一連串的優先股來募集創投資金，其中依序分為 A 輪、B 輪等。每一輪新發行的新創企業股權通常會有不同的「優先清算權」（liquidation preference），一旦發生會讓創投資金「退場」的事件，例如公司遭到併購或是發起首次公開募股，將先由後幾輪加入的股東回收完所有資金，才輪到前幾輪的股東取得退場收益。

因此，A 輪投資人通常處於「優先權」的最底層，也就是說，如果退場收益還不及當初募資的總額，A 輪投資人將無法回收當初投入的所有資金。而在公司面臨退場事件之前，我們也可以簡單的計算，假設這些股票找得到買家，現有發行股數的總價值是否低於當初取得資金的總額。

然而如果是自主創業的公司，從來沒有向外部取得資金，

又要怎麼計算？簡單來說，自主創業者的資金就是以下兩項的總和：一、創業者的「血汗股權」，也就是他付給自己的薪水、與他在其他地方工作可能賺到的薪資之間的差額；二、創業者投入的資金。要是這些投資總額過高，並且超越公司預計在未來能以股息或併購價格回收的現金總額，這間新創企業就算是失敗。

　　整合以上敘述，如果新創企業發生下列情況，就可以說是創業失敗：

- 新創企業因為被併購或是要進行首次公開募股而退場時，取得的總價值金額不及當初投資人所提供的股權資金。
- 新創企業仍在營運，但是早期投資人一旦得到許可、可以賣掉手上的股票，將會蒙受損失。
- 自主創業的新創企業創辦人投注的資金與血汗股權過高，且預計公司未來也無法提供超越投入資本的現金價值。

　　重要的是誰對新創企業的預期？講到這裡，各位或許會覺得疑惑，為什麼談到創業成敗的時候，只提投資人能否賺到錢？創辦人的目標理想呢？畢竟大多數創辦人的動機並不只是想追求個人財富，有些人想發明出驚天動地、改變世界的新產品；也有些人想顛覆或是改革產業；有些人只是想建立一支黃金團隊；也有些人只是想證明自己確實有創業的能力。要是創

業者達成這些目標，只是沒讓投資人賺到錢，那麼這間新創企業能算是成功嗎？

在我看來，答案是否定的，因為創業絕不是只要考量創辦人與他們的目標。事實上，新創企業來到 D 輪募資之後，仍然由創辦人擔任公司執行長的比例已經不到四成。[12] 儘管本書仍然十分看重創辦人的個人目標，但我認為不應該以此作為衡量企業成功與否的主要指標。

同樣屬於新創企業利害關係人的相關人員，特別是員工與顧客，我們又該如何看待？討論新創企業算是成功或失敗的時候，應該考慮他們的想法嗎？舉例來說，有些使用者深深愛著吉寶，即將失去這個機器人同伴的消息讓他們哀痛不已，甚至為吉寶安排守靈儀式。以《連線》雜誌（Wired）記者傑佛瑞・范・坎普（Jeffrey Van Camp）為例，他在 2017 年吉寶上市時還語帶懷疑的評論這項發明，後來卻寫道：「一旦知道這部機器人對我說的每個字都可能是他的最後遺言時，我覺得心都碎了……太太和我決定要給吉寶多一點寵愛……我就是覺得在他走之前應該多多關心他。」[13]

雖然吉寶為許多顧客帶來無比的歡樂，但是顯然這間新創企業吸引到的顧客人數就是不夠，無法在長期得到足夠的獲利來繼續營運。所以，光是顧客滿意、員工開心，還是不能算是成功的新創企業。

最後，在判斷創業成敗的時候，是否應該考慮這間新創企

業對社會整體的貢獻？這一點很複雜，因為某些新創企業就算
創業失敗，還是有可能產生一些非預期的溢出價值（spillover
value），嘉惠的不是企業投資人，而是其他對象。舉例來說，
新創企業的失敗案例可以作為教訓，讓其他正在試圖解決同一
個問題的創業者知道哪些方法行不通，避免重蹈覆轍，進而找
出更好的解決辦法。[14] 像是吉寶的案例就提供許多靈感與見
解，有益於下一波瞄準銀髮照護市場的社交機器人新創企業。

　　同樣的，當新創企業失敗之後，創辦人是不是就能學到教
訓、避免犯下同樣的錯誤，甚至能夠引導後輩躲開這些錯誤？
當然，講到學習這件事，有學總比沒學好，學得多又比學得少
更好。不論如何，創業者一定都能從面臨公司倒閉的經驗裡學
到東西；所以，如果這些經驗能把失敗變成還不錯的教訓，那
麼所有失敗都應該以正向的態度對待。

　　就理論而言，儘管新創企業讓投資人虧錢，卻對社會整體
帶來正面的溢出價值，足以彌補投資人的損失，的確可以認定
這間企業並未失敗。舉例來說，新創企業團隊成員或許能在過
程中學到一些技能、見解與經驗，再應用到其他地方。[15] 像是
在 1990 年代曾有一間鑽研平板電腦搭配觸控筆的新創企業
GO 公司（GO Corp），在公司倒閉後，許多員工在矽谷開枝散
葉，領導諸多知名科技新創企業，像是 Intuit 的比爾・坎貝爾
（Bill Campbell）、VeriSign 的史特拉頓・史卡沃斯（Stratton
Sclavos），以及 LucasArts 的藍迪・高米沙（Randy Komisar）。

但是相對的，某些新創企業或許符合本書對創業成功的定義，為早期投資者賺到錢，卻會帶來負面的溢出效應，例如加劇生態破壞、使收入不平等的狀況更加惡化等。就社會整體的角度而言，他們反而算是失敗的新創企業。

然而，企業的溢出價值難以計算，所以在此我們還是繼續以「投資人虧錢」這項標準作為創業失敗的定義。不過我也承認，從社會的角度來看，就算是失敗的企業，也可能貢獻出更高的價值。

創業失敗是誰的錯？新創企業失敗的時候，我們的第一個直覺常常就是想找出究竟犯了什麼錯、又是誰犯了這些錯。然而失敗常常是因為各種人力無法控制的「運氣不佳」與人為所致的「錯誤」結合的結果。

運氣不佳：有時候，新創企業無以為繼的原因大部分在於運氣不佳，而不是真的犯了什麼錯誤。像是新冠肺炎疫情讓美國經濟癱瘓，成千上萬體質健全的新創企業無法取得資金，銷售也欲振乏力；2008 年的經濟大蕭條也是如此。然而也有一些運氣不佳的情況並非如此全面，只影響到單一產業。像是在2000 年代，潔淨科技新創企業常常預料化石燃料成本會持續上漲，但後續以水力壓裂法（fracking）開採頁岩油的技術意外大幅改進，而化石燃料的成本又相對下滑，於是許多新創企業因此慘遭滑鐵盧。雖然這些新創企業失敗收場，但許多都是非戰之罪；他們在「燃料成本將上漲」這件事下了個聰明的賭

注，只可惜沒有賭對罷了。

　　同樣的，有些新創企業已經事先跑過構思縝密、執行完善的實驗，最後還是未能成功。舉例來說，有一間公司採用精實創業的邏輯，針對某項機會提出假設，接著以浪費最少的方式做了嚴格的測試。要是原本的假設被徹底推翻，這間公司應該就會立刻收手，不會進行策略轉向或是繼續測試新的假設。這同樣可以說是一次「還不錯」的失敗，沒什麼好指責的。

　　但是，有許多假設本來就無法測試。很多事物本身就具備不確定性，像是沒人能肯定未來的經濟是否健全、競爭對手與監管單位會有什麼動作、會不會出現科學突破、我們還要等多久才會看見這項突破，以及公司願景還可以吸引投資人多久等。在這些情境中，做過研究、問了專家之後，也只能根據最完整的資料做出最明智的預測，接著希望得到最好的結果。能做到這樣的要求，創業者應該就不會犯下重大的錯誤。而為了達成預期的目標，創業者將會集結各種合適的資源，例如員工、投資人與合作夥伴，但是有可能到了最後，還是發現核心假設出了大問題。這些情況也不能說就是錯誤，他們同樣是下了聰明的賭注，只可惜沒有成功。

　　吉寶團隊就是連續被這樣的運氣不佳偷襲兩次。第一次是執行長突然生病離職。吉寶的投資人暨董事傑夫・博斯甘（Jeff Bussgang）表示：「這間公司很需要一位有願景的執行長，在面對漫長又已經延誤的產品開發週期、根本仍然不存在的市場，

以及許多大型對手時，能夠繼續爭取到資金。錢伯斯就是這樣的執行長，而且在挑選策略合作夥伴方面極為出色。我相信如果當時他沒生病，一定能帶著吉寶度過那些顛簸障礙。」[16]

　　第二次則是亞馬遜的 Echo 完全就像晴天霹靂。有一個科技新聞網站點出當時業界共同的看法：「亞馬遜出乎所有人意料，就這樣推出了一款想都想不到、能跟你說話的喇叭。」[17]當然，智慧型手機製造商早就在積極打造語音助理，但是沒人想過要把這項科技放到獨立的喇叭裡。由於吉寶的定位既是助理、也是同伴，這反而成為大問題；Echo 不只在語音助理方面具備領先優勢、售價遠低於吉寶的價格，而且還有更深的口袋。

　　錯誤：吉寶的領導階層是不是也犯下某些重大的錯誤而導致衰亡？或許如此，但是「錯誤」與「合理的選擇」之間的界限不一定總是很明顯，而且有些人（像是我的學生）也會有不同想法，很難說究竟是某些關鍵決策真的有問題，又或者雖然經過精心思考、做出聰明的決定，但結果就是行不通。

　　讓我們看看吉寶在 Echo 推出後的回應策略。吉寶決定繼續按照原定計畫開發語音助理的功能，這算是個錯誤嗎？他們是否應該加倍努力研發陪伴功能，而把語音助理這一塊拱手讓給競爭對手呢？ Alexa、Siri 與 Google Home 都缺少追蹤臉部表情、發起對話的能力，也無法做出能夠表達情感的動作，所以如果要作為陪伴裝置，絕對不是吉寶的對手。然而，如果這部家用機器人如此昂貴，卻又只有陪伴的功能，市場真的夠大

嗎？如果真的要花 899 美元買個機器人朋友回家，它是不是最好還能有計時、報天氣的功能，才會讓人覺得比較划算？那是一個很困難的決定，而且吉寶團隊不可能預想得到。

同樣的，由於 Echo 只要價 200 美元，似乎就得問問吉寶該不該重新設計、降低成本。事實上，錢伯斯和團隊確實也思考過許多類似的問題，例如吉寶的獨立動作零件是否應該減少成兩組、而不是維持三組零件。[18] 但是事實證明，加上第三組零件只會讓最後的價格增加 48 美元，而且經過廣泛的測試顯示，比起只有兩組零件，三組零件能夠呈現出更豐富的動作，對顧客來說有很大的差別。除此之外，在創投業者的要求下，吉寶團隊還曾經考慮把軟體放到個人電腦上，打算放棄機器人的身體。不過經過測試顯示，這種設計完全沒有任何吸引力。錢伯斯的結論是：「大家很愛說吉寶的程式設計太過頭。但我持保留意見。畢竟這是史上唯一真正能夠發揮用途的消費性機器人。」

或許吉寶的失敗是因為雇錯了人？同樣的，這件事很難說得準。這間新創企業第一任的機器人架構長與開發副總曾經各自在 iRobot 與 Palm 帶領先進研發團隊，資歷完全沒有問題，然而在他們領導時，吉寶的產品開發確實嚴重落後。錢伯斯最後找來一位新的科技長，不過短短幾個月，就解決究竟是要採用內建軟體或雲端架構的問題。要是吉寶一開始找的就是這位科技長，而不是原先那位機器人架構長，又或者他們早一點換

人，會不會吉寶的開發時間就能減半？或許是這樣，但也有可能不管找誰來帶領吉寶的研發團隊，都要先花上兩年應付一團混亂的程式設計挑戰，才終於能夠找出解方。

　　吉寶的垮臺就像大多數失敗的新創企業一樣，很有可能是運氣不佳再加上各種錯誤所致。我們在後面的章節就會仔細討論，創業者如何在企業倒閉後進行回顧分析，了解到他們究竟在哪一個部分犯下哪些錯誤。

賽馬與騎師

　　創業者、投資人與學者解釋創業失敗的時候，常常會從下列兩種思維裡選邊站。第一種思維強調的是創業理念，也就是「賽馬」有問題；第二種思維強調的是創辦人，也就是「騎師」有問題，例如能力不符合企業需求、或者根本就是無能。雖然兩種思維都有支持者，但我認為，只強調賽馬或是只強調騎師，都不足以解釋新創企業究竟為什麼會失敗。

　　是賽馬的錯嗎？並不令人意外，很多創辦人並不想承認是自身的缺陷導致新創企業失敗，於是會把矛頭指向自己無法控制的問題。舉例來說，有一項研究針對失敗的創辦人進行調查，結果發現他們最常提到的兩大失敗理由就是「競爭對手過多」以及「市場情況改變」。[19]

　　我們可以合理的思考這個問題：如果市場已經人滿為患，

而創辦人仍然決定進入這個市場，這算是他的錯嗎？或許沒有錯。但我們常常會看到，如果突然出現某項機會，就會引來大批新創企業同時湧入；像是近來的餐點外送、大麻合法化，以及無人機。因此，新創企業實在難以預料最後會碰上多少競爭對手。但無論如何，由於人常常就是會有歸因謬誤，認為自己的失敗是出於無法控制的原因，而別人的失敗是出於他們的問題，所以看到新創企業創辦人解釋創業失敗的原因時，還是要多多小心。

　　至於在投資人眼中，雖然多半認為創業失敗是騎師的問題，但也有些人會認為賽馬跑太慢才是主要原因。像是億萬富翁創業家暨投資人彼得・提爾（Peter Thiel）就說：「所有失敗的公司都有一樣的問題：沒能從競爭對手當中脫穎而出。」[20]知名創業加速器 Y Combinator 創辦人保羅・葛蘭姆（Paul Graham）也認為，成功的關鍵就是要能為顧客的問題提出令人心動的解決方案，也就是強壯的賽馬。他表示：「只有一種錯誤會將新創企業置之死地：沒有做出使用者想要的東西。只要你做出使用者想要的東西，接下來不管做什麼或是不做什麼，大概都不會有太大問題；然而，如果你沒有做出使用者想要的東西，接下來不管做什麼或是不做什麼，你都死定了。」[21]

　　雖然這些講法很有說服力，但是如果要說創業失敗的主因在於創業理念不佳，會引申出兩個問題。第一，在這場創業的賽馬比賽中，既然是由騎師來挑賽馬，那麼馬跑得太慢難道不

是騎師的錯？換句話說，創業者沒有事先發現創業理念有問題，難道就沒有錯嗎？第二，如果創業者在起跑之後發現創業理念有缺陷，為什麼不進行策略轉向，改用其他更好的理念？創業理念本來就可以調整，儘管賽馬的時候無法中途換馬，但是創業的時候當然可以中途更換理念。

是騎師的錯？這樣說來，新創企業失敗的主因是騎師能力太差嗎？許多投資人似乎是這樣認為。有一項針對創投合夥人的調查結果顯示，他們認為創業失敗的兩大原因在於高階主管管理不力，以及部門管理不佳。[22] 而在另一項調查中，創投業者指出新創企業成敗的最大差別，在三項模式當中有兩項都指向管理上的錯誤。[23] 第一種模式占調查中失敗案例的 19％，是高階主管團隊雖然有足夠的經驗與市場知識，但續航力不足，於是太早投降放棄。至於第二種模式占失敗案例的 49％，則是管理階層根本是「沒救的業餘分子，各個方面都能力不足」。還有第三種模式占失敗案例的 32％，則與彼得‧提爾所見略同：管理階層擁有足夠的市場知識，卻一直沒找到競爭優勢。

如果成敗的重點關鍵在騎師，想必有些騎師就是比別人更優秀。關於這一點，其實有些學術上的證據。我在哈佛商學院的同事保羅‧岡伯斯（Paul Gompers）、喬許‧勒納（Josh Lerner）、大衛‧夏福斯坦（David Scharfstein）與他們的學生安娜‧柯芙納（Anna Kovner）共同進行的研究顯示，如果是連續創業者，在第一次創業成功後，後續創業也有 30％的成

功機率；第一次創業就失敗的人，後續的成功率只有 22％；至於真正的首次創業者，成功機率則是 21％。[24] 這些差異顯示，「從經驗中學習」並沒有決定性的意義，否則連續創業者在第二、三次創業的成功機率應該要遠高於首次創業者才對。

　　至於為什麼那些首次創業就成功的人，之後再度創業的成功率比較高，有兩種可能的解釋。第一，某些連續創業者可能早在首次創業之前就具備某些優勢，而這是其他首次創業者沒有的條件；例如創業者可能因為性別、種族或社經背景等，而具備更高明的技能，或是更有能力取得某些資源。第二，創業者有了過去成功的名聲，就比較容易吸引到資金與人才，於是過去的成功也就真的可能造就未來的成功。這兩種解釋並非只能二選一，也有可能兩者皆是。

　　如果某些創業者的技能就是比其他人更高明，這代表什麼意思呢？可能是指他們的原始智力、應變能力等一般能力更強，也可能指的是他們擁有豐富的相關產業經驗。同樣的，創業者也可能同時擁有這些能力。

　　一般能力：我們總是直覺的認為，比起失敗者，創業成功者應該就是比較聰明、或是心理素質更適合這個角色。然而研究看來並不是這樣。[25] 事實上，某些一般認定的成功創業者特質，像是自信心較強，甚至也可能增加創業失敗的機率，這一點我們會在後面的章節來談。

　　產業經驗：並不意外，研究顯示，擁有產業經驗能夠增加

創業成功的機率。[26] 簡單說來，創業者如果有產業經驗，就更能看到機會、並找出適當的應對策略。第 3 章談到昆西服飾的失敗時，我會來談談產業經驗的影響。

大致來說，如果創業者太過自信、又沒有產業專長，失敗的機率應該會比較高。但是必須注意，這些因素影響的只是創業成敗的機率。就算創業者擁有剛剛好的自信程度、豐富的領域經驗，仍然可能落入本書提到的失敗模式，所以依舊必須小心預防。除此之外，前面談到創業失敗的主因在於創業理念時，我們會發現有許多問題並未解決；而這裡討論到創業失敗主因在於創業者，其實也還有許多問題仍待釐清。其中特別應該研究的一點，就是究竟能不能在公司起跑之前就看出創業者的缺點？舉例來說，我們該如何分辨創業者展現出來的是「不合理的過度自信」，還是「充滿熱情與活力」？

是賽馬的問題、騎師的問題，還是兩者都有？面對創業者、投資人與學術界舉出造成新創企業失敗的種種可能原因，我們究竟該如何理出頭緒？顯然，如果馬跑得快、騎師技術又好，成功的機率當然就比較高。不過，前文也提過，在這場創業賽馬當中，是由騎師來選擇賽馬，所以要把「創業理念」與「創業團隊的能力」分開來談終究並不容易。

到頭來，這種爭論是賽馬還是騎師有問題的討論，我認為幫助並不大。雖然這能引起討論，但卻只是以一種過於簡化的方式在尋找戰犯，很容易讓人誤以為災難是由單一因素導致，

而實際上，失敗是由各種因素交織而成。在下一章，我們將更仔細討論其中的種種因素。

所以，讓我們回到吉寶的案例。這算是創業失敗了嗎？如果依據本書對失敗的定義「早期投資者無法回收資金」，那麼吉寶確實失敗了。那我們能不能說，吉寶下了一個聰明的賭注，只不過沒有賭贏？我相信確實可以這麼說。某些人可能認為吉寶的高階主管在產品定位、重要職位的任命上決策錯誤，但是在我看來，這些決定已然經過慎重的考量。此外，這間新創企業不愧是出身於麻省理工學院實驗室，許多作為都像是過程嚴謹的實驗。好比吉寶團隊執行了焦點團體、產品原型測試等廣泛的早期研究，用來驗證市場需求，並將機器人進一步改善。而且，吉寶遇上兩次晴天霹靂般的打擊；在下聰明的賭注時，實在難以預見會有這樣的不幸。

最後，我們可以說吉寶是一場「還不錯的失敗」，因為人們從這間新創企業得到的知識見解，最終將能裨益國家社會？現在這麼評論或許為時過早，但是吉寶已經儼然成為下一代銀髮照護機器人的參考典範。此外，正如吉寶臨別時談到的社交機器人未來發展，我相信總會看到「每個人家裡都有機器人」的那一天。

第一部

創業起跑

02
第 22 條軍規

　　我在上一章解釋過,創業者就是即使缺乏資源,也要追求實現新機會的人。這對處於創業早期(創立不到三年)的新創企業,就會形成「第 22 條軍規」的邏輯僵局,類似「沒有經驗,就找不到工作,但找不到工作,就不會有經驗」的概念。

　　打從一開始,創辦者就少了一些、甚至是所有開發新機會所需的資源,例如共同創辦人、具備特定專業技能的團隊成員、外部投資人,以及能夠提供技術或行銷通路的策略夥伴。為了取得這些不足的資源,創業者必須說服各方相關人士,讓大家清楚了解這間企業面臨的各種風險,但又相信未來必能取得誘人的回報。

　　所以,創業的第 22 條軍規是:創辦人要是沒有資源,就無法真正開始追求某項新機會;但在他真正開始追求某項新機會之前,又無法吸引到資源。而所謂的開始,指的是至少能夠向擁有資源的人證明這項事業風險合理、值得一試。要打破僵局,創業早期可以採用下列四種策略,除了整體而言能夠減少

對資源的需求，也可以解決、轉移、延遲或淡化與這項機會相關的個別風險。[1] 然而，我在這裡以及往後的各個章節都會提到，每項策略也都會有一些可能造成危害的缺點。

策略 1　精實實驗（解決風險）

運用最小可行產品，創辦人就能動用最少的資源來驗證他們對機會的假設，也能夠釐清這項事業是否可行。我們很快就會在服裝零售商昆西服飾的例子看到，對於未來可能加入新創企業的員工或投資人來說，經過最小可行產品測試後得到的正面結果很有說服力，能讓他們下定決心投入其中。

- **必須注意的危機：** 創業早期一頭熱的時候，很容易犯下起跑失誤的問題，也就是跳過關鍵的早期研究，沒有真正了解顧客有哪些需求，或是想像中的解決方案是否能夠符合這些需求。關於這一點，我們會在第 4 章以慘遭滑鐵盧的網路交友服務公司「三角測量公司」來舉例說明。人類總是比較常注意到自己想看到的事物，所以創辦人也容易落入假陽性的陷阱，像是看到早期成果就以為產品會大受歡迎，但實際上並沒有那麼熱門。我們會在第 5 章以失敗的寵物照護新創企業巴魯公司（Baroo）為例，進一步談假陽性的問題，並介紹如何避免。

策略 2　與人合作（轉移風險）

　　創業者或許能夠向某位策略夥伴「租借」資源，像是取得某項技術或通路行銷網路。這樣的夥伴通常會是某間成熟的公司，規模較大、資金也相對雄厚，比新創企業更能承擔風險。

・**必須注意的危機：**還處在創業早期的新創企業尚無實績，未來能否存活也還在未定之數，因此並不容易與人簽下策略夥伴的協議；而且，就算簽下協議，也不代表未來雙方的利益就不會有衝突。我們在下一章就會看到，昆西服飾與工廠形成夥伴關係，卻很難得到滿意的服務。在第 5 章也會同樣看到，巴魯公司的創辦人與公寓大樓簽訂夥伴關係，本來希望能引導大樓的房客光顧她的寵物照護新創企業，但實際情況令她失望。

策略 3　區分階段（延遲風險）

　　依靠創投資金的新創企業常常分階段募集資金，每一輪募資都只為了湊到足以進入下一個重要里程碑的資金，像是完成產品開發，或是讓產品正式上市。這種方法能夠延遲風險，一旦這間新創企業無法抵達下一個關鍵里程碑，投資人能夠有喊停的機會，避免繼續失血。

・**必須注意的危機：**有些創業者連第一筆資金都募集困

難，特別是尚無實績的首次創業者，選擇投資人時就十分受限，有可能迫於無奈下決定，選擇的對象其實無法為這間新創企業加分，願意接受的風險／報酬權衡與創業者不一致，而且在新創企業遇上難關時也無力投注更多資金。在下一章，我們就會看到這三個問題全部出現在昆西服飾的創辦人與主要投資者的關係上。

策略 4　說故事（淡化風險）

創業者有時候能夠展開「現實扭曲力場」（reality distortion field），也就是讓員工、投資人與策略夥伴為他著迷，只看到這間新創企業有潛力能夠改變世界，而沒注意到它在現實世界的風險。有一些深具自信與魅力的創業者就有這種說服人的能力，讓別人願意接受各種有利於他的新創企業的條件。如果對方是策略夥伴，可能願意將某些專利技術開放給這間新創企業使用，而放棄授權給其他更成熟企業的機會。如果對方是員工，可能願意接受漫長的工時，或是低於市場行情的薪水，希望未來靠著員工認購股權來翻身。

- **必須注意的危機：**現實扭曲力場也可能會招來反效果。如果創業者過於自信，有可能無法發現自己的遠大願景其實就是一場白日夢。我們會在本書的第二部探討創業晚期的失敗模式時看到一些例子，像是樂土公司一心打

造電動車的充電站網路，最後慘賠 9 億美元。新創企業
如果已經到了創業晚期，有數百名員工、已經接受數億
美元的投資，創業者的現實扭曲力場就有可能造成慘重
的負面影響。但是就算還在創業早期，創業者也有可能
落入這種自我欺騙的陷阱。

菱形加方框思考框架

　　創業者有了這些策略，應該就能避免遇上機會／資源的第
22 條軍規，能夠以合理的風險吸引到足以起步的資源。然
而，雄心勃勃的創業者該如何判斷自己真的找到有吸引力的機
會？又該如何判斷需要哪些類型的資源才能成功？下列菱形加
方框思考框架就能提供解答。² 在這套思考框架裡，菱形的部
分將新創企業的機會（也就是「賽馬」）分成四個面向：顧客
價值主張（customer value proposition）、技術與營運、行銷，
以及獲利公式。在菱形之外還有一個方框，四角分別代表新創
企業的關鍵資源提供者：創辦人（也就是「騎師」）、其他團隊
成員、外部投資人，以及策略夥伴。

　　如果菱形加方框思考框架的八個元素都到位一致，也就是
所有元素相互協調時，這間處於創業早期的新創企業未來就相
當值得期待。此外，所謂的到位一致必須是動態的；舉例來
說，隨著新創企業慢慢成熟，相關機會將不斷演化，需要從資

源提供者取得的支持也會有所不同。

　　原本的到位一致可能被各種不同原因打亂，而在這種時候，菱形加方框思考框架也有助於找出問題所在。有時候是菱形上的元素出了問題，像是價值主張太弱，新創企業就得投入更多行銷成本來吸引顧客，但是這又會拖累公司的獲利公式。同樣的，有時候是方框上的元素無法到位一致。我們在下一章就會看到，昆西服飾公司之所以跌跌撞撞，就是因為共同創辦人缺乏服飾業的經驗，而工作團隊與投資者也未能提供支持。

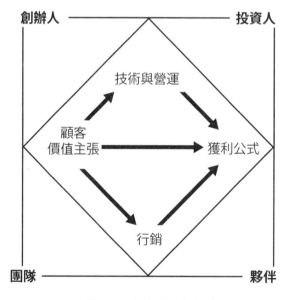

菱形加方框思考框架

最後，菱形和方框上的元素也可能互相衝突，像是吉寶的顧客價值主張與獲利公式太弱，不足以吸引投資者再投入資金。

在接下來三個章節，我會用這套菱形加方框思考框架，針對落入創業早期失敗模式的新創企業進行事後分析。但在那之前，讓我們先更進一步仔細了解一下這套框架當中的元素。

機會元素 1　顧客價值主張

對於創業早期的新創企業來說，四項機會元素裡最重要的絕對就是「顧客價值主張」。想要生存，新創企業就必須針對強大且尚未滿足的顧客需求，持續提出能與他人有所不同的解決方案；下列有幾項重點值得我們再次強調。第一，「需求」必須夠強大；否則要是新創企業的產品沒有名氣，針對的需求又不痛不癢，顧客要買單的機率就不高。第二，「與他人不同」也是關鍵；要是新創企業的產品並未明顯優於現有解決方案，一樣不會有人買單。第三，必須能夠「持續」與他人有所不同；無法阻止他人模仿，新創企業就很容易吃虧。[3]

阻止模仿的方式分為兩類：專利資產（proprietary asset）與商業模式特性（business model attribute）；也有些創業者把這樣的阻礙稱為「護城河」（moat）。專利資產指的是讓內容難以複製，或是限制供應量。舉例來說，受信任的品牌名、專利權、零售店的優越地點，或是事先掌握關鍵原物料都算是專利資產；像是未來漢堡（Beyond Burger）就事先簽好長期合約，

搶下全球一大部分的豌豆蛋白供應量。[4] 至於商業模式特性，指的則是某些特性利於吸引與留住顧客，例如高昂的顧客轉換成本（customer switching cost），或是強大的網路效應（network effect）。

- **轉換成本：**除了指實際的金錢支出，也包括顧客從 A 供應商轉到 B 供應商可能面對的種種不便與風險。像是某個家庭想要更換遛狗員的時候，除了得足夠信任新的遛狗員，願意把家門鑰匙交給他，還得重新告知狗狗的習慣與喜好，並接受狗狗可能跟這個新人合不來的風險。轉換成本有弊但也有利。舉例來說，當初巴魯公司得先克服這些障礙才能吸引顧客，但是等到他們已經把顧客搶到手中，顧客想再跳槽就得面臨高昂的轉換成本，這也就讓巴魯公司得以留住顧客。
- **網路效應：**指某項產品的使用者愈多，就能為個別使用者帶來愈多價值。[5] 網路交友就是個很好的例子：如果網站上可能成為你的約會對象的人數愈多，當然就愈具吸引力。也正因為網路交友的網路效應十分強大，所以像是三角測量公司這樣的新創企業就得在一開始費盡千辛萬苦吸引用戶；這又是另一個第 22 條軍規案例，因為他們得先有使用者，才能再吸引其他使用者。但是，只要等到一切動起來、啟動飛輪效應，就能讓新使用者

吸引來更多新使用者。一旦達到臨界規模,這種類型的企業在吸引與留住顧客方面,就能比競爭對手更具優勢。

而在確立顧客價值主張時,處於創業早期的新創企業有三項重要選擇,將會大大影響之後成功的機率。

1. 是否鎖定單一客群?開業之後,有些新創企業會鎖定許多不同的客群,這些客群也各有不同的需求。像是吉寶鎖定的顧客,除了有一部分是希望能從語音助理取得各種實用功能,如管理行事曆、提供天氣與路況報告等,另外還有一部分是為了尋求陪伴。而更典型的狀況則是,新創企業開始營運的時候只會鎖定單一客群。像是昆西服飾就選擇鎖定年輕的職業女性,而不是在尋找畢業後工作服裝的大學生。

創業者在判斷一開始該鎖定多少客群時,需要有所取捨。顯然,如果能夠成功打入更多客群,新創企業就有可能得到更多收益。但是,如果想讓單一產品符合許多客群的不同需求,可能反而導致產品累贅、失焦,儘管討好所有客群,但又不會讓某個客群真心喜愛。同樣的,一旦鎖定多個不同客群,行銷資訊必須個別量身打造,也就可能讓行銷工作變得格外困難而且又很花錢。

除了讓單一產品鎖定許多個客群,另一種方法則是讓產品有許多不同版本,並且各有不同的功能與品牌定位。這種方式能夠解決定位的問題,但會提升成本與複雜度。而不論採用哪

一種辦法，要想迎合多個客群，就可能造成產品開發延誤，對公司造成危害，在瞬息萬變的科技市場中更是如此。

許多新創企業會在開業時先鎖定特定客群，以縮短產品上市時間，而且，鎖定規模較小的市場，就容易搶下較大的市占率。設定客群時比較簡單的做法，就是像這樣先搶下一席之地、再逐步擴張。等到正式起跑，就可以修改產品與行銷手法，或是調整其中一項，以接觸到更多客群。本書第二部將會討論到這種擴張方式。

	鎖定單一客群	鎖定多個客群
好處	• 更快上市。 • 市占率較高：更容易建立可以防守／擴張的據點。	• 潛在收益較高。
風險	• 潛在收益較低。	• 過於複雜。 • 產品累贅、失焦。 • 產品開發延遲。 • 需要推銷給許多客群。

2. 有多創新？ 設計自家第一款產品的時候，創辦人必須決定創新的程度。有些創業者認為產品愈創新愈好，但這種心態可能造成麻煩。

創業時的創新可以分成三種：一、新商業模式，像是 Rent

the Runway 提供出租用的服裝而不出售；二、新技術，像是失敗的太陽能電池製造商 Solyndra，擁有專利技術的薄膜材料，用來製造圓管狀太陽能板；三、以新方法結合現有技術，像是昆西服飾就採用類似男性西裝的量身系統，為女性提供更合身的服裝。

　　某些創新的形式需要改變顧客的行為，也就可能造成轉換成本：消費者得學習如何使用新型的產品，而且這種產品還未經實證，無法保證能達到原本承諾的效果，這對消費者來說也是個風險。因此，創新需要顧客改變行為的時候，提供給顧客的價值就必須高於可能產生的轉換成本。舉例來說，昆西服飾創新做法的聰明之處，就在於顧客只要有小小的行為改變，就保證能夠帶來巨大的好處（更合身的衣服）。當時女性已經很習慣在網路上買衣服，只需要再多提供一些身材相關數據就好，轉換成本可說非常低。

　　很多時候，就算採用全新的創新技術，顧客也完全不需要改變行為，只要繼續一如往常行動，就能享受更低的成本、更快的速度、更可靠的產品或服務。舉例來說，最早的 iPhone 是靠 Wi-Fi 存取點來判斷所在位置，準確度比不上 GPS。但是等到第二代 iPhone 置入了 GPS 晶片，消費者完全無需改變使用 iPhone 地圖應用程式的方式，方向指示就變得更準確了；整個過渡過程完全是無縫接軌。

　　顧客會喜歡的產品，就是要能在「新穎」與「熟悉」之間

取得平衡。因此，創新就像是對創業者提出要求一切「剛剛好」
的挑戰。產品不夠創新，就無法與現有競爭對手的產品做出差
異。如果新創企業只提供「中等的捕鼠器」，而不是更好的捕
鼠器，就很有可能會失敗。*然而，在完全相反的狀況中，新
創企業可能會創新過頭，超出顧客的需求。這時就需要投入大
筆行銷成本，才能說服顧客嘗試這些相對極端的產品或服務。
而且如果這項創新需要在技術與工程設計上有所突破，產品開
發也就會面臨延遲的風險。像是吉寶，儘管完全開創出全新的
產品類別（家用社交機器人），也就必須面臨這樣的挑戰。

	創新程度較低	創新程度較高
好處	• 轉換成本低。	• 差異性高。
風險	• 差異性不足。	• 超出顧客需求。 • 轉換成本高。 • 產品研發延遲。 • 行銷費用高。

　　3. 低接觸或是高接觸解決方案？ 有些新創企業提供的是
「通用型」（one-size-fits-all）的陽春解決方案；有些公司則提

---

* 譯注：企業管理上有一套「捕鼠器理論」指的是，只要你能做出比市面產品
　更好的捕鼠器，大家都會想搶著跟你做生意；但如果你做出來的捕鼠器就只
　是差強人意，公司大概也只能黯然倒閉。

供更客製化的產品，搭配量身訂做的服務。讓我們分別將這兩種風格稱為「低接觸」與「高接觸」解決方案。為了比較這兩種解決方案，讓我們以兩間線上保母媒合服務公司為例。其中，Care.com 屬於低接觸服務，提供大量的保母名單，但是由父母自己篩選搜尋結果、審查個人資料、聯繫並面試求職的保母；整個過程耗時又讓人緊張兮兮。至於 Poppy 則是一間創業失敗的新創企業，我們在後面章節會再次提到；這間公司提供高接觸的服務，不只可以根據顧客需求調整供應服務的方式，也能夠因應各種特殊的照護需求。[6] 舉例來說，如果平常合作的保母去度假，顧客只要用簡訊發送出需求，就會有一位已經通過嚴格審查、訓練有素的保母出現在家門口，簡直就是隨傳隨到的神仙保母*，而且顧客無須再檢查保母是否符合資格。

　　對創業者而言，要決定採用低接觸或是高接觸解決方案各有種種考量與妥協。由於低接觸解決方案採用標準化的模式，提供所有顧客完全相同的商品或服務，比較容易擴大規模，也有助於自動化，因此供應成本可以壓得比較低。這一點非常重要，因為低接觸解決方案本質上就是差異性較低，因此無法取得很高的價格溢價。

　　相較之下，高接觸解決方案能取得的價格溢價高，因為顧

---

* 編注：原文指的是瑪莉・包萍（Mary Poppins），這個角色出自英國作家崔佛斯（P. L. Travers）的經典兒童文學作品，1964 年由迪士尼翻拍成電影《歡樂滿人間》（*Mary Poppins*）。

客當然願意付出更多錢來取得下列好處：一、完全針對自身特
定需求來量身訂製的解決方案，像是昆西服飾提供更合身的服
裝給顧客；二、能夠體驗到更優質服務的解決方案，像是
Poppy 可以滿足最後一刻才突然需要找保母的要求。而且新創
企業確實也需要賺取更高的收益，才能支付為了提供高接觸解
決方案所產生的額外費用。然而，新創企業提供高接觸解決方
案的時候，也可能碰上一些光靠提高收益無法解決的營運問
題，導致難以迅速擴大規模。像是 Poppy 就發現到，合格的
保母人數太少，原本想擴大規模的計畫不得不踩煞車。最後，
Poppy 還是無法達到創辦人理想的規模，於是她決定收掉公司。

	低接觸解決方案	高接觸解決方案
好處	• 易於擴大規模。 • 營運成本較低。	• 差異性高。 • 可取得價格溢價。
風險	• 差異性不足。 • 無法取得價格溢價。	• 營運上的挑戰。 • 不易擴大規模。 • 營運成本較高。

機會元素 2　技術與營運

　　新創企業要存活，就必須達到價值承諾，也就是確實把產
品發明出來、製造完成、交到顧客手中，還要提供售後服務。
只要有一項做得不好，都可能會讓企業夭折。

　　而除了要有扎扎實實的執行能力，多數新創企業也會在技術與營運方面遇上一項需要孤注一擲的決策：關鍵活動應該外包出去，或是由內部處理？舉例來說，創業者或許得選擇是要蓋一間新的倉庫，或是向他人租下現有的倉庫；要不要把客服直接外包給第三方客服業者；軟體要自己寫還是找承包商來寫？

　　這類決策的風險很高，因為新創企業第一輪募資得到的資金通常只夠他們營運 12 到 18 個月，如果花了 4 個月才發現產品開發不該外包，又得花 3 個月招聘工程師團隊在公司內部開發產品，創業者等於是燒掉一半募集到的資金，卻幾乎沒有任何進展，未來也沒有再犯錯的空間。

　　這種「內部處理或外包出去」的決定，牽涉許多令人苦惱的選擇與妥協。由內部來研發各項功能，可能過程進展緩慢、所費不貲，也會讓組織變得比較複雜。將業務外包能夠更快取得所需的資源，通常也比較不需要前期的固定投資。然而，才剛起步的新創企業想找到適當的合作夥伴並沒有那麼簡單。而

	技術與營運由內部處理	把技術與營運外包出去
好處	• 利潤可能更高。 • 能掌握必要的業務活動。 • 根據企業需求，量身打造活動。	• 更快取得資源。 • 降低前期的固定投資。
風險	• 緩慢、昂貴。 • 缺乏專業知識。 • 營運較複雜。	• 控制權較少。 • 可靠的夥伴難尋。

且，外包商的收費除了包括實際成本，還會額外再加上他們要賺的利潤，所以如果內部研發的成本並沒有比外包業務還要高，就能讓新創企業獲利更多。此外，內部研發還有兩大優勢：新創企業不只能將必要的業務能力掌握在自己手裡，也能依據特定需求來做調整。本章稍後我們會進一步談到，處於創業早期的新創企業在尋找策略夥伴時，可能會面臨哪些具體的挑戰。

機會元素 3　行銷

　　顯然，新成立的公司得設法讓潛在顧客知道自己有哪些產品。而對創業早期的新創企業來說，關鍵的問題就在於該投入多少錢來做行銷。這又是另一個必須做到「剛剛好」的難題，因為花太多或太少錢都可能很要命。讓我們來看下列兩個極端的例子。

　　1. 把產品做好，顧客自然就會來。 這種方法認為只要產品夠好，自然就會為人所知，而且口碑行銷容易得到瘋傳，媒體報導也有助於在創業早期時招攬顧客。這種方法有兩個優點。第一，把行銷經費降到最低，讓新創企業省下寶貴的現金。第二，以這種方式「自然」招攬來的顧客，都是主動找上產品，而不是被廣告所吸引，所以通常會更忠誠。

　　然而，如果把產品做好了，顧客卻沒有過來，該怎麼辦？針對這種可能性，創投業者馬克・安德森（Marc Andreessen）

指出：「我們忍痛放棄某些創業者的首要理由，就是他們一心只看產品，其他什麼都不顧。矽谷常常培養出這種心態，而且還大加讚揚。但糟糕的是，這成為創業者躲避銷售與行銷這些苦差事的藉口。許多創業者雖然產品一流，卻沒有好的配銷策略。甚至更糟的是，有些人堅持不需要配銷策略，或者把沒有配銷策略的做法說成是『病毒行銷策略』。」[7]

確實有些很棒的產品，在起跑之後無需任何廣告或是付費行銷策略，就能讓眾人瘋傳。像是我就能想到 Dropbox、推特（Twitter）、Pinterest、Instagram 與 YouTube 這些例子。但這些產品只是極少數的例外，大家會說它們是稀有的「獨角獸」肯定有其原因；然而創業者必須注意，別認為自己必然能有樣學樣。同樣的，這些成功案例「沒有付錢」行銷，並不代表「沒有」行銷。只要更深入一點研究就會發現，這些新創企業都投入了人力（甚至資金），發想與執行各種妙招，以引發瘋傳效應。像是德魯·休斯頓（Drew Houston）介紹 Dropbox 的影片中，就埋了各種哏來吸引超級科技宅，像是引用電影《上班一條蟲》（Office Space）的 TPS 報告（測試程式報告），或是向駭客運動裡用來解鎖藍光光碟的 09 F9 加密金鑰致敬。[8] 這些科技宅成為 Dropbox 的早期採用者，接著就變成這項產品的免費宣導大使，還提供免費的技術支援。

2.「大爆炸」的起跑方式。1990 年代晚期網際網路熱潮達到鼎盛的時候，新創企業常常會用盛大的廣告與公關活動來發

表產品。這種方法目前已經退流行，但我們還是會看到有些創業早期的新創企業一開始就砸下重本做行銷。如果能辦一場成功的發表會，華麗無比、引人目光，的確有可能讓一間新創企業主宰某個新市場。但是像這樣積極砸錢行銷，對新創企業來說還是有點冒險，畢竟他們尚未確定產品能達到「產品－市場契合」（product-market fit），無法確保產品符合市場的需求，而且至少就長期而言也能帶來獲利。要是最後發現需求不如預期，創辦人或許會轉向並調整價值主張，但這也就可能讓現有顧客不滿。如果已經砸大錢行銷，之後又要調整價值主張，問題不只是浪費資源那麼簡單。這還會讓現有與潛在客群感到困惑、疏離，因而對新創企業造成傷害。一項針對創業早期新創企業管理實務的研究「創業基因計畫」（Startup Genome Project）做出的結論也呼應這項風險，指出常見的一項創業失敗原因，正是太早擴大行銷規模與產品開發。[9]

	行銷耗資較少	行銷耗資較多
好處	• 節省現金。 • 忠心顧客較多。	• 成長較快。
風險	• 無法接觸到顧客。	• 成本較高。 • 若是策略轉向，則前功盡棄。

機會元素 4　獲利公式

　　獲利公式指的是企業打算如何賺錢：能得到多少營收，又會需要多少成本？獲利公式將營收與成本各自分成幾個部分。產品價格、銷售量等都會影響營收。至於成本則是分成幾類，各自受到不同因素的影響。舉例來說，變動成本（variable cost；例如組成吉寶的所有零件費用）和產品單位銷量成正比。而行銷成本（marketing cost）則是會依照招攬到的顧客人數不同而變動。至於經常費用（overhead expense），像是高階主管的薪酬、總部人員的辦公室租金，至少在短期內會比較為固定。

　　創業者並不會真的去設定獲利公式，而是他對另外三項機會元素（顧客價值主張、技術與營運、行銷）做出的選擇，決定新創企業的營收與成本狀況。透過這些決定，就會定調這間新創企業服務的對象與客群數量、如何為產品訂價、如何吸引新顧客，以及是否採用「高接觸」服務方法而衍生出對應的成本等。

　　新創企業是否能夠長久，需要看它在許多指標上的表現，但是下列三項指標最為關鍵。

1. **單位經濟效益（Unit Economics）：** 新創企業的「單位經濟效益」指的是，公司每賣出一個單位的產品能獲得多少利潤。業務不同，計算用的「單位」就不同。像是吉寶這樣的製造商，一個單位可能就是賣出一部機器

人。而像是 Netflix 或 Spotify 這樣提供訂閱服務的公司,一個單位則可能是指每個月從每位訂戶得到的利潤。請注意,在這種情境下的「利潤」指的是毛利(gross profit),也就是將每單位的營收減去所有在製造與交貨過程中直接產生的變動成本,例如製造一個單位產品的製造成本、打包一個單位產品的倉儲勞力成本、運送一個單位產品的運輸成本、一個單位產品要向信用卡公司支付的費用等。而毛利再扣除行銷成本、經常費用的分攤、債務利息的支付,以及所得稅後,才會得到淨利(net profit)。

　　基本上,分析某間新創企業的單位經濟效益時,就是要問他們每成交一筆典型的交易後,能夠賺進或是會虧損多少現金。如果企業體質健全,每筆交易賺取的現金乘上交易次數後,得到的總現金流應該要足以支付下列費用:一、行銷成本與經常費用;二、進一步成長所必須的投資,例如庫存或工廠設備;三、支付所有債務的利息;四、稅金;五、為股東提供足夠的利潤,也就是說,要讓股東在公司有需求的時候願意提供更多資金。由於每一種產業狀況不同,很難概括指出每一筆交易應該賺到多少錢才算是「體質健全」。然而,如果每一筆交易都虧錢,除非管理者有明確的計畫、準備在未來轉虧為盈,否則應該就是麻煩大了。

2. 顧客終身價值／顧客獲取成本比（簡稱 LTV/CAC 比）：[10]

顧客終身價值（Customer's Lifetime Value，簡稱 LTV）指的是一位典型的顧客與新創企業維持關係的期間，他所帶來的毛利計算出的折現值（discounted present value）。「折現值」的概念告訴我們，未來收到的 1 美元並不如今天收到的 1 美元有價值。因為你可以現在就把今天的 1 美元存到銀行裡，而在未來的那 1 美元進帳的時候，先前存在銀行裡的 1 美元已經生出利息來了。基本上，顧客終身價值就是要從未來會賺到的錢裡扣除掉這些沒賺到的利息。

顧客獲取成本（Customer Acquisition Cost，簡稱 CAC）則是反映出每招攬一名典型顧客平均需要花費多少行銷成本。LTV/CAC 比如果低於 1.0，代表招攬這位顧客能帶來的價值還不及招攬他所耗費的成本。要是一間新創企業的 LTV/CAC 比長期不到 1.0，多半就注定失敗。原因在於，他們的毛利將不足以支付固定的經常費用，也無法賺到淨利。因此，許多新創企業會把目標訂在 LTV/CAC 比要大於 3.0。

3. 收支平衡點：LTV/CAC 比是重要的績效指標，但必須注意的是，從顧客身上取得的現金流只會在後續慢慢流入，而招攬顧客必要的成本卻得事前支付。也就是說，就算新創企業擁有漂亮的 LTV/CAC 比，在積極擴大客

群的時候，也有可能迅速燒光手中的儲備資金，導致違背創業的基本原則：手頭千萬不能沒有現金！

為了防止這種情況，創業者需要有效預測現金流，並且掌握公司何時能夠突破關卡，讓現金流入開始大於流出。換句話說，新創企業必須設法達到現金流的收支平衡點，也就是銷售量已經能夠產生足夠的毛利，支應所有的稅金、行銷費用、固定成本與新投資，例如下一波要擴大規模所需的額外設備與庫存。

我在調查創業早期的創辦人時發現，如果能掌握這些獲利公式指標，就能提高創業的成功機率（詳細資訊請參見附錄）。在那些表現不佳的新創企業中，創辦人／執行長對於單位經濟效益、LTV/CAC 比、六個月現金流預測的信心，遠不如那些成功新創企業的創辦人／執行長。

資源元素

上一節提到的四個元素，也就是菱形加方框思考框架當中「菱形」的部分，談的是新創企業的機會：該向誰提供什麼東西；技術與營運的計畫；如何行銷；如何賺錢。而為了把握機會，企業還需要適當數量的適當資源。

菱形加方框思考框架的「方框」點出了四種資源的提供者，

都是大多數新創企業取得成功所不可或缺的條件。這四種資源的提供者包括：創辦人、其他團隊成員、外部投資人，以及可能提供關鍵技術、營運能力、或是配銷通路的策略夥伴。

「方框」中四項元素應該能夠相輔相成、以長補短。舉例來說，創辦人如果缺少業界經驗，可以找來有經驗的資深團隊成員或投資人協助。

資源元素 1　創辦人

正如我在上一章解釋過，創辦人的合適程度（founder fit）會對新創企業的結果產生決定性的影響。[11] 同樣的，如果共同創辦人之間有嫌隙，則可能使新創企業分崩離析。有些新創企業有好幾位共同創辦人，打從一開始就是共同發想創業。至於許多其他新創企業，則是只有一位創辦人是唯一的「發想者」，具備追求事業機會的獨到見解。這樣的創辦人就常常需要再招募其他人加入創業團隊。

然而，不論創業團隊是打從一開始就組成，或是隨著發展才慢慢建立起來，創辦人與投資人到了某個時間點都必須問：有鑑於企業追求的機會，以及原始創辦人具備的能力，是不是應該再找其他共同創辦人加入，並（或是）拋下現有的共同創辦人？要做這些決定的時候，有三個面向特別重要：產業經驗、業務相關經驗，以及性格特質。

1. 產業經驗。[12] 過往的產業經驗在某些情況下會格外重

要。舉例來說，對吉寶的幾位共同創辦人來說，要研發吉寶並將這項產品推上市場顯然會面對重重挑戰，超乎他們的能力所及，所以他們才會找來科技業的資深老手史蒂夫‧錢伯斯擔任執行長。不過並不是所有狀況都需要過往的產業經驗，下一章我們就會談談產業經驗是在哪些時候至關緊要。

2. 業務相關經驗。針對新創企業所追求的機會，創業團隊一方面還需要具備商業的敏銳度，另一方面又要有一定程度的技術技能。人們常常將這樣的團隊戲稱為「駭客與騙子」（hacker and hustler）的團隊：也就是要有聰明的工程師（駭客），以及具備商業知識、特別是銷售能力的人（騙子）。當然，不論缺乏哪些能力，創業團隊都能透過聘用相關人士擔任高階主管來加以彌補。

但要小心的是，如果創業團隊所有成員的訓練背景以及業務相關經驗都類似，就得格外當心。由商學院畢業生所創辦的新創企業就很容易出現這種情況。

3. 性格特質。創業家必須有滿滿的自信，才能推動自己去做一件別人沒有做過的事。許多研究都指出，相較於一般大眾，創業者平均而言更容易有過度自信的情形，也就是說，他們在結果不確定的時候，更有可能高估自己預測的準確性。[13]幸好，這些自信滿滿的創辦人也因此具備許多條件，能夠提高創業成功的機率。舉例來說，創業過程經常得面對起起落落，而自信心能夠讓他們在應變時更有韌性。同樣的，要向潛在員

工或投資人介紹願景的時候，渾身散發自信的創辦人也就更具說服力。

　　但正如我們一次又一次所見，如果自信過頭，反而會導致創業者承擔過多風險，特別是他們很容易因為熱情蒙蔽，看不清現實有多麼嚴峻。而在另一個極端，創辦人如果缺乏自信，也會很難吸引員工與投資人，於是企業也是前途堪慮。在這個從「太過固執」過渡到「太過猶豫」的光譜上，理想的創辦人自信程度應該位於中間位置，一旦落在兩端都有可能讓企業落入絕境。[14]

　　猶豫型的創辦人可能會缺乏自信、對自己的理念缺乏熱情，又或者會低估身為創辦人的壓力與需要付出的心力；相較於那些固執型的創辦人，猶豫型的創辦人更容易放棄。而求職者與投資人也能夠感覺到這種人內心矛盾，且公司願景也不夠清晰。這樣的創辦人彷彿風一吹就會動搖，於是企業策略不斷搖擺，一聽到誰又給了什麼建言，就顯得三心二意。

　　而另一方面，如果是固執型的創辦人，在判斷機會的吸引力以及（或是）自己的競爭力時，容易過度自信，於是很有可能貿然創業，但其實根本資本不足、低估競爭對手、對自己的能力言過其實。就算他們撐過創業階段，也有可能因為一心相信自己的計畫完美無瑕，就算在公正的第三方看來有其他更理想的機會，他們也有可能拒絕轉向。固執型的創辦人也很難與人合作，他們可能總抱著防衛心、愛對別人橫加評斷（覺得同

事是天才，或是把同事當作白痴看待）、不肯放手把事情交給別人、常常無視別人的建議，又或是堅持照自己的方法做事。這些行為都會讓企業難以招募或留住優秀的團隊成員。

有鑑於這些風險，組成創業團隊的時候就應該盡量避免找太過固執、或是太過猶豫的成員。而且也該想想，共同創辦人的性格是否能夠互補？舉例來說，如果是兩位固執型的共同創辦人，就可能不斷發生衝突、影響正常營運，但如果是一位固執型、一位猶豫型，則可能達到互相制衡的效果。

所以，要如何判斷創辦人的自信是否過度？一般來說就是要觀察各種跡象，看看他是否缺少謙卑、不願聽取意見，或是在受到挑戰時表現出防衛心理、完全不肯改變。想知道創辦人過去的行為表現，或許可以向他過去的同事打聽。但是這種做法就像是雙刃劍，就算他過去可能是個問題人物，但或許已經從錯誤中吸取教訓、改過自新。在本書第三部，我們就會看到某些曾經失敗的創業者經過自我反省，改變了管理風格。

	固執型的創辦人	猶豫型的創辦人
好處	• 應變有韌性。 • 能夠吸引投資人。	• 風險評估較全面。 • 能避免衝動下的決策。
風險	• 對未來發展過度自信。 • 可能十分傲慢、有防衛心理、難以配合。	• 缺少熱情。 • 缺少鍥而不捨的精神。 • 難以吸引員工與投資人。

資源元素 2　團隊

　　如果菱形加方框思考框架裡的其他元素都能夠配合到位，就算團隊不夠強，對新創企業應該也不會是個致命打擊。但要是其他元素無法到位，團隊能力不足就可能是壓垮駱駝的最後一根稻草。

　　在創業早期的新創企業，挑選團隊成員的時候常常會為一件事傷腦筋：究竟重點該看態度、還是看技能？[15] 兩者之間的平衡非常微妙。要是創辦人在挑人的時候以態度為重，整支團隊就很容易都是積極進取、工作勤奮、樣樣都懂的通才，能夠依據情況需求轉換各種角色。挑選以適合公司文化為重的成員也會得到類似的結果，請來的員工都能夠欣然接受企業的使命、與同事相處融洽，而且因為覺得自己對公司、對同事有責任，再苦的差事也能撐下去。然而，如果整支團隊都是通才，沒有人具備專業能力處理行銷、工程設計或其他業務上的棘手問題，再苦幹實幹也可能無法完成工作。

　　挑選團隊成員的時候如果以專業技能為重，可以讓處於創業早期的新創企業工作效率大幅提升。但新創企業多半沒什麼名氣、資金不足，撐不撐得下去都很難說，要吸引有一技之長的專家並不容易。同樣的，創辦人如果並沒有特定業務的相關經驗，也就很難有人脈招募合適的人選。就算真的吸引到一群專家前來應聘，創辦人也可能發現自己難以分辨良莠。

　　一群專家組成的團隊也會有一些陷阱。例如，專家有可能

不假思索，就想把在過去雇主那裡成功的解決方案拿來套用；
但是過去的成功經驗並不一定能複製到還在草創期的新創企業
上。而且，專家面對不屬於自己專長的領域，也比較可能表現
出「那不是我的工作」的態度。同樣的，如果這些專家已經習
慣在大公司裡工作，希望各種流程清清楚楚，部門間的工作成
果與資訊流動都有明確規定，一下子來到還在草創初期的新創
企業，可能一時難以適應。最後一點，如果創業早期的新創企
業最後決定轉向追求新的機會，就有可能不再需要某些專家的
技能，創辦人得解雇這些學有專精的人才，不但令人難過，更
會打擊士氣。

	招聘時以態度為重	招聘時以技能為重
好處	• 員工忠心、勤奮、做事有彈性。	• 工作效率大幅提升。
風險	• 缺少關鍵領域的專業。	• 難以吸引與留住人才。 • 強行套用可能不合適的舊解決方案。 • 抱持「那不是我的工作」的態度。 • 不了解新創企業的步調；無法適應沒有明確流程的狀況。

資源元素 3　投資人

對於創業早期的新創企業，創辦人必須決定募資的時機、

金額與對象。[16] 一旦出錯，後果就可能相當嚴重。此外，創辦人如果沒有過去的實績佐證，在這個階段或許無法有太多選擇，募資不順就可能被迫妥協，不求找到最合適的投資人，只求讓公司繼續營運就謝天謝地。

募資的時機？向外募資的時機需要仔細拿捏。創業者要先預想手中的資金大約什麼時候會用完，這種時刻稱為新創企業的「冒煙日期」（fume date），也就是說，如果將企業比喻為車子，這部車的油箱已空，接下來只會噴出白煙。接著從冒煙日期開始回推，預計需要用多久時間來募資。要考量的有兩大因素：第一，如果新創企業在營收成長、顧客投入等方面表現亮眼，也達成各項關鍵里程碑，像是產品設計完成、開始產品上市前測試（beta test）等，自然吸引力強大，可能大幅提升企業的估值。第二，創業者必須預測投資人情緒（investor sentiment）；由於投資也會有一窩蜂的現象，所以創投資金很容易出現超漲超跌的循環（boom-bust cycle）。某個產業火熱的時候，創投業者就會搶著將相關新創企業加到投資組合；但情緒這種事情說變就變，一旦發生，就連體質健全的新創企業，也可能忽然就被投資人棄若敝屣。

要是創辦人太早開始募資，尚未達成某些關鍵的里程碑，對投資人來說失敗風險較高，也就會要求殺低每股的股價。而股價估值被殺低，也就等於進一步稀釋創辦人手中的股權。舉例來說，有位創辦人打算在種子輪（seed round）向外募資，

目標是 200 萬美元。假設在投資人看來，這間新創企業原本的估值為 600 萬美元，加上募資的 200 萬美元，投資後估值（post-money valuation）就會達到 800 萬美元；這代表投資人將會握有 25％的股權（投資人投入的 200 萬美元，除以公司總值的 800 萬美元），而創辦人握有 75％的股權。相較之下，如果同樣要募資 200 萬美元，但這間新創企業的投資後估值只有 400 萬美元，那麼創辦人取得資金後，將只能握有 50％的股權。

但是，如果創業團隊反倒過了太久才開始募資，就有可能因為產業不再熱門、或是落入「超跌」的循環，而讓募資所需時間比預期更長。要是在這段期間現金短缺，任何一筆倉促取得的資金就可能附帶著各種不利條件，同樣造成不良後果，讓新發行的股價偏低、估值偏低、導致管理階層與所有早期投資人手中的股權遭到稀釋。

	募資較早	募資較晚
好處	• 能夠運用「超漲」階段的機會。	• 吸引力較大，能夠募資更快，也減少股權稀釋。
風險	• 股權稀釋較多。 • 吸引力較小，也就更難吸引投資人。	• 如果募資所需時間比預期更長，可能導致各種不利的條件。 • 如果無預警落入「超跌」階段，可能面臨各種不利的條件。

　　募資的金額？ 募資金額的考量，與募資時機的考量同樣困難。正如我的哈佛商學院同事比爾・薩爾曼（Bill Sahlman）所言，創辦人做這些決定的時候都是在貪婪與恐懼之間拉鋸。[17]「貪婪」在於，創辦人（以及所有現有投資人）的持股不想被稀釋太多，就必須延遲募資，等達到更多里程碑再說；或是，只募集達到下一個里程碑所需的最少資金；有時候，創辦人甚至會兩種做法並行。「恐懼」則是在於，要是真的拖得太久、或是募得資金太少，手中能作為應變的資金可能會不足，導致難以轉向抓住新的機會、或是應付對手的突襲。一旦新創企業缺少應變緩衝的資金，可能得被迫進行「過橋募資」（bridge round），這通常就會成為「折價募資」（down round），也就是說，募資用的股價變得比先前的估值還低。折價募資會讓人覺得這間新創企業就像是一艘正在下沉的船，難以再吸引新員工，也就有可能會加速滅亡。同樣的，由於現職員工手上的認股權也「跳水」了，他們離職的可能性也跟著大增。

　　考慮到這些權衡因素，有些創業者就會謹守「能募的時候就募，能募多少就募」的格言。確實，面對強大的對手，如果企業手中現金滿滿，會是一大競爭利器。然而要是管理階層因此揮霍無度，募得大筆資金也可能反而害了新創企業。馬克・安德森就認為，新創企業如果募得太多資金，就可能「沾染上自滿、懶惰、自大的文化」。[18] 隨之而來的問題可能有：一、過度招聘，管理者太多，拖慢決策速度；二、期程延遲，例如

員工會覺得：「急什麼？我們還有這麼多現金呢。」

　　同樣的，募資的時候，如果投資人願意出高價入股，雖然能減少創業者股權稀釋，但並不見得有利無害。如果這一輪的募資價格太高，就很難接著再有足夠的進展、證明下一輪募資值得開出更高的股價。結果就是，後續可能出現折價募資，前述負面影響也隨之而來。

	募資太少	募資太多
好處	・股權稀釋較少。	・能夠緩衝應對意外。 ・有「戰備基金」可以抓住各種機會。
風險	・難以緩衝應對意外。	・支出無度。 ・如果股價過高，下一輪募資比較有可能成為折價募資。

　　募資的對象？對於創業早期的新創企業來說，投資人有可能為公司大大加分，例如提供應對各種策略挑戰的建議、介紹優秀的員工、訓練創業者的管理與領導風格，以及協助管理階層取得下一輪資金。在《創業鯊魚幫》（*Shark Tank*）節目取得成功的參賽者都知道，如果能從頂尖的投資人手中取得資金，會讓人覺得這間新創企業前途大好，此後即使投資人並沒有親自跳出來做什麼事，這間企業在招聘和募資上都會順利許多。

　　相較之下，新創企業找了不合適的投資人，可能會造成兩

方面的危害。第一是雙方對風險／報酬的權衡不一致。創投業者的商業模式，就是要從只占投資組合極小百分比的部分，取得不成比例的豐厚報酬。對成功的創投業者來說，就算投資組合裡大部分只能收支平衡、甚至是虧錢，但只要靠著少數的極大成功，就能轉虧為盈、大發利市。因此，大多數創投業者會建議新創企業棋出險著、採用高風險的策略，期待一旦成功就能獲利豐厚。同樣的，也有許多新創企業創辦人願意以高風險換取高報酬；不過，其他創辦人如果沒有投資人在旁督促，就會喜歡用比較安全的策略，取得較一般的獲利。在後面的章節，我們會以處於創業早期的昆西服飾與巴魯公司為例，談談這些因素造成了怎樣的影響。而在本書第二部，談到擴大規模的新創企業時，也會探討到一些呼應「我們被創投業者逼得太緊」的主題。

　　不適合的投資人會造成的第二個問題在於，一旦新創企業開始遇上現金短缺、陷入困境，投資人可能沒有能力與意願提供額外資金。就這點而言，不同投資人的態度大相逕庭。如果新創企業需要更多資金的原因在於沒能趕上原定的產品發表目標，或是需要更多時間來調整轉向，一般而言要從現有投資人那裡增資會比較容易。雖然現有投資人可能擔心這筆投資像是填不滿的無底洞，但是畢竟比起再找新的投資人，現有投資人更熟悉新創企業的團隊、產品、市場及挑戰，也更清楚成功將帶來的可能報酬。而且，他們也可能受到情緒影響，為了表現

出對當初的投資決策有信心，而決定加碼投資。相較之下，一旦看到新創企業未能達到某些目標，新投資人當然會比較小心謹慎。出於這些原因，處於創業早期的創辦人（特別是「出事」風險比較高的新創企業）在找投資人的時候，就應該找上曾經提供過橋資金、而且資本規模足以應付這種事情的投資人。

多數創投業者每隔幾年就會再募一筆新資金。而且為了避免利益衝突，他們在取得新資金後，很少會用這筆資金對既有投資組合進行後續投資。否則在進行後續投資的時候，就有可能因為估值的高低而犧牲某筆資金來圖利另一筆投資。因此，創業者在找投資人的時候，也該注意對方現在的口袋還剩多少錢，是否足以進行後續投資。

資源元素 4　夥伴

講到新創企業為何失敗收場時，很少人會認為主因在於選錯了團隊成員、或是找錯了合作夥伴。但這些原因卻很有可能給管理者又加上另一個重擔，於是失敗的機率就此大增。然而再怎麼撐，也總有某個時刻再也來不及把水舀出去，於是船就沉了。

讓我們繼續用船來隱喻新創企業，馬克·安德森曾打過一個比方，他說新創企業想找大公司當合作夥伴，就像是《白鯨記》裡的亞哈船長（Captain Ahab）與大白鯨莫比敵（Moby Dick）之間的關係。[19] 如果有讀者還沒讀過這本書，請小心以

下爆雷：亞哈船長的下場頗為悽慘。他「鯨迷心竅」，追獵莫比敵幾十年之後，終於成功用魚叉叉到莫比敵，但卻也被牠拖進海中，溺斃身亡。安德森的解釋是：「和大公司往來，缺點在於可能會讓你對事物失去掌控；你可能會受到各種不公平的對待、生不如死，而且更有可能的是，這會讓你困在惡劣的合夥關係中，綁手綁腳，或是浪費一大堆時間開會，無法專注在真正的重點。」

　　前面談到外包的時候提過，與人合夥可以讓新創企業無需進行前期的固定投資，就迅速取得某些資源。但正如安德森所擔心的是，一間沒有名氣、不知道能否存續的新創企業，想和已經成熟的大企業形成合夥關係並不容易。就算真的成功合夥，大企業仍然可能很少對新創企業投注關愛的眼神，在下決策時也不見得會太在乎是否可能對新創企業造成利益衝突。

　　因此，Dropbox 創辦人暨執行長德魯・休斯頓就談到，他在早期有一次想談一樁合夥關係，但結果令人很氣餒：「大公司有時候表面上很樂意與新創企業談談，他們會找來 12 位中階主管，但當中沒有半個人真的握有實權，就是想來試試水溫，把你的技術上上下下摸個清楚，結果會讓你浪費好幾個月的時間。像是我們曾經和一家防毒軟體業者幾乎要談成生意，但是他們在最後一刻卻來了一位資深副總，宣告合作的時候不能露出我們的品牌，把前面談的條件全盤推翻。」[20]

　　合夥關係可能因為各種不同的問題導致破局，而雙方的權

力落差愈大，一方面合夥不成的機率也就愈高，二方面就算成功合夥，最後不歡而散的可能也愈高。有些時候，光是要達成合意就需要很長的時間。正如休斯頓所言，有些大公司只是想來試試水溫，了解新創企業的技術和策略；有時候甚至是偷竊新創企業的想法。而就算大公司是真心有合作意願，一般來說這種合夥事項也不會是他們要優先處理的工作。此外，大公司的談判人員常常會刻意拖延時間，以增加自己的談判籌碼。他們知道新創企業正在燒錢，被逼到絕境的時候更有可能讓步。

　　就算達成合夥協議，合作夥伴也可能不會履行承諾。畢竟，外人可能很難滲透大公司裡的政治，而且如果有人因為合夥關係而受到威脅，就有可能出手破壞。又或者，如果大公司裡支持合夥關係的人離職，就可能讓新創企業突然失去內應支持。而不論情況惡化成什麼樣子，新創企業卻可能仍然被困在這段合夥關係中。一旦問題拖得太久，也就必然會提高失敗的機率。舉例來說，新創企業可能一邊燒錢、一邊還得努力尋找

	建立合夥關係
好處	• 無需前期的固定投資，就能迅速取得資源。
風險	• 浪費時間，最後無法達成任何交易。 • 有想法被竊的風險。 • 由於大公司的政治問題與看重的優先順序，造成交易延遲。 • 由於談判籌碼落差，使得條件對新創企業不利。 • 由於動機誘因不一致，使得雙方缺乏合夥誠意。

替代方案，於是同時也犧牲掉品質與客服。

━━━━━━━

　　從無到有的創造是一項勇敢的舉動，不但需要具備願景與自信，還需要做出無數困難的決定。而如同前文所述，對於創業早期的新創企業創辦人來說，許多決定都可能大大影響公司未來成敗的機率。檢視菱形加方框思考框架有助於籌劃這些決策，並且在出現問題時加以診斷。在接下來的三章，我們會運用這套思考框架，研究幾個在創業早期失敗的新創企業案例。首先，讓我們更深入來談談，如果創辦人看到一個大有可為的機會，卻無法取得實現機會所需要的資源，情況會有怎樣的發展。

03
神點子，豬隊友

2011 年 5 月，有兩位以前的學生來找我，請我對她們的創業想法提點意見。而她們的構想讓我雙眼為之一亮。亞歷珊卓‧妮爾森與克里絲提娜‧華萊絲提出的想法大有可為：為年輕的職場女性提供時尚、價格合理、更為合身的工作服飾。[1] 她們的祕密武器在於一套量身系統，讓顧客個別指定四項服裝尺寸，如腰臀比、罩杯大小等，很類似男士西服的量身方法。看來她們找出一套全新的解決方案，能夠滿足一項應該十分重要而且尚未被滿足的顧客需求。

不過她們不打算走傳統路線，放棄打入百貨公司或零售連鎖商店銷售通路的做法，而是決定讓她們打造的昆西服飾成為一個直銷品牌。當時，隨著男裝電商公司 Bonobos 與時尚眼鏡公司 Warby Parker 的成功，直銷這種商業模式備受青睞。其中，Bonobos 公司正可說是昆西服飾的好榜樣：他們在線上販售「更合身、更好看」的男性褲裝，開業不過 3 年，就募到 2,600 萬美元的創投資金。

　　我對這樣的構想大感讚嘆。下一步，我鼓勵華萊絲與妮爾森先去收集情報，確定目標客群確實想要這樣的產品。她們安排了一套簡直是教科書等級的最小可行產品測試：舉行六次尊客秀（trunk show），讓女性顧客試穿並且預訂。顧客反應看來很有希望：參加活動的年輕職場女性當中有 50％掏錢購買，每一筆訂單的平均價格達到 350 美元。

　　妮爾森與華萊絲同時還進行一項調查，結果顯示，57％的受訪者認為在選擇工作服裝的時候「合身」是最重要的因素，更有 81％的受訪者覺得很難找到合身的工作服裝。她們也得知，這樣的目標客群每年購置工作服裝的總金額高達 19 億美元。這些消費者資訊讓兩位新銳創業家信心大增，辭去顧問工作，創辦昆西服飾。

　　接著，華萊絲和妮爾森給了我一個機會，讓我不要光說不練：她們邀請我投資。這讓我對她們的前景有了全然不同的觀點。我既喜歡她們的創業理念，也欣賞這兩位創辦人：她們思慮敏銳、應變手段高明，而且兩人在公司裡也能夠互補。華萊絲能勾勒遠大的願景，也有說服人的魅力。她在就讀哈佛商學院之前，是在埃默里大學（Emory）取得數學與劇場研究的大學學位，接著曾在大都會歌劇院工作，負責管理眾家歌劇女伶。相對的，妮爾森深思熟慮、紀律嚴明。她曾任職於波士頓顧問集團（Boston Consulting Group），畢業於麻省理工學院機械工程系所。

　　她們兩人似乎形成一種完美的「內外聯手」（outsider-insider）組合，其中一位創辦人的氣質與技能適合領導外部活動，例如募資、品牌推廣、合夥關係等，另一位則適合管理內部活動，包括網站開發、倉儲運作與顧客服務。在其他幾間由哈佛商學院校友所創辦的新創企業裡，我已經見過類似的成功案例，像是美妝產品訂閱公司 Birchbox、網路內容傳遞公司 Cloudflare，以及服裝租賃公司 Rent the Runway。

　　確實，昆西服飾的兩位創辦人都沒有新創企業或服飾製造業的經驗，但是許多哈佛商學院的「時尚科技產業」（fashion tech）創業者也沒有深厚的領域知識就能大獲成功，例如 Rent the Runway、女性內衣公司 Adore Me，以及個人造型服務訂閱公司 Stitch Fix。

　　看來，昆西服飾就是一匹大有前途的賽馬，而且還配了兩位才華洋溢、勤奮無比的騎師。要做決定太容易了，投資算我一份。

　　昆西的兩位創辦人下定決心要吸取其他人所有的成功經驗，所以去拜訪 Bonobos 的資深主管，而這些主管也慷慨分享他們的策略。妮爾森模仿《查理與巧克力工廠》（*Charlie and the Chocolate Factory*）中威利・旺卡（Willie Wonka）的口吻說，這正是昆西服飾拿到的「黃金門票」。妮爾森與華萊絲根據這些訪談得到的洞見來編訂財務預測，並且認為在 4 年內，昆西服飾將能拿下 5,200 萬美元的營收、1,800 萬美元的稅前利潤。

她們拿著這些預測報告找上潛在投資人，最後募得 95 萬美元的種子資金，雖然不及原先設定的 150 萬美元目標，但已經足以讓她們啟動春裝與秋裝系列。兩位創辦人還很聰明的找來時尚界資深人士組成小團隊，成員甚至包括一位曾出現在《決戰時裝伸展台》（*Project Runway*）電視節目裡的設計師。

產品開賣後，銷售十分熱烈，回購率也十分理想，購買春裝系列的顧客有 39％ 繼續購買秋裝系列。然而事情很快開始急轉直下。事實證明，在業績成長強勁的時候，還需要對倉儲投入大筆資金，而這就耗盡她們的現金儲備。同時，服裝生產也出了問題，尺寸對某些顧客來說並不合身，使得退貨率高達 35％。雖然這個數字對於其他與昆西同樣提供免運費、無償退換貨的網路零售服飾業者來說很平常，但卻遠高於創辦人原本設定的 20％ 退貨率。退貨會侵蝕利潤，而要修正生產問題也得花錢。昆西服飾開業才 9 個月，但如果依照當時的支出狀況，再過 2 個月創辦人就會燒光所有現金。

華萊絲投入全力，矢言要募集更多資金。但是在參加投資人會議卻空手而回之後，她彷彿看到大限將至。除非現有投資人再度提供資金，否則昆西將被迫停止營運。於是，這成了爭吵的核心。華萊絲希望能夠「優雅」退場，完全付清要給供應商的欠款，也讓員工能夠得到相當的遣散費。然而，妮爾森則比較希望繼續尋找新的投資人，並且同時減少提供服裝尺寸的選擇，以降低營運與倉儲的複雜程度。然而，像這樣縮減產品

線，並不符合華萊絲的品牌願景；她夢想的昆西服飾，是要能為所有身材的女性都提供更合身的服裝。

雙方在董事會上攤牌、針鋒相對之後，妮爾森的計畫勝出。華萊絲被趕出公司，接下來幾週就呆在沙發上，沮喪消沉。然而，妮爾森掌權短短五週，也發現自己的計畫無法奏效。看不見可以吸引到任何新投資的可能。她終於決定投降。

昆西服飾就這樣黯然退場令我徹夜難眠，因為從表面上來看，這件事怎樣都不該發生。不只早期的尊客秀測試完全應用精實創業、無可挑剔，顯示出她們的創新解決方案確實有相關需求。而且昆西服飾在 2012 年 3 月上線後，市場又再次確認了這項需求。同年 11 月的月銷售額已經從 10 月的 42,400 美元上升到 62,000 美元。而且，昆西的回頭客足足占了 17％，如果只看曾經購買春裝系列的顧客，回購率更高達驚人的 39％。

如果昆西服飾的創辦人明明已經找出目標客群想要的產品，為什麼經營得如此跌跌撞撞？是因為她們還不懂服裝生產的複雜程度，許下的「更合身」承諾過高？還是一開始募到的創投資金太少？或是選錯投資人？領導能力太弱？共同創辦人之間有衝突？

我深入研究後，發現問題的根源在於，昆西雖然看到大好的機會，卻沒有取得真正推動機會必需的所有資源，於是落入創業早期新創企業的一種失敗模式，我稱為「神點子，豬隊友」。這裡的「資源」指的不只是資金；「神點子，豬隊友」的

失敗模式指的是，新創企業雖然看到大好機會，卻在關鍵資源上有所不足或是失調，其中包括創辦人、其他團隊成員、投資人與策略夥伴。而且，正如上一章提到的菱形加方框思考框架所示，方框上的資源問題會向框架的內部造成影響，破壞菱形上的各種機會元素。

　　以昆西服飾為例，至少在最初的時候，四項機會元素當中其實有三項已經到位。有鑑於尊客秀得到的反應正面，推動早期銷售成長強勁，再加上回購率居高不下，都明顯可以看到昆西的顧客價值主張確實以與眾不同的方式、抓準某項尚未滿足的強烈需求。

　　此外，行銷也不是昆西的問題所在。這間新創企業主要靠的是顧客滿意後的口耳相傳、獎勵「由顧客推薦顧客」（每次成功推薦，就能得到 50 美元的獎勵金）、社群媒體推廣，以及媒體的報導。這些行銷策略正如預期般有效，也吸引到大批顧客。

　　開業後一年間，昆西服飾的獲利公式雖然還無法得到驗證，但也絕不是有明顯的缺陷。確實，這間新創企業為了應付不斷成長的需求，迅速投入大量資本處理庫存問題，因此資金儲備消耗迅速。然而由於退貨率高於預期，使得昆西的毛利率大大低於目標。不過，儘管出現這些早期誤判，昆西仍然有潛力可以在長期轉虧為盈。畢竟當時昆西的銷售額有將近一半都是由重點顧客所貢獻，而且妮爾森與華萊絲仔細研究後預計，這些重點顧客平均的終身價值超過 1,000 美元；雖然預估得花

95 到 125 美元的成本才能招攬到一位重點顧客，但仍然是利遠遠高於弊。

　　不過，昆西服飾確實有重大的問題，就出現在第四項機會元素「技術與營運」上。這間新創企業雖然價值主張極具吸引力，但兌現承諾的表現並不穩定，特別是在確保「合身」這件事出了問題，而這又是昆西服飾對顧客承諾的關鍵。結果造成退貨率比創辦人的預期高出 15％，其中有高達 68％的退貨是因為不合身。

　　遺憾的是，如我在事後調查所見，昆西服飾在資源方框的四項元素（創辦人、其他團隊成員、投資人、策略夥伴）都出了問題。這些「豬隊友」造成了營運問題，最終導致昆西失敗收場。

創辦人

　　對昆西服飾來說，兩位創辦人就像是一種「駭客與騙子」的平衡。妮爾森是一位具備麻省理工學院背景的工程師，對於策略與營運問題有一套重分析、有紀律的處理方式。而華萊絲則是個人魅力十足，能夠為這間新創企業勾勒大膽的願景，還能讓人欣然接受。只不過，雖然有以上優勢，她們也有兩大缺點：第一是缺少服裝產業經驗，第二則是未能清楚指定「誰當老大」。

　　缺乏產業經驗。妮爾森曾在許多間服裝零售商擔任顧問，也曾在商學院一年級的夏天到愛馬仕（Hermès）協助庫存最佳化（inventory optimization）的工作；但是這兩位創辦人其實都沒有關於服裝設計與製造的第一手經驗。她們一開始還以為可以自己挑起設計的責任，也只要聘請一位生產經理，就能處理製造上的協調問題。等到她們發現這種想法不切實際，才請了一位專業設計師，也慢慢了解到服裝設計與製造分成許多工作，需要專業人才各司其職，例如技術設計師、打版師、樣版師以及裁布師等。她們學到愈多，就愈清楚自己得從頭打造整套製造流程，而這件事不但艱鉅、更是十分耗時。

　　而這樣「從做中學」也造成品質問題，像是她們不知道兩種幾乎相同的布料可能彈性大不相同，於是衣服無法合身；也沒發現汗水會讓夾克內裡的粉紅色染料滲色；還沒想到擔任試衣模特兒的妮爾森手腕比一般女性都細，導致某件襯衫的袖口對大多數女性來說都太窄了。

　　神點子，豬隊友失敗模式的核心問題，常常就在於創辦人缺乏產業經驗。畢竟不論構想再好，如果營運者缺乏執行構想的知識與經驗，構想的發揮就會相當受限。此外，營運愈複雜的產業，就愈符合「構想是銀，但執行是金」這句格言。愈是缺乏產業經驗的創辦人，也就愈舉步維艱。而昆西服飾的營運就是非常複雜：從設計、布料採購、打版、製造、品管到運送等，一系列活動都必須密切協調。我們在第 8 章還會看到另一

個網路零售業的例子，這間居家設計公司同樣也得面對繁複的物流難題。

　　創辦人如果缺乏產業經驗，就沒有專業人脈能找尋優秀員工，於是人才招募也同樣遇上困難。而且，投資人也可能多有疑慮，擔心這樣的創業團隊就連哪裡可能有地雷都毫無概念。所以，如果創業者跟昆西服飾創辦人面臨同樣的狀況，該怎樣面對這些短處？[2]

- 第一，創業者可以雇用另外一位比較有經驗的共同創辦人、或是更有歷練的資深主管，但是這樣做還是有可能遇上第 22 條軍規的情形。像是妮爾森與華萊絲確實試過，想找來一位深諳服裝產品門道的共同創辦人，但最後功敗垂成。原因不難想見，如果某位人選有足夠資格來領導一間服裝新創企業的設計與製造業務，必然有許多誘人的工作機會會同時向他招手，甚至有其他同樣前途看好的新創企業以創辦人的位子相邀。當面臨其他更具吸引力的選項時，誰會想把命運賭在兩個只有好構想、但沒有相關成功經驗的企管碩士身上？而且，這兩位當時拿到的資金還只夠勉強撐過一年的營運，前提還是她們的收益與成本必須符合預期。
- 第二，創業者可以大力倚重顧問，請他指引策略與營運，而且最好也能運用顧問的人脈，找來有經驗的管理

者。同樣的，昆西的兩位創辦人也請了幾位很有用的顧問；但是，她們或許應該再多請幾位。她們以為昆西的領投投資人能夠為她們帶來時尚科技的經驗與人脈，但後來這些投資人提供的幫助卻讓人失望。

• 最後，創辦人也可以投入更多時間心力，以取得更專精的產業知識，但得做好心理準備，因為這得花上好幾年才能真正熟練。對昆西的兩位創辦人來說，肯定就是得花上那麼久的時間，才能真正掌握服裝設計與製造的流程。然而，如果她們是在開業之前就先多花一點時間研究服裝製造與庫存管理的挑戰，或許至少能在聘雇團隊成員的時候就更加對症下藥。妮爾森在事後分析的時候想到，或許她和華萊絲太早辭去原先的顧問工作了。以她的後見之明看來，她覺得兩人應該先繼續全職工作，並且持續評估創業理念。她說：「我有先生的收入可以靠，但是打從華萊絲辭職的那一刻，我們就得開始提供資金，這讓我們壓力很沉重。」然而，有些創業者會覺得時機寶貴且短暫，擔心其他新創企業也快要想到同一個構想，於是很難像這樣從容行事。

誰當老大？妮爾森與華萊絲除了缺乏產業經驗，她們的合作關係也遇上重大難關。耶瑟瓦大學（Yeshiva University）商學院院長諾姆・華瑟曼（Noam Wasserman）的分析指出，如

果共同創辦人是家人或好友，創業之後的關係會變得比較不穩定，更容易以絕交收場。³我們或許能找出許多理由，覺得和好友或家人一起創業會是個好點子，像是彼此目標與價值觀相似，而且又了解各自的長處與短處、喜好與怪癖。但是，相較於找同事、甚至是陌生人一起創業，共同創辦人之間如果有密切私交，就更難認真討論關於角色、策略等困難的話題，總擔心一旦起衝突就會危及彼此的交情。

昆西服飾的兩位創辦人在哈佛商學院是最好的朋友，但也就此落入這種情境。事實上，她們打算一起創業的時候，還曾經發誓絕不讓事業上的歧見影響這段友誼。為了避免未來要選擇由誰擔任什麼角色時會傷了和氣，她們從一開始就決定要平均分擔策略決策的權力。華萊絲回憶表示：「雖然我們同意由我擔任執行長、妮爾森擔任營運長，但其實我們就像是共同執行長。她負責的是生產、採購與電子商務，而我處理的則是行銷、人資與財務，再由我們共同決定產品策略。」華萊絲繼續說道：「我們用執行長、營運長這兩個頭銜區分角色，也是想減輕投資人的疑慮，免得他們擔心兩個企管碩士共同擔任執行長會怎麼處理爭議。然而，我們其實是一起做出各種關鍵決定。如果無法達到共識，就不會行動。」

從表面上看來，這種策略似乎很合理，能夠避免共同創辦人產生爭執，但是結果卻正好相反。由於兩位共同創辦人都相當堅持己見，最後在產品策略與設計選擇等議題都大有衝突。

華萊絲就提到：「我們各自都想負責規劃產品願景，但審美偏好又各有不同。她喜歡倫敦經典風格，但我喜歡布魯克林時尚。」她又說：「有幾次，當某個創辦人做了某個決定，認為應該完全屬於自己的職權範圍，但是另一個人則會說『為什麼沒問我？我完全不同意啊！』我們最後不得不取消某些決定，而這就耗掉許多心力。」

妮爾森與華萊絲並不想讓別人發現她們有異見，但辦公室並不大，又是採用開放式設計，這就成了幾乎不可能的任務。一旦員工開始感受到兩人不和，也會想方設法從中挑撥她們。華萊絲回憶：「當時如果要講比較私人的對話，我們會去附近的一間星巴克。我們要解雇人的時候也是在那裡談。而很快大家都知道，一旦聽到『你要不要來喝杯咖啡？』就是有不好的事要發生了。」

除此之外，這項新創事業給兩位創辦人帶來的潛在風險並不對稱，也讓衝突的可能性進一步加劇。妮爾森要面對的潛在損失更慘重，因為她的母親是公司的第一位投資人，而她有一個兄弟在公司擔任軟體工程師。華萊絲表示：「如果牽扯到家人，你就不會覺得彼此的風險與利害關係都一樣了。」

很多時候，共同創辦人都會擁有平等的決策權；至少在初期是如此。在其他人加入團隊之前，常常就只有共同創辦人彼此密切合作，時間可能長達數個月，於是他們習慣什麼做決定都是大家攤開來說。同樣的，因為想當執行長的人可能不只一

位，太早談就會傷感情，所以這項決定他們常常是能拖就拖，至少等到被投資人逼著做出決定再說。華瑟曼的研究就顯示，創業團隊有 21％會避免在首次分配正式頭銜時就任命執行長的職位。[4] 當共同創辦人都發現自己不適合擔任執行長時，延後做決定就是個聰明的做法，而且他們會需要從外頭找人來當執行長，像是 Google 的創辦人就找來艾力克·施密特（Eric Schmidt）。但是，如果超過一位創辦人想當執行長，也都覺得自己有資格勝任，於是把這項決定拖得太久，結果就可能相當致命。昆西服飾的經驗讓我們看到，這種緊張局面會不斷加劇，而各方對策略方向難有共識，則會讓新創企業在最需要靈活應對的時候綁手綁腳。

共同創辦人面對這種情況，有三種選擇。[5]

- **內部判斷：** 共同創辦人可以先談好必須下決定的日期，或許是先經過一段試用期，輪流擔任執行長，試試看誰更適合。
- **外部選擇：** 共同創辦人也可以將這項決定交給公正的第三方，而且必須都同意遵守他的選擇。如果投資人經驗豐富、也是這間新創企業的董事，通常就是可以做出這種決定的絕佳人選。因為他不但了解創業早期的新創企業執行長所需的技能與特質、公司未來面臨的挑戰，也熟悉這幾位角逐執行長頭銜的人能力如何。

- **壯士斷腕：**如果某位共同創辦人非常清楚自己永遠不願屈居人下，也可以選擇離開。這不是個很好的選項，但有時候會是霍布森式的選擇（Hobson's choice），也就是經過探索後確定別無他法，而眼前剩下的選項已經是唯一最好的結果。

我對創業早期新創企業的調查顯示，如果創辦人出現上述問題，就比較可能將新創企業帶上死路。特別是相較於成功的新創企業，失敗新創企業的創辦人／執行長具備的相關產業經驗遠遠更少。而且，正如昆西服飾的經驗所示，這樣的共同創辦人更有可能不清楚自己的角色定位，也更容易與彼此或是其他高階主管常常起衝突。

團隊

昆西服飾的創業團隊很小，主要就是一群服裝產業專家。但是，這些人做事不夠靈活、不夠主動，也就成了昆西黯然收場的重要因素。

做事不夠靈活。前面已經提過，昆西服飾的兩位創辦人花了一點時間，才終於了解服裝設計與生產所牽涉的種種工作與職務角色。妮爾森與華萊絲一心以為她們找來的幾位開業元老經驗豐富，應該能夠在必要的時候一人多用；這樣的假設很合

理，大多數創業早期新創企業找的都是這種什麼都能做的員工。然而，昆西請來的幾位產業老手，都太習慣按照成熟服裝企業裡那種高度專業化的流程做事，只要碰上不熟悉的領域專業，就顯得手忙腳亂，無法靈活應變。事實證明，昆西聘雇來的員工比較擅長處理熟悉、定義明確的流程，而不是從無到有打造流程、同時擔任多種角色。

做事不夠主動。此外，新創企業想要成功，員工必須具備主動積極的態度。但是昆西服飾請來的這幾位產業老手並非如此，他們除了常常表現出「那不是我的工作」的態度，而且在他們的產業知識應該察覺到公司可能出問題的時候，也是一聲不吭。舉例來說，夾克內裡的布料可能滲色、透出粉紅色染料的時候，居然沒人提出警告。華萊絲就說：「我們的生產團隊理論上應該具備相關經驗，可以預見這些問題。」襯衫袖口太窄的問題也同樣可以事先察覺。因此，會出現這些問題，代表員工：一、只是照著過去在成熟服裝企業學到的規範做事，很習慣生產流程會一切順利，很少需要挑戰管理者的決定；或是，二、在察覺到好像有問題的時候，沒有足夠的動力提出疑問；當然，也可能兩種問題都有。不論是哪一種，都顯示創辦人在聘雇、監督以及激勵員工的辦法上出了問題。

事後回想，華萊絲也承認當初沒能好好處理員工不夠主動的問題。她說：「我對團隊逼得不夠緊。變成讓妮爾森當黑臉，提出各種要求；而在她對某人大發雷霆之後，我會去當白

臉打圓場。但是，當員工發現可以跟我抱怨，反而有損妮爾森的權威。」華萊絲又補充說：「我們聘雇來的某些員工，似乎覺得來一間資金不足的新創企業工作是在幫我們的忙。而不覺得這是一生的大好機會，更不認為是在參與未來的一大重要發展。結果，我管理部屬的時候，就像是一直在說『非常感謝您幫我們這個忙』。」

相較於這些具備相關技能、做事卻不靈活又不積極的員工，昆西服飾該找的其實是一位同時在服裝製造以及新創企業都有經驗的高階主管；當然，說得比做得簡單。接著，這位主管應該就能找來既有必要技能、又能靈活適應新創企業節奏的專才員工。正因為團隊裡少了這樣的人，也就讓昆西的創辦人面臨許多創業者都會碰上的挑戰：如果你不懂那些專業職能，又沒有能夠找到相關人才的人脈，怎麼可能請到合適的專業高手？

這種雇用員工的難題後面還會出現，因為隨著新創企業逐漸成熟，多半會需要不斷聘請其他專業人士加入。第 8 章就會談到，創業晚期的新創企業要聘請專家老手擔任重要高階管理職會遇上哪些挑戰。而像是昆西服飾這種還在創業早期的新創企業，想找到能在「具備專業技能」與「態度肯拚肯做」達到平衡的員工，有三項步驟。

- 第一步是**找到具有相關產業經驗的人**，就能達到：一、運用他們的人脈，以接觸到具備所需技能的應聘者；

二、請他們協助進行面試，評估應聘者的技能水準。要把這種有相關產業經驗的人拉進來當員工可能並不容易，因此也可以請他擔任投資人或顧問的角色。顧問除了可以由非正式提供諮詢意見的導師擔任，也可以組成正式簽約的顧問委員會，委員以一小部分股權為報酬，每個月投入一定時間協助。此外，股權報酬應該是逐步撥出，而且雙方（顧問與公司）都有權隨時決定終止這項安排。

- 第二步則是**在面試時以態度為重**。創辦人應該有能力檢視、也必須確認應聘者過去的成績，了解對方是否有解決創新問題的經驗，以及主動跳出來做事的態度。另外，面試時也該了解應聘者是出於什麼動機才考慮進到一間新創企業工作。他們是喜歡面對挑戰、想要追求專業成長嗎？還是對這間新創企業的使命有興趣？他們對創業早期的新創企業工作模式又有多少了解？

- 第三步則是盡可能在實際聘用之前**先給應聘者一段「試用期」**，指派合理份量的工作，請他在指定時間內完成，而且必須與現有員工合作。如此一來，就能了解這位應聘者與創辦人在工作上能否合作愉快。

投資人

　　昆西服飾的創辦人原本希望募得 150 萬美元的創業投資資金，但最後在種子輪只募到了 95 萬美元。結果就是在開業的時候，現金生命週期（runway）只有不到 12 個月，而新創企業一般在種子輪都是以募得 18 個月的現金生命週期為目標。少掉這段時間，也就限制她們犯錯的空間。要是昆西服飾的兩位創辦人能達到最初的募資目標，就會有足夠的庫存推出第三套系列服飾，也可能在燒光資金之前有足夠的時間改正製造上的錯誤。

　　募資問題的其中一種解釋，可以說又碰上第 22 條軍規的問題。因為潛在投資者雖然很喜歡兩位創辦人的概念，最小可行產品也證明市場需求強勁，但還是因為她們缺乏產業經驗，而懷疑她們究竟有沒有執行的能力。這個問題的另一種解釋則是認為，那些科技創投業者認定昆西服飾屬於「服裝製造商」，而這種產業類別通常不受他們的青睞。科技領域的創投業者會以獲得 10 倍的報酬為目標，但是他們也認為，投資組合中能夠達到目標的新創企業應該很少。相較之下，如果是時尚／零售業的私募股權投資者，大概只以得到 2 到 4 倍的報酬為目標，但是他們會認為，投資組合裡應該有更多新創企業可以實現實質的回報；所以，看到自己投資的新創企業跌跌撞撞的時候，這些投資人會比較有耐心，也比較願意再度投入資金。

　　於是，為了增加對創投資金的吸引力，妮爾森與華萊絲把昆西服飾定位為「顛覆性網路創新者」，是一間在服裝業採用直銷模式的科技新創企業；這套做法是仿效 Warby Parker 與Bonobos，而這兩間公司都吸引到科技創投公司的巨額資金。然而，昆西的創辦人選擇從科技創投業者取得資金，可能是個錯誤的決定。

　　妮爾森與華萊絲吸引到的創投業者，在昆西遇上麻煩時反而讓問題更加嚴重。其一，這些投資人在策略諮詢和人脈引薦方面的幫助有限。兩位創辦人本來以為，她們的領投投資人曾經投資過其他直銷時尚科技新創企業，其中還包括 Bonobos 與Warby Parker，應該會具備相關的專業知識，但事實證明，這些創投業者過去直接參與營運的程度並不如她們所預期。華萊絲提到：「他們以前投資那些新創企業時，從未擔任過公司董事，然而只有擔任董事才會讓投資人真正學到特定領域的經驗。」

　　此外，昆西的領投投資人在提供資金時還有附帶條件。他們給昆西的資金是每季分批撥出，稱為「份額」（tranche），但撥款的前提是事業必須達到銷售成長的特定里程碑。對於還在種子輪的創投企業來說，這種分批撥給份額的做法並不常見，但也並非聞所未聞。雖然這能讓創投業者減少在新創企業表現不理想時的曝險，但會給新創企業帶來巨大的壓力。昆西確實達到投資人的目標，但妮爾森解釋說：「我們總覺得必須不斷向投資人推銷昆西有多好，但這樣就很難誠實去談各種策略與

營運上的挑戰。我們一直都沒能把這些投資人當成真正的合作
夥伴。」

最後一點，昆西的領投投資人都是規模較小、相對較新的
創投業者，在昆西遇上困難的時候，提供過橋資金的能力也有
限。像是當時有一位投資者就正要進行新一輪募資，自然很難
從現有資本再撥出額外資金給昆西。

所以，創辦人究竟要怎樣找出最合適的投資者？[6]在雙方
訂下契約之前，應該先問兩個重要的問題。第一，正如創辦人
的合適程度（面對現有機會，是否具備應有的技能與產業經驗）
至關緊要，投資人的合適程度（funder fit）也同樣重要。所以，
除了資金之外，投資人的技能與經驗能否為新創企業加值？第
二，投資人在風險／報酬上的偏好，是否與創辦人一致？

想判斷**投資人的合適程度**，就該審視這位創投業者的過往
紀錄。他們的成功退場率（hit rate）是否亮眼？如果確實如此，
代表他們有信譽、有人脈，應該有助於在下一輪募資時吸引其
他投資人。曾經與他們合作的創業家，是否說過他們提供良好
的建議與人脈？創辦人（特別是創業失敗的創辦人）是否曾經
表示這位投資人提供支持與鼓勵，也說願意下次再合作？最
後，如果有需要，就這間投資業者現有的這批資金看來，是否
能夠提供過橋資金？

許多創業者在一頭熱的時候，並沒有真正研究過所有可行
的募資選擇。特別是精英學校的企管碩士畢業生，在學校就不

斷聽著眾家創投業者的故事，畢業後自然也以打動創投業者為目標。然而，創投業者所提供的資金附帶著沉重的壓力，並不見得適合所有公司或事業，而且這套風險／報酬的衡量標準，也不見得適合所有創業者的性格。像是昆西服飾的創投業者就一直逼著創辦人「揮大棒」，訂定極具野心的成長目標。妮爾森表示：「投資人建議我們要維持大量庫存，因為對零售業者來說，缺貨是最糟糕的事。但就事後之明看來，我們當時應該拒絕，表明：『我們先保守一點，看看新款式銷售如何，再補充庫存。』在時尚產業，存貨過剩會是一大風險，因為消費者喜好會改變，而且難以預測。」

而華萊絲回顧當初，認為昆西其實不應該找創投業者募資，反而要找一間製衣廠尋求資金。這樣可以解決兩個問題：當工廠入股昆西，處理訂單的速度就會更快，生產出現問題的時候也會更努力改正。除此之外，工廠老闆具備深厚的產業經驗，知道如何調整新款系列服飾成長的最佳步調，而不會像昆西的創投業者那樣，逼著她們趕快全速成長。

至於如果像昆西服飾那樣，第一輪募資遠不如預期，還要不要堅持下去呢？這是個很兩難的問題。如果投資人不願意支持這間新創企業，究竟是因為對創業理念或創業團隊有疑慮，又或是對兩者都有意見？要是創辦人已經盡最大努力，試圖解決潛在投資者的疑慮，像是依市場回饋意見進行策略轉向，或是依前文的做法來加強團隊能力，卻仍然無法募到足夠資金，

我們能不能說這就是一種訊號，顯示這間新創企業前途不妙？如果確實如此，那麼創業者應該在這裡就要考慮喊停。然而，募資過程可能摻雜著各種雜訊。由於投資人都會有從眾行為，大家常常都想等別人先投資，結果也就變成沒有人投資。而如果這種「從眾行為」的僵局拖得太久，有可能一間新創企業明明根本前途大好，卻被誤以為產品過時、沒前途。

　　昆西服飾創辦人的種子輪募資不如預期，當時她們就面臨這樣的難題。在 2012 年 5 月之前，她們已經從天使投資人與親友那裡募得 25 萬美元，多半都花在生產第一套服裝系列。而就在那個 5 月，兩間創投業者也承諾將額外提供 70 萬美元，這足以讓她們撐到年底，並且得以處理第二套系列的設計、生產與行銷。但是，最多也就這樣了。

　　當她們知道募得的資金不足以推出第三套服裝系列的時候，是不是就應該喊停，不要接受這筆新的創投資金？在資金不足的情況，如果選擇繼續前進，代表她們賭的是到了年底能夠有足夠的吸引力、募集更多的資金，但是這也就代表，昆西沒有在策略或營運上犯錯的餘地。然而，如果選擇毅然喊停，等於是告訴早期支持者過去的投資無法得到回報。更糟的是，這也等同於承認，她們就算能拿到 70 萬美元的資金，也沒有信心能把公司撐起來。於是，我們也就不難理解，為什麼昆西的兩位創辦人最後選擇繼續賭下去。

　　在我針對創業早期新創企業所做的調查結果裡，也能看到

昆西創辦人面臨的募資兩難。正如昆西的經驗顯示，在我調查到的新創企業中，相較於成功的案例，那些表現不佳或黯然倒閉的新創企業，多數都在首輪募資時未能達成目標。這些苦苦掙扎的創辦人／執行長，比較可能會對投資人提出的建議感到不滿，也更有可能感受到，在策略的優先順序上，他們與投資人之間頻繁產生嚴重、水火不容的衝突。

合作夥伴

　　對於創業早期的新創企業來說，找到合適的策略夥伴會對公司表現大有幫助。合作夥伴有各種資源，例如關鍵技術、製造能力、倉儲空間或客服中心等，可以借給受限於資金、時間因素而無法在內部發展這些資源的新創企業。然而，一邊是大型、成熟、資源豐富的企業，另一邊是才剛起步的新創企業，雙方的談判籌碼存在落差，也就很難以合理的條件取得所需資源。

　　舉例來說，昆西服飾將服裝生產外包給第三方製衣廠，這種做法對服裝新創企業來說並不少見。但是，創辦人缺乏產業經驗，和這些合作夥伴並沒有過去的交情。結果，每當這些製衣廠碰到有老顧客需要趕單，就會把昆西的訂單往後延。華萊絲回憶當時：「我們問工廠經理『什麼時候會好？』，他們說兩個禮拜後會好，但等我們去領貨時，卻什麼都還沒好。當我們

問『這要多少錢？』的時候，他們的報價也會比原本投標時高出50％。」這些阻礙影響了營運，也讓昆西出貨延遲。

　　回頭看來，一間毫無名氣的新創企業不只有各種特殊的尺碼要求、訂單的量又不大，被製衣廠冷眼相待也實在不令人意外。昆西難以從製衣廠夥伴那裡得到良好服務，正可驗證創業早期新創企業想與成熟企業合作的風險。他們就像是老鼠，很容易就會被大象踩扁。就算大象沒有那個意思，也很有可能因為動作笨拙又太慢，一不小心就一腳踩在老鼠身上。

　　不幸的是，處於創業早期的新創企業還真的沒什麼辦法能確保大型合作夥伴履行承諾。[7] 想提出違約控告並不實際，畢竟法律戰曠日廢時，只會讓新創企業的管理者焦頭爛額，而且不論如何，把已經很寶貴的現金拿來打官司也不是明智的做法。然而，創業者確實可能有幾項條件能夠以小搏大，而且該派上用場的時候絕不用客氣。舉例來說，如果創辦人在社群媒體平台頗有名氣，就等於有一把大聲公能夠向合作夥伴喊話，警告對方如果其他人知道新創企業受到的不當對待，將會有損他們的聲譽。同樣的，新創企業也可以靠投資人與顧問來向合作夥伴威逼利誘。

　　創辦人在尋找合作夥伴的時候，也可以利用一些技巧，縮小雙方的談判籌碼，像是看準某些夥伴急著想擴張業務、還沒有真正站穩腳步，或是最近碰上挫敗等，就趁機找他們合作。當然，這種方法也有風險。例如，這個夥伴急著擴張業務，會

不會是因為缺乏某些關鍵能力？曾經有些案子沒能順利完成？在這種情況下，最好一開始就先針對可能的合作夥伴做好盡職調查（due diligence）；執行的方法是，從現有的顧客裡挑出同樣口風緊的人，了解一下合作夥伴是否過去都能說到做到。創辦人的另一種選項，則是讓合作夥伴入股，這樣一來公司成功對雙方都有好處。但當然，如果最後還是拆夥收場，這也代表股權會進一步遭到稀釋，雙方可能會鬧得更難看。

先從小規模做起

　　昆西服飾的創辦人雖然看到大有可為的機會，卻沒能取得可以讓她們抓住機會所需的資源。她們缺少的資源包括：另一位具有產業經驗的共同創辦人、更投入工作的團隊、更有能力提供協助的投資人，以及更願意合作的策略夥伴。

　　不幸的是，從本質上來看，昆西想追求的機會反而使得相關資源更難以取得。如我們所見，服裝設計與製造的流程複雜，需要許多專業職能緊密配合。這樣的流程很需要產業經驗，而這正是兩位創辦人缺乏的條件。此外，這種複雜性還會帶來另一個問題：就算設想好生產流程，也無法在事前以精實實驗加以驗證。只能直接讓流程完整上線營運，才知道究竟有沒有問題。儘管昆西在尊客秀測試後成功生產出一批服飾，但是產量幾乎只有一般成衣測試樣品的數量，這與一般大批製造

成衣是完全不同的概念。於是，對潛在員工與投資人來說，雖然妮爾森與華萊絲有成功的尊客秀測試，證實市場有相關需求，卻仍然無法證明她們能夠這樣營運。這些人只能仰賴信心、放手一搏而已。

雪上加霜的是，昆西採用的量身系統比較複雜，在實際賣出商品之前，比起傳統服裝製造商，每一款服裝自然需要更多備貨，庫存也因而膨脹。公司想要成長，就需要足夠的庫存，但這又需要有大量資本作為後援。另外，庫存增加還會帶來另一項服飾業都會有的風險：必須預測時尚趨勢，而且預測錯誤就會變得滿手存貨，只能流血大降價出清，甚至有可能仍然賣不出去。

最後一點是，昆西服飾是按季推出不同系列。由於這種時間限制，資金要求非但龐大，而且十分沉重。想推出一套新的服裝系列，手頭就得要有足夠的現金來生產足夠的庫存，還得支應長達數個月的設計工作。如果要推出三套服裝系列，而不是只有兩套，會額外需要一大筆種子資金。而且，對昆西來說，第三套系列只有做與不做兩種選擇，春裝系列可不能偷偷摸摸只推出少數限量服飾就想矇混過關。

所以，新創企業追求的機會如果牽涉到下列情形，就更容易落入神點子，豬隊友的失敗模式：一、營運複雜，需要各方專家密切協調配合；二、需要實體庫存；三、資金要求龐大而沉重。相較之下，如果像是推特剛開業時那樣，純粹以軟體為

基礎打造新創企業，管理難度自然比較低。當時只有一小群工程師打造出推特網站，接著也沒靠付費行銷的推動，就已經開始病毒式瘋傳。推特的資金要求並不高，也沒有實體庫存需要管理。隨著推特不斷發展，最後還是會加入各方面的專家來管理各種職能，像是社群關係、伺服器基礎架構，以及著作權保護等。但是，這些專家並不是一開始就必須招募。

　　面對「豬隊友」的風險，創辦人有哪些辦法可以提高成功機率？昆西的創辦人事後檢討，看到許多「早該這樣做」的事項，主要分為「強化資源」與「限制機會」兩大類。關於強化資源，本章已經提出一系列建議。但是，除了強化資源，創辦人如果擔心在追求誘人機會時無法取得完整的所需資源，也該考慮一下「限制機會」的做法：先限制業務的範圍（至少在初期），直到得以證明創業理念、更容易取得資源為止。這件事有點違反直覺，因為一般講到創業時，總認為「成長」就是首要目標。但這種與眾不同的觀點則認為，創業還是應該從小規模開始，未來才能做大。

　　如果創辦人與團隊的能力有限、合作夥伴的支持時有時無、資金供應又有所短缺，先限制最初的機會就很合理。舉例來說，處於創業早期的新創企業可以先限制產品線的數量，把難以精熟的工作外包，又或是只專注於特定客群或特定區域，都有助於限制機會。以昆西服飾為例，華萊絲與妮爾森如果一開始只把產品線限制在單一服裝類型，例如襯衫、洋裝或夾

克，就能降低在資源調動上的困難。Bonobos 就是這樣做，開業前幾年只賣單一款式的褲子，搭配不同布料與顏色，後來才慢慢擴充出不同的款式、西裝布料，以及其他服飾品項。

　　如果昆西也像這樣限制產品線，團隊就能先精熟生產過程、確保服裝合身，而無須立刻面對設計與生產多種服裝類型的各種複雜問題。有人問妮爾森如果可以重來一次會怎麼做，她說：「舉例來說，我們可以先樹立起『最棒的襯衫』這樣的名聲。用更長的上市前測試階段，把這一種服裝、單一布料做到完美合身。而只有一種服裝、一種布料，也就代表只需要打一個版。其他變化則可以從顏色與裝飾下手。等到這種專注在單一重點的供應鏈正式運作，再逐步引入其他布料與款式。」

　　在妮爾森看來，昆西服飾的創辦人還可以把整個製造生產流程都外包給某間製衣廠，而不用自己從無到有打造生產流程。但這種方法的缺點在於，新創企業比較難控制產品品質，也比較難學習到可能在未來影響產品設計的知識。無論如何，這還是有助於避免許多早期的營運障礙。

　　不過，要注意的是，創業者在考慮是否限制機會的時候，需要想清楚其中的利弊。第一，縮減規模或許會降低對顧客的吸引力。第二，除非潛在投資人相信這間企業最後一定能夠擴大規模，否則看到這種「創業步調較慢／創業規模較小」的計畫，有可能覺得未來報酬有限，於是不願投資。最後，新創企業團隊限縮規模，有可能反而推遲「從做中學」的機會，但總

有一天還是得面對管理更複雜的營運。而考量到企業未來的規模會變得更大，等到終於要擴大產品線、把過去外包的工作轉回由內部執行的時候，一旦犯錯，損失也就更加慘重。

我們在下一章就會看到，有時候太晚看到機會所隱藏的問題，結果也會非常致命。

04
起跑失誤

　　蘇尼爾・納賈拉吉（Sunil Nagaraj）在 2009 年創立三角測量公司。[1]當時，他還是個哈佛商學院的學生，打算寫一個「配對引擎」軟體，用演算法分析各方的特性與喜好來建議適當的配對，可以用在交友、求職或是房地產交易等領域。他原本計畫跨出的第一步，就是把這套配對引擎授權給現有、已建立名聲的交友網站，如 eHarmony 或是 Match。

　　納賈拉吉的軟體會分析用戶的數位足跡，推斷他們的喜好、以及對未來伴侶的吸引力。這些足跡包括用戶造訪過並加入書籤的網站、使用的應用程式以及使用時間、在 Netflix 與 Spotify 看什麼電影、聽哪些音樂等。他認為只要用這些透過電腦產生、與行為相關的資料，針對用戶的個人檔案進行「三角測量」（triangulating），就能看到用戶更精準的樣貌，使後續配對結果更理想。相較之下，許多交友網站使用的資訊只是用戶的一面之詞，可能遭到誇大、甚至根本就是一派謊言，像是：「……我愛讀俄羅斯文學，跑馬拉松，還在當地動物收容

所當志工。」

　　納賈拉吉選擇網路交友作為三角測量的第一個市場，部分原因在於，他相信這個市場該來點顛覆的做法了。交友網站的產業總值高達 12 億美元，但是最後一次重大創新已經是 2000年的事；當時，eHarmony 成立，主打採用一套複雜的演算法，分析用戶填寫的詳細問卷。納賈拉吉也認為，這種只聽信一面之詞的問題在網路交友領域相當嚴重，甚至比起三角測量未來將要進軍的其他領域更加嚴重，像是公司招聘、學校招生，以及媒合客戶與各種服務的供應者；這些服務供應者包括教練、心理治療師、室內設計師或是投資顧問。

　　納賈拉吉的點子背後有三項關鍵假設：第一，由電腦客觀產出的資料，能比自說自話的資訊帶來更好的配對結果。第二，網路交友網站的用戶能夠感受到這些結果更好，並且願意支付更高的價錢。第三，現有的交友網站也會想要授權，以取得配對結果更好的產品。納賈拉吉所構想的模式是，讓eHarmony 的用戶在每個月 60 美元的訂閱費用之外，額外多付個大概 10 美元，就能取得使用三角測量技術的「eHarmony 黃金會員」資格（eHarmony Gold）；而這筆多收的錢，就由三角測量公司與原業者五五拆帳。

　　為了吸引創投基金，納賈拉吉知道必須先驗證這些假設。最重要的第一步，就是要打造自己的配對演算法；因此，他需要先取得一個資料集，裡面包含交往愉快的情侶、也有一些完

全的陌生人，好讓他能夠比較他們的網路行為。就實際做法而言，也就是他得找到一群夠信任他的人，願意讓人追蹤自己使用電腦的情形。於是，納賈拉吉在將要畢業的前幾個月，找來100名志願者下載安裝 RescueTime 這套生產力應用程式，用來追蹤使用者在各個應用程式與網站上花費的時間。但不幸的是，他改寫後的 RescueTime 在大多數參與者的電腦上無法正確運作，結果，他想驗證假設的努力在半途就夭折了。但這次嘗試確實讓納賈拉吉知道，三角測量最好完全採用雲端操作，避開程式下載的需求。

至於納賈拉吉的其他幾項關鍵假設，像是消費者願意支付更高的價錢取得更好的配對結果，或是他能夠將這項技術授權給現有的交友網站，基本上也同樣未經驗證。納賈拉吉承認：「我沒有花足夠的時間進到消費者的腦子裡，了解他們對網路交友的需求。」此外，雖然納賈拉吉與 eHarmony 的執行長見過面，但當時他並未向對方提出授權三角測量演算法的提案。

納賈拉吉創業路上的另一個顛簸，就是失去與他一起打造三角測量公司的共同創辦人，也就是他的摯友兼前同事傑克・威爾遜（Jack Wilson）。威爾遜已經創立過兩間新創企業，也同意負責募資以及與交友網站建立合夥關係；至於有資工背景的納賈拉吉，則把重心放在產品開發。然而，兩人後來對於執行長的位子起了爭執，威爾遜想要共同擔任執行長，但納賈拉吉則堅持自己必須是唯一的執行長，強調快速決策再重要不

過。威爾遜一方面擔心共同創辦人的角色重疊，另一方面又不想放棄手上其他的機會，最後選擇退出。

於是，納賈拉吉畢業後搬到帕羅奧圖（Palo Alto），開始獨自追求理想。他回憶道：「我當時就是有個盲目的信念，但還沒有證據、沒有投資人、沒有產品，也沒有團隊。現在回頭看，我都想不透自己怎麼可能做得到。」納賈拉吉一到帕羅奧圖就找來兩位新的共同創辦人，一位是工程師，另一位是資料科學家。這個小組在 2009 年 10 月完成三角測量配對引擎的第一版，只要運用瀏覽器插件與應用程式介面（API），就能夠自動收集使用者在臉書、推特與 Netflix 等網站的數位資訊。為了避免使用生硬的專業行話，納賈拉吉把這些插件與應用程式介面稱為「生活串流連結器」（life-stream connector）。到了第二版，小組希望開始運用這些資料來推薦適合的配對，所以他們還需要一些甜蜜情侶與陌生人的資料，才能「訓練」演算法的配對建議。於是，他們面臨第 22 條軍規的情形：想要獲得大量的訓練用資料，納賈拉吉就需要找一個交友網站作為合作夥伴；但是想要找到合作夥伴，他又得先證明第二版配對引擎訓練充分、運作良好。

納賈拉吉與團隊打造配對引擎的時候，沒有徹底「進到顧客的腦子裡」，也就犯下創業早期新創企業常見的「起跑失誤」失敗模式。所謂的起跑失誤是指，新創企業的顧客研究還沒做足，就急著推出第一款產品，最後才發現自己以為的大好機會

其實處處是陷阱。因為他們忽略要在早期取得精準的顧客意見，又沒有採用最小可行產品來檢驗假設，最後也就花光了所有能夠用來填補缺陷的時間，而慘痛上演精實創業的「快速失敗」（Fail Fast）格言。

對於創業早期的新創企業而言，時間就是最寶貴的資源，而起跑失誤會浪費掉一整個收集意見回饋的週期。每次失誤後，團隊還是該努力轉向，抓住其他可能更有利的機會；但是，每次轉向都需要時間，也會再燒掉寶貴的現金，而且在真正挖到寶藏之前，有可能得轉向不只一次。傳統上，新創企業生命週期的定義是以它目前的「燒錢速率」（burn rate）來計算，也就是現金耗盡之前公司還可以撐幾個月；但是，艾瑞克・萊斯在《精實創業》（Lean Startup）書中的定義則有所不同，他計算的是新創企業在燒光現金之前能夠轉向幾次。[2] 時間分秒流逝，每浪費一個週期，就是又流逝掉一個能夠轉向誘人商機的機會。

隨著三角測量公司慢慢發展，就可以發現網路交友產業是個很好的例子，讓我們看到一項機會可以多麼陷阱重重、需要轉向再轉向。

第一次轉向：Wings 上線。納賈拉吉一邊打造配對引擎，一邊也向創投業者推銷三角測量公司，但得到的回應總是：「等到 eHarmony 和你們談成之後，再和我們聯絡。」在 2009 年 11 月，由於募資不斷碰壁，再加上一位網路社群的學界專

家也推了一把，納賈拉吉決定重新思考策略。這時，三角測量除了原定將配對引擎授權給交友網站的計畫，也打算在快速成長的臉書平台推出自家的網路交友服務。這樣不但可以取得所需的用戶資料來微調配對引擎，也能向未來可能的授權對象證明這套系統確實有效，同時還可以作為敲門磚，讓三角測量進軍競爭激烈的網路交友市場。

　　臉書平台的成立時間比三角測量早了兩年，而這個平台允許第三方應用程式與網站和臉書的「社群圖譜」（social graph）進行整合，取得臉書用戶資料這個大寶藏。當時，至少已經有 5 萬個應用程式與網站運用這種方式，產生總計 5 億美元的收益，其中還包括坐擁 4,000 萬名會員的網路交友網站 Zoosk；Zoosk 自 2007 年成立後，已經取得 1,050 萬美元的創投資金。

　　相較於 Zoosk，三角測量不但會把臉書用戶行為的資料利用得更完整，還給網路交友這件事帶來一項新招：除了用戶各種數位行為的客觀資料，三角測量還能提供「社群證據」，也就是周遭朋友為用戶的背書。納賈拉吉認為，這種嶄新的概念有助推動三角測量達到病毒式瘋傳成長，因為想要交友的人會很積極的找來能為自己背書的朋友一起加入。過去，單身男性想要在公共場合認識女性的時候，常常會靠著哥兒們當「助攻夥伴」（wingman），納賈拉吉看中的就是這個概念，於是他就把 2010 年 1 月上線的新網站命名為「Wings」。然而，他這次

又犯了同樣的錯誤，在實際開發產品之前，並沒有進行廣泛的消費者訪談，也就是說，他還沒針對這種助攻概念的吸引力做調查，更沒有得到使用者的意見回饋。

任何人只要擁有臉書帳號，就能免費使用 Wings 的服務。用戶可以註冊成為「單身者」，也可以應單身者的邀請成為「助攻夥伴」。用戶的個人檔案會自動生成，資料來自臉書與三角測量「生活串流連結器」所收集到的其他資訊，再由用戶自行加以編輯與補充。根據資料所彙整出的行為與興趣，就會由系統提供各種徽章作為標記，像是如果用戶被標記在許多照片裡，就會得到「名人的太陽眼鏡」徽章；對音樂極感興趣的話，就會得到耳機的徽章。至於助攻夥伴，則有權限能夠強調單身者的某些面向，或是補充關於他／她的小故事。單身者可以閱讀彼此的檔案，並且每天得到五位免費的推薦對象。用戶註冊後會得到免費的數位幣，能用來購買虛擬禮物、額外的配對額度，或是傳訊息給配對對象的權限。用戶可以透過實際付費、補充個人資料（像是授權存取自己的 Netflix 資料），也可以靠著邀請朋友加入等方法來取得數位幣。這樣的做法讓免費使用的交友網站也能賺點錢，而且 Zoosk 已經證明這種模式確實能夠成功。

取得 Wings 的早期資料後，工作團隊終於能夠改進配對引擎，評估它找出適當配對結果的能力究竟是高或低。在 2010 年 1 月，他們進行一項測試，請來 50 對互不相識的異性戀單

身男女，再加上他們還請來 50 位助攻夥伴和他們長期穩定交往的另一半，共同協助進行測試。結果，配對引擎成功推算出究竟哪些人是現實生活中的情侶，而且準確度極高。

納賈拉吉這次從創投業者得到的反應截然不同：「創投業者相信我們有一套很精密的配對引擎，但沒有追問演算法的技術細節。看起來，更重要的是我們要怎麼去講這套引擎的故事。」創投業者也對於 Wings 可能引發病毒式成長很感興趣，因為其他頂尖交友網站都是靠著龐大的廣告費用吸引用戶，招攬每位新訂閱者的成本超過 100 美元。如果 Wings 成功，就能省下這筆龐大支出。根據納賈拉吉預估，他們只要花上 45 美元，就能為 Wings 招攬到一位新的付費用戶，帶來大約 135 美元的終身價值；這個數字的計算方式是，付費用戶每個月花在購買數位幣的費用平均約為 15 美元，顧客生命週期約九個月。2010 年 3 月，三角測量公司結束由知名矽谷創投公司三合創投（Trinity Ventures）領投的種子輪募資，募得 75 萬美元。幾位共同創辦人拿到現金後，聘請他們的第一位員工：一位平面設計師。

第二次轉向：Wings 折翼；引擎失速。Wings 上線之後，創業團隊終於開始得到消費者的直接意見；在這之前，他們對此多半是一無所知。他們開始很熟練的根據這些回饋意見，迅速為 Wings 加入新的功能，一切完全遵照靈活的精實創業模式：測試以及學習。納賈拉吉回憶說：「我們一開始把用戶的

個人照片放得很小,因為我們覺得他們應該要信任我們的引擎配對,而不是就只想先看外表。然而,使用者就是想看到很多張大照片。我們的測試方法是放上一個假的『照片』按鈕,使用者點擊後只會顯示『即將推出』。經過測試,這個按鈕的點擊次數超高,於是我們就在幾天內推出完整的相簿功能。」

Wings 得到科技媒體報導,臉書也將 Wings 加到熱門應用程式列表來鼓勵用戶使用,一批早期使用者聞風而至。Wings 也砸下大約每個月 5,000 美元的網路廣告費用,來吸引新的用戶。到了同年 9 月,Wings 的用戶人數已經來到 35,000 人,包括 32,200 位單身者、3,000 位助攻夥伴,其中 10,000 名用戶(男性七成、女性三成)位於加州。於是,三角測量公司把行銷火力集中在加州,希望讓用戶更容易找到住在附近的配對對象。

三角測量公司招攬新用戶的時候,如果是透過臉書與廣告網絡(ad network)在特定地理位置投放廣告,每一位用戶大約需要支付 5 美元的成本。至於其他廣告網絡的做法,則是向消費者提供獎勵措施,像是註冊 Wings 就能得到數位代幣,可以在「農場鄉村」(Farmville)或其他社群遊戲中使用。透過這種以社群遊戲為主的廣告網絡來招攬用戶時,招攬每一位新用戶的費用大概只需 0.5 美元,但這種方法有兩個問題。第一,找來的用戶並不是人人都對網路交友有興趣,平均只有 25%的用戶會在第一次造訪 Wings 後的一週內回訪。第二,

這些用戶的所在地點遍布全美。雖然加州的用戶很有可能找到附近的對象，但如果是在北達科他州等地的新用戶，就很有可能無法在附近找到對象而感到失望。而且，他們不使用 Wings 還只是小事，如果是在臉書的應用程式商店給出低評分，往後招攬新用戶的成本只會變得更高。

管理用戶產出的內容，就能了解他們的偏好，進一步推出新的功能。舉例來說，曾有一小部分用戶會放上內容不當的照片，當時納賈拉吉為了處理這個問題，還曾經親自審查所有用戶提交的照片：每天約有 300 名新用戶，合計就有大約 1,500 張照片。為了減輕審查負擔，工作團隊推出一項「照片評分」（Rate Singles）功能，向用戶表示這是為了改進配對的結果，請他們根據每張照片對自己的吸引力進行評分；但是，實際上這等於是把審查工作外包給用戶。這項功能大受歡迎，有些人根本玩到上癮，重度使用者甚至每次會花上 45 分鐘來評分照片，每隔 5 秒左右點一張照片。「照片評分」功能很快就占掉 Wings 頁面 20％的瀏覽流量。

每位用戶得到的吸引力評分，就成了品質分數（quality score）的其中一項資料，而這個分數則成了建議每日配對時的一項主要標準。到了 2010 年 10 月，很顯然用戶並不認為這套配對引擎演算法所產出的結果有什麼獨到之處，於是三角測量公司也就放棄使用這套原始的引擎來配對；這是他們的第一次起跑失誤。團隊接下來改為使用各種實際指標來計算用戶的

品質分數，用戶想得到高分，就必須上傳完整的個人資料、照片由社群公認為「有吸引力」、積極回覆訊息，以及成為重度使用者等。納賈拉吉回憶當時放棄配對引擎的決定：「我們花了將近兩年才了解，消費者就只是想找個約會對象，希望有某個他們覺得有趣的人會回應。這是一項再實際不過的需求。重點是找到一個人，才不管什麼演算法。而像我一樣的消費者，就是常常會用膚淺的印象快速下判斷。」

2010 年秋天，三角測量公司也放棄助攻夥伴的功能；這是他們第二次起跑失誤。相較於單身者，助攻夥伴的參與度不高，也並未帶來納賈拉吉與團隊所希望的病毒式瘋傳。此外，區分這兩種角色會讓網站比較難瀏覽，設計新功能時所需的時間也會變長。

2010 年 9 月，網站的表現只能說好壞參半。好的部分在於，Wings 的用戶群月增率達到 44％。而壞的部分在於，用戶參與度不如理想，加州的新用戶只有 27％ 會在註冊後第二週再次造訪。而且網站的病毒式傳播效果很低。納賈拉吉原本預期會有強大的網路效應、加上助攻夥伴所帶來的刺激，他覺得每一位新用戶應該能夠平均再吸引到 0.8 位新用戶。但是當年 9 月，加州每一位新用戶只能帶來 0.03 位新用戶，低到不能再低。最後一點是，數位幣的使用量也非常低，加州每一位用戶平均每個月只會花 177 枚數位幣，而且多半還不是用現金買來的；他們使用的數位幣多半來自註冊獎勵（200 枚數位

幣），以及在 Wings 上參加活動所得到的回饋。數位幣的售價
是 1 枚 1 美分，而照這樣看來，要達成納賈拉吉預期每位付費
用戶每月帶來 15 美元收入的目標，實在還有一大段路要走。

　　團隊制定一系列計畫，希望提高用戶的參與度、病毒式傳
播效果與收益，例如他們打算為 Wings 增加一個訂閱選項。
納賈拉吉對這些計畫十分興奮，已經準備要在 2010 年 10 月開
始 A 輪募資。他才剛聘請一位行銷主管與一位科技長，但是
就在那個月，他收到嚴重的警告。董事會上，一位曾經創辦線
上遊戲公司的投資者暨顧問告訴納賈拉吉：「如果能夠引起病
毒式傳播，幾個月內就會看到效果；而現在已經過了好幾個
月。」董事會甚至還討論要撤回最近的兩項招聘決策，希望能
減緩三角測量公司燒錢的速度。

　　第三次轉向：DateBuzz。在董事會後（納賈拉吉說那是「我
生命最糟糕的一天」），他與共同創辦人重新打起精神。他們決
定還是要留下新聘請來的夥伴，但董事會的警告讓他們經過一
番腦力激盪，思考怎樣打造全新的交友網站。在「照片評分」
的成功基礎上，他們又想到一些新功能，增加交友網站用戶之
間的互動。2010 年 12 月，三角測量推出 DateBuzz 網站，把
用戶的個人檔案資料區分成各種資訊量適當的項目，例如自我
介紹、最愛的電影或歌曲列表，以及已取得的徽章等。用戶可
以對其他用戶的各種個人檔案項目進行投票，而且是先投完
票、才能看到照片。納賈拉吉進一步說明：「網路交友的使用

者多半都對自己與網友的互動程度不滿意。照片對互動的影響太大。相貌較平凡的人得到的注意太少；相貌出色的人得到的注意又太多。」DateBuzz 則會根據用戶的投票情形，顯示三角測量軟體判斷他們會喜歡的交友對象。納賈拉吉表示：「用戶如果是以這種方式互相認識，很多相貌較平凡的人也能得到更多注意，而那些相貌出色的人得到的注意並不會比較少。我們等於是重新分配流量與注意力，鼓勵更大範圍的用戶互動交流。」

雖然 DateBuzz 解決網路交友的一項主要痛點，卻沒有因此一炮而紅。DateBuzz 最早的一批會員是來自於當時已經關站的 Wings，但 Wings 的活躍用戶大概只有三分之一、大約 3,000 人轉到 DateBuzz。工作團隊不只下了網路廣告，還試過各種「游擊式」的行銷策略，像是在火車站發傳單。然而，過了幾個月，DateBuzz 招攬一名新用戶的平均成本仍然需要大約 5 美元，比起 Wings 並無改善。

2011 年 2 月，三角測量公司手上還有大概 20 萬美元現金，但每個月就需要大約 5 萬美元的支出。納賈拉吉找上三合創投，想談談 A 輪募資。而一位三合的合夥人告訴他：「我們很喜歡身為創業者的你，但實在不懂你為什麼還想撐下去。如果你講得出來是什麼原因讓你這麼興奮，我們或許可以想想辦法。」這種溫柔的勸說，讓納賈拉吉好好重新思考究竟還要不要再繼續。

　　一方面，三角測量團隊已經是納賈拉吉所謂「上好油的機器」；而根據他的說法，DateBuzz 也是：「將 Wings 最讚的功能（也就是個人檔案的投票機制）轉化成產品，已經確確實實的在改變網路交友的動態。就只剩下解開招攬新用戶的問題了。等到有超過關鍵數量的用戶體驗過這項產品，一定能夠產生病毒式傳播的效果。」但另一方面，曾經有過創業或創投經驗的朋友也用各種委婉或是直接的方式告訴納賈拉吉，三角測量公司不可能跨過進行 A 輪募資所需的門檻。納賈拉吉差點就有機會把三角測量賣給一間大型科技公司，但對方最後還是沒有出手。2011 年 3 月，他感覺大勢已去，於是關閉公司，給了員工遣散費，幫他們都找到新工作，並且將種子輪資金 75 萬美元所剩餘的 12 萬美元歸還給了投資人。

　　三角測量團隊在短短兩年內經歷三次重大轉向，但是一直沒有找到市場。但是，就這點而言，他們絕非特例。CB Insights 針對失敗新創企業所做的分析中指出，最常被提到的失敗原因就是「沒有市場需求」。在我的研究中，有些創業早期的新創企業，一樣是以為抓住了某些機會，最後卻發現這些機會其實很弱、甚至根本不存在。我還發現，這些案例很多都像三角測量公司一樣，沒有做足顧客研究，就急著將第一款產品推向市場。也就難怪這些產品無法達成目標，創業團隊最後不得不回頭重新設計產品，但卻虛耗寶貴的現金、浪費重要的時間。

　　有了這些新的想法，我又回頭對三角測量公司做更嚴謹的失敗分析。我的第一個問題是：納賈拉吉就是個爛騎師嗎？在我看來，答案絕對是否定的。他就是因為擔心可能造成決策延誤，才避免與最初的共同創辦人共同擔任執行長的職務，而這是個明智之舉。他組織並領導一支能力高強的團隊，能夠迅速了解顧客意見，並且以了不起的速度打造各種新奇的功能作為回應。此外，納賈拉吉還得到頂級創投業者的資金。創辦人如果能力不足，很少能像這樣組成強大的團隊、還從聰明人手中獲得資金。

　　所以究竟出了什麼問題？精實創業的專家建議創辦人「盡早發表，頻繁發表」，讓真正的顧客取得真正的產品，以求盡快得到顧客的意見。三角測量團隊不但做到了這點，而且是一次又一次證明自己的能力。每次的產品疊代都能夠迅速因應顧客的意見，靈活轉向調整。他們在過程中也遵行精實創業的另一句格言：快速失敗。

　　但是，三角測量團隊也像許多創業者一樣，忽略精實創業還有一項原則：在設計與研發最小可行產品之前，就應該進行完整的「顧客探索」（customer discovery），也就是要與潛在顧客做一輪完整的訪談。納賈拉吉事後分析失敗的原因，體認到自己跳過這個重要的早期步驟：「事後看來，我應該先花幾個月，盡量找到最多的顧客來談談，再開始寫程式。而且我也完全忽略掉周遭許多朋友一直在問的一個問題，其實很能反映他

們真正的需求：『這個網站裡有沒有正妹／帥哥？』」

結果，三角測量公司追求的機會其實布滿陷阱。如果用四項機會元素來分析，其中只有「技術與營運」還算正常，其他三項元素都大有問題。

顧客價值主張。三角測量團隊從來就沒有找出某項強大而尚未滿足的需求，再根據需求提出更為優異的解決方案。「助攻夥伴」的概念吸引力有限，而納賈拉吉事後分析也承認，用戶或許不會想讓朋友把自己的約會史摸得一清二楚。此外，Wings 後來轉向以用戶的外貌與參與度來做配對，但這樣與市面上的交友網站差異不大。而且，其他網站不但配對方式類似、用戶人數更多，也就更有可能找到約會對象。簡單來說，Wings 就是成了一個「差強人意的捕鼠器」。

當他們轉向到 DateBuzz 後算是有所改進。社群功能有助於提高參與度，而投票的項目不限於照片，也算解決一項真正的消費者痛點。然而三角測量團隊發現這項大好商機時，手頭的現金已經消耗殆盡。

此外，三角測量公司還受到市場時機不佳的影響。儘管納賈拉吉確實看到運用臉書平台的機會，但臉書網路交友市場在 Wings 推出的時候已經被 Zoosk 搶下大半。後來加入的競爭者如果沒能提出更優異的方案，就很難挑戰先行者的地位。特別是某些市場的網路效應極為強大（例如網路交友），情況就更是如此。納賈拉吉就說：「這個產業乍看之下很容易進入，才

會每一週都看到有新的網路交友新創企業成立。而這些創業者多半都是單身，就像是當時的我，會根據個人經驗看到交友網站有太多地方可以改進。但因為人就是一種真的很挑剔的動物，所以交友產業的網路效應強到不可思議。重點絕不只是匯集大量用戶而已，而是必須要在網路裡有許多共存的小分群。像是必須要有夠多『主要在舊金山活動、28 歲、愛運動、不會用錯文法，而且簡介裡不能提到上帝（或是一定要提到上帝）』這樣不同分群的用戶。或是可以包容其他你想像得到的分群。」[3]

他繼續說到：「如果想吸引這些用戶，就得對抗這個成熟產業裡的龍頭企業，像是 Match。過去 20 年間，這些企業把招攬顧客的成本不斷推高，它們雖然表面看起來是科技公司，但其實是龐大的行銷機器。Match 的營收大約有 70％都砸在廣告上，企業才會這麼出名、人人都聽過。我犯的錯就在於把三角測量定位成科技公司，以為只要有出色的產品就能成功。」

Wings 與 DateBuzz 還沒發展出更好的價值主張，就因為提供的是免費服務（至少是在用戶花光免費數位幣、卻又想寫信給某個配對對象之前免費），而讓情況更為嚴峻。提供免費服務算是移除了註冊阻礙，確實有益於網路效應，但這也就代表三角測量公司會吸引到許多「只是看看」的用戶。相較之下，eHarmony 用戶每個月得支付 60 美元的訂閱費，比較可能想認真交友，應該會花多一些時間在網站上，也會更加積極回覆

訊息。

此外，為人尋找伴侶的服務都會面對一項共同的難題：顧客滿意的時候，也就是顧客離開的時候。而且因為 Wings 與 DateBuzz 提供的是免費服務，問題就更嚴重。如果是 Match 或 eHarmony 等網站，當顧客達到目的就會終止訂閱，個人檔案也會從網站中刪除。但如果是免費網站，就算用戶已經失去興趣（不論出於何種原因），個人檔案還是會繼續留在網站上。其他用戶如果向這些已經被閒置的帳號發訊息，只會感覺到失望，也就更有可能放棄這個網站。

行銷。Wings 與 DateBuzz 的用戶人數一直沒能跨過關鍵門檻、無法產生網路效應，於是難以吸引新用戶，這又是碰上第 22 條軍規的案例。此外，納賈拉吉也犯了一項錯誤，他誤以為助攻夥伴的口碑功能會推動病毒式成長，節省行銷所需的巨大支出。結果，「把產品做好，顧客自然就會來」的願景最後並未實現。事實證明，Wings 的用戶有 60％是靠廣告招攬而來，只有 30％是受到口碑、媒體報導，或是臉書熱門應用程式列表的吸引；應用程式內的病毒式行動（viral action）更只占了 10％。75 萬美元的種子輪資金完全不足以讓他們抓住消費者的目光，並且建立新品牌。

獲利公式。未能達到病毒式傳播，網路效應又不足，導致三角測量公司招攬用戶的時候得花上超出預期的廣告及推廣費用。這些開支出乎意料，嚴重打擊公司的獲利公式，光靠用戶

發訊息、送虛擬禮物所得到的收益又太過微薄，遠遠不足以支付招攬每位新用戶所需的行銷成本。簡單說來，三角測量公司就是無法通過「實際展現獲利」（Show Me the Money）的測試。如果改用訂閱制，或許未來獲利前景可期，但是團隊來不及測試這個想法，生命週期就已經結束。

　　簡單來說，正是一連串的假設錯誤讓三角測量團隊一次又一次誤入歧途。納賈拉吉成立公司的時候，一心相信只要根據客觀行為資料、再由電腦來配對，一定會比根據用戶自說自話的資料來配對的結果更優異，他也相信網路交友網站的用戶會願意多出點錢，得到這些更棒的配對結果。但是因為團隊根本沒有驗證這些假設就一股腦開始設計程式，他太晚才發現：「我們根據各種行為分析的配對演算法，對 Wings 與 DateBuzz 根本不重要。人們只有在不相信自己的選擇能力的時候，像是要挑選金融服務，才會覺得演算法有用。但是如果現在我眼前有七位女性的個人檔案，我相信自己不需要任何幫助，也很清楚想約誰見面。」

　　Wings 正式起跑之前，納賈拉吉曾在 2009 年年末進行線上調查，詢問 150 位消費者比較喜歡根據問卷上的答案來配對，或是用電腦生成的客觀資料來配對。但這次調查還算不上是最小可行產品測試；如果是最小可行產品測試，至少應該讓消費者手中有一個真實產品的樣品，他們才能判斷是否有這樣的需求。舉例來說，三角測試公司或許可以做個有模有樣而深

具吸引力的「到達頁面測試」（landing page test），假裝有個新的網路交友服務正在招攬用戶，而且這項服務正是用電腦生成的行為資料來配對，以此吸引使用者註冊。納賈拉吉也可以用類似的到達頁面測試來檢視對「助攻夥伴」的需求，但他同樣跳過了最小可行產品的步驟，直接讓 Wings 這項功能完備的產品上線。

要是納賈拉吉一開始就和潛在顧客談過，或是真的做了最小可行產品測試，團隊在設計第一款產品的時候，或許就能夠更貼近市場需求，也就能少浪費好幾個月設計各種軟體與功能，最後卻慘遭淘汰。而納賈拉吉也能運用生活串流連結器（這項功能確實對消費者有吸引力），投入更多心力改善用戶的個人檔案。此外，團隊或許也就能夠因此疊代的更快速，不斷修正可能真正有潛力的概念，也就是針對資訊量適當的個人檔案項目進行投票的功能。

為什麼新創企業容易起跑失誤？

納賈拉吉現在回想這些錯誤，承認是因為他迫不及待想開始，於是沒有好好花時間和消費者談談他們在交友上的偏好。很多創業者都會有這種認為「坐而言不如起而行」的偏見，一心就想趕快起跑。而且，工程師通常都像納賈拉吉與他的團隊，就是喜歡「做點什麼」。所以，如果創業者有工程師背景，常

常就是一股腦的想要趕快把產品做出來，並且盡快上市或上線。

　　但是就算創辦人並沒有工程師背景，像是我帶過的許多企管碩士學生，也同樣很容易落入這種錯誤。沒有技術背景的創辦人，由於總是聽說沒有好產品就死定了，而他們又沒有能力打造心中的那套解決方案，於是很容易一直抱持著不安全感。雖然他們通常具備不錯的說服技巧，也很會建立人脈，多半能找到適任的工程師。然而，工程師高昂的薪酬也就代表錢燒得更快，當然也就得要盡快做出產品、立刻上路！於是，很多時候團隊對問題或解決方案的了解都還不夠充分，工程師團隊已經一頭栽了進去。

　　雖然這可能是刻板印象，但某些具備技術背景的創辦人之所以不去訪談潛在顧客，單純是因為多數工程師個性都太內向，沒辦法逼自己去問陌生人問題。就算他們真的走出門去訪問，不論有沒有技術背景，都常常會提出引導式的問題，例如「您喜歡我們的概念嗎？」，於是他們只會聽到想聽的答案，訪了等於沒訪。至於最糟糕的一種情況，則是對自己想出的解決方案太過得意（可能是因為先前的產業經驗導致），因此完全輕忽顧客的意見，不認為有任何價值。

如何避免起跑失誤

　　要避免起跑失誤，創業者就該在開始設計程式之前，先完

整仔細跑過整個產品設計流程。創辦人如果不夠了解精實創業的邏輯，常常就會忽略一些早期流程的步驟，直接跳到最小可行產品測試，打造出產品的第一個版本。然而，最小可行產品測試應該是產品設計流程的倒數第二步。一旦把最小可行產品變成第一步，就會漏掉先前步驟能夠帶來的寶貴教訓。

我們在此可以用英國設計協會（British Design Council）的雙菱形設計架構（Double-Diamond Design framework）來描述整個過程。[4] 左側菱形代表的是第一階段「定義問題」，右側菱形則代表第二階段「開發解法」。定義問題的階段會讓人找出沒有滿足的需求，以及最需要滿足這些需求的客群，目的是找出實際的痛點或欲望，也就是找出真正值得解決的問題。等到確定真正的問題，就可以進入開發解法的階段，也就是找出各種不同的解法，並選出最優秀的一種。

如下頁圖所示，每個菱形的左側會有箭頭發散出去，再在菱形的右側聚集起來。這些箭頭代表著一開始要先著重於發散式思考（提出大量想法），接著再著重於聚焦思考（決定哪個想法最好）。在定義問題的階段先做發散式思考，就是去探索所有可能需要服務的客群，並對這些客群一一找出所有可想像範圍內能夠滿足而尚未滿足的需求。在接下來的聚焦思考，則是瞄準你確定要針對的客群、確定要滿足的需求。再到解法開發階段，也一樣是運用這種「先發散再聚焦」的思考節奏，先針對顧客的問題，提出許多可能的解決方案，再選擇其中看來

最有希望的一種。以下幾頁我會一一點出各個階段的任務。[5]

　　雖然這個流程看起來是個從左到右的線性流程，但每個步驟都會有意見回饋循環（feedback loop）。如果你在任何時間點得到新的見解，就可以回到上一步，重新思考先前的結果，並重新開始重複從左到右的疊代過程。

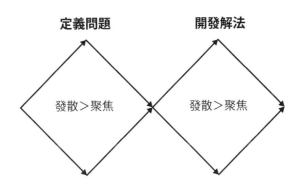

定義問題　　　　　**開發解法**

發散＞聚焦　　　　　發散＞聚焦

任務

顧客訪談	競爭對手分析	結構化發想	最小可行產品測試
利用現有解決方案做使用者測試	顧客調查	製作產品原型	定位宣言
焦點團體	估算市場規模	用產品原型做使用者測試	
民族誌研究	撰寫人物誌		
旅程圖			

雙菱形設計模型

如果要完成疊代，創業者必須先確信自己已經提出有力的顧客價值主張，也就是定位宣言，包括能夠填寫以下所有空白的部分：[6]

- **關於**〔尚未滿足的需求〕，
- 〔目標客群〕
- **對**〔現有的解決方案〕**並不滿意。**
- **為此，**〔自身企業名稱〕**所推出的**〔產品類別〕，
- **能夠提供**〔解決方案有憑有據、確實與眾不同的主要優點〕。

雙菱形設計有兩項核心原則。開始推動特定解決方案之前，必須先：一、定義問題，也就是針對特定客群，找出重要、強大、尚未滿足的需求；二、大量探索可能的解決方案，選定其中最好的選項，除了要最能滿足顧客需求、還能夠長期持續獲利。

多數創業者一開始心中就有一套解決方案。這樣雖然不錯，但雙菱形設計模型會要求大家別捨不得那套解決方案，而是要盡可能抱持開放的態度，因為或許還會出現更急迫、沒有得到滿足的需求，或是更好的解決方案。如果創業者落入起跑失誤的陷阱，就看不到這些可能，反而會直接跳到產品設計流程的最後一環。

　　我針對創業早期創辦人所做的調查顯示，許多人都可能落入起跑失誤的陷阱。具體而言，相較於成功的創業者，表現不佳或已經倒閉的企業創辦人／執行長所做的前期顧客研究明顯比較少，完成嚴謹最小可行產品測試的比例也比較低，很難說他們已經深入了解顧客的需求。而且，相較於成功的創業者，這些創辦人／執行長也會提到他們做了太多或太少轉向。這些發現都符合「起跑失誤」的失敗模式：創業者如果忽略前期研究，就更有可能因為一開始的解決方案有問題而需要轉向。正如我們前面所見，起跑失誤會造成資金虛耗，減少新創企業能夠轉向的次數。

　　想避免起跑失誤，就必須了解雙菱形設計流程中每一步的目標、需要完成的任務，以及為了完成這些任務能夠採用的最佳實務做法。這些主題各自都能寫成一整本書，市面上也不乏此類著作，所以我在這裡只會針對各個關鍵任務提出幾項要點，並指出創業者在過程中常犯的錯誤。

　　顧客訪談。[7] 顧客訪談正是定義問題階段的骨幹。精實創業大師史蒂夫・布蘭克總會苦口婆心，要創業者別急著動手做，而要先「走出去」完成顧客探索訪談（customer discovery interview）。[8]「探索」是一個再正確不過的心態：創業者就是該不斷探尋顧客有什麼需求尚未滿足。要是創業者跟納賈拉吉一樣做的顧客訪談數量不足，或是訪錯對象、訪談技巧不佳，就無法確定自己找出一個值得解決的問題。顧客訪談的常見錯

誤包括：

- **因為自己正是目標客群，就自以為了解顧客需求**。在某個程度上，納賈拉吉就是落入了這個陷阱，在設計交友網站時套進自己的偏好，卻沒發現大家在網路交友的需求各有不同、差異甚大。設計一套滿足自身需求的解決方案不一定是錯的，前提是你已經和夠多的潛在顧客談過、確定有相當比例的顧客與你所見略同。

- **便利抽樣（convenience sampling）**。創業者常常為了圖方便，而找朋友、家人或同事做顧客訪談。但遺憾的是，人們常常都是物以類聚，訪談這些人可能就跟訪談自己沒兩樣。而且，如果親友看著創業者一頭熱又壓力沉重，也可能只說好聽話，而不會表達真正的想法。

- **並未訪談所有相關人士**。訪談時必須注意，要問到所有會影響購買流程的人。舉例來說，在企業對企業（B2B）的情境中，軟體系統的最終使用者常常不是選擇或授權購買的那個人。同樣的，家庭裡也可能是由父母來決定小孩能買什麼。在這些情境下，必須同時了解最終使用者以及決策者的想法，不能漏掉其中一方。

- **只注重早期採用者**。看重早期採用者的需求是人之常情，畢竟新創企業就是得靠著這些人來為產品建立口碑。但是，相較於後來才跟進購買的那些主流顧客，早

期採用者的需求常常比較強烈、而且與主流不同。[9] 舉例來說，最早使用 Dropbox 的是一群超級科技宅，有各種複雜高階的要求，像是要求跨設備同步檔案、要能共享檔案，還要可以備份。相較之下，如果是服務推出幾年後才加入的新用戶，搞不好連電腦的電源鍵在哪都得找一下。Dropbox 就是在產品設計上用心，所以就算是這樣的新用戶也能輕鬆上手。

想要同時滿足早期採用者與主流使用者並不容易。我們會在下一章來談這個兩難的問題，但我在這裡要先強調，創業者必須清楚了解這兩種客群有所不同。簡單來說，就是兩者都得好好研究。早期採用者與主流使用者之間的差異，不只在於顧客訪談的問題，而是與以下所有研究技巧都息息相關。

- **提出引導性的問題。** 創業者做訪談時必須小心提問，不能鼓勵受訪者說出訪談者希望聽到的回答。例如，不該問「您難道不覺得，要看過 Match 網站上那麼多根本沒在用的個人檔案實在太花時間？」而是應該問比較開放式的問題，像是「您在瀏覽 Match 網站的個人檔案時，感受到怎樣的體驗？」

- **請受訪者做預測。** 如果你詢問受訪者關於未來的行動，常常會得到理想化的答案，特別是那項行動令人嚮往時。舉例來說，如果你問「您下個月去健身房的頻率會

有多高？」回答可能會是「兩天就去一次」。所以，你要改為詢問過去的行為，例如：「您上個月去健身房的頻率有多高？」得到的答案就可能會是「呃，我一直很忙，已經三週沒去了。」雖然你可能會聽到很多藉口或理由，但過去的行為還是很能用來預測他們未來的表現。

- **推銷自己的解決辦法。**創業者常常會對自己的想法非常得意，於是忍不住想要推銷，想看看其他人會有怎樣的反應。但這不是什麼好事。不管是對方不想傷你的心，或者是你表現得太激動、讓對方有點害怕，又或者兩者皆是，許多受訪者會在嘴上說很喜歡你的想法，但心裡根本覺得那是個爛點子。當新創企業仍處於產品設計流程初期時，創業者根本不該浪費時間去推銷自己的想法。等到流程後期總會有適當的時機，能讓創辦者用正確的方式，得到他人對這項想法的意見回饋。在目前這個時間點，創業者只要想辦法找出尚未滿足的需求就可以了。

利用現有解決方案做使用者測試。[10] 只要觀察目標客群使用競爭對手現有產品的情況，就能進一步了解是否還有尚未滿足的需求。請受訪者在正常使用產品後，說出他們喜歡什麼、不喜歡什麼、使用上有什麼疑惑等。舉例來說，納賈拉吉或許可以請受訪者試著在 eHarmony 搜尋約會對象，或是請他們註

冊Match、填寫個人檔案資料，再記下受訪者在過程中的反應。

　　焦點團體與民族誌研究。[11] 這兩種技巧並不適用於所有企業。焦點團體最適合會引起強烈情緒反應的產品，所以用在三角測量公司上應該很不錯。在焦點團體中，會有一位訓練有素的主持人，帶領大約六位背景相似的陌生人，處在讓人有安全感的環境裡一同討論。理想情況是，某位參與者的評論激發其他人的反應、回憶與故事，達到一對一訪談不會有的效果。但主持人必須技巧相當高明，才能讓大家都願意開口、避免出現團體迷思（groupthink）、防止某些成員話太多而主導整場討論，同時也要有能力化解某些人對他人苛刻的評論。

　　民族誌研究指的則是實際「走入現場」，直接觀察人們如何解決問題；這是專業設計師最愛用的技巧。舉例來說，創業者如果想打造線上食品雜貨賣場，觀察消費者怎麼逛實體賣場應該就能獲益良多。當然，不是每一次都能如此順利。像是我們就不可能觀察到夫妻如何決定該用哪種方式避孕。而且，民族誌研究也跟焦點團體一樣，需要經過相關訓練，才能知道到了現場究竟該注意哪些重點。

　　旅程圖。[12] 使用這些研究工具更深入了解問題範疇之後，新創企業必須將學到的各種要點整合起來，而旅程圖就是將一切資料視覺化的一種方式。在旅程圖的橫軸，要依序畫出顧客購物過程的所有步驟：發現問題、研究可能的解決方案、購買解決方案、使用解決方案、尋求售後服務，以及考慮是否回購

等。接著，在縱軸為每個步驟添加文字，簡單敘述各種可能影響顧客滿意度或是情緒的問題，不論正面或負面的問題都要寫下。以 Dropbox 為例，購買過程初期會有一個「安裝」步驟，而縱軸就可以加上正面的文字敘述「下載簡單且快速」。針對不同類型的顧客，就該畫出不同的旅程圖。

　　競爭對手分析。[13] 找出不同客群尚未滿足的各種需求之後，接下來就該進入「聚焦思考」的模式。目標在於判斷該聚焦於哪一些尚未滿足的需求，以及該鎖定哪些客群。透過顧客訪談與針對現有解決方案進行使用者測試，新創企業應該已經對這些尚未滿足的需求有了一些想法。為了確認這些需求確實尚未得到滿足，現在就必須對競爭對手進行更全面的分析。競爭對手會不會已經提出更好的解決方案？創業者有可能自以為已經看過所有市面上的解決方案，但我們總會看到新創企業突然被競爭對手殺個措手不及。他們花了好幾個禮拜研究某個問題、設計解決方案後，才忽然發現某個競爭對手似乎早有解決這個問題的特效藥。所以，最好盡早系統性的去調查整個賽局，而不要後知後覺才大驚失色。

　　競爭對手分析通常會以繪製表格的方式進行：表格的橫列列出各種功能與性能屬性（像是可靠性、易用性），而表格的直欄則是寫下現有的解決方案，以及自家新創企業所預想的產品。幾乎每一間新創企業的提案簡報中都會出現這張表格，而他們也會在自家產品的每個空格中都打上勾勾，表示「這些我們都

做得到！」當然，競爭對手產品格子裡的勾勾就沒那麼多了。

　　分析競爭對手時要小心兩個陷阱。第一，小看自家解決方案某些不足的功能或性能特色。我們很容易就會陷入一廂情願，像是認定「這項功能真的不重要」，特別是向投資人提案的時候。第二，認為自己的產品前無古人，所以沒有任何競爭對手。確實，有些時候創業者會想出一些破天荒的全新概念，就像 Airbnb 那樣真正開創出全新的產品類別。但是，這種顛覆產品定義的發明畢竟少之又少，大多數投資人都不會太相信「我們沒有競爭對手」這種話。不論如何，一定有人試過想解決那個你正在解決的問題，就算他們的方案不比你的辦法好，也該去了解顧客對那些方案的喜惡。

　　顧客調查。[14] 想判斷該鎖定哪些問題、哪些客群的時候，調查會是一項強大的工具。當我們假設某一個現有解決方案能夠滿足某一項特定需求的程度之後，就能透過調查來加以驗證。此外，創業者針對某些客群的需求、喜好等做出假設後，也可以透過調查加以證實。最後，調查也有助於了解受訪者參與某種行為的頻率，進而評估市場機會的大小。

　　不過，創業者做調查的時候很容易重蹈覆轍，犯下他們在做顧客訪談時所犯的錯誤，例如便利抽樣、提出引導性的問題，以及要求受訪者預測他們未來的行為。此外，其他常見錯誤還包括：沒有做前導測試（pilot test）確認問題的語義是否清晰、調查內容太長，以及抽樣規模太小，以致於不可能做出

有效的推論。

　　另一個常見的陷阱，則是在設計過程當中太早調查顧客。想要真正問出該問的問題，前提是創業者得知道究竟有什麼假設需要驗證或是推翻，也就是得先做完上述的研究。不過，因為現在有 SurveyMonkey 以及各種類似的線上服務，讓「做調查」這件事變得十分容易，許多創業者自然會對此躍躍欲試。而且，調查結果能讓人的說法「看似」有科學根據，提案時似乎也就更有可信度。舉例來說，納賈拉吉之所以想做線上調查，用來判斷以行為資料做配對的吸引力，主要也是為了用這份結果來說服投資人。

　　估算市場規模。估算整體潛在市場（Total Addressable Market，簡稱 TAM）的規模，會是創業者結束定義問題階段之前的關鍵步驟。就算你的新創企業確實對某個實際的問題提出了出色的解決方案，要是一開始鎖定的市場太小，又沒有明確的對策來擴大客群，最後仍然可能失敗。而在估算市場規模的時候，就是要預測會有多少潛在顧客可能對你的產品感興趣：一種客群是目前對手產品的顧客，可能會因為你推出更好的產品而跳槽過來；另一種客群則是目前還沒有進入市場的顧客，因為市面上的所有產品都還未能滿足他們的需求。估算市場規模時通常可以利用顧客調查結果，或是各種公開的資料數據；當然，創業者也可以兩種資料都使用。而新創企業會在這裡遇上的陷阱也大同小異：耍了各種小手段想給投資人留下好

印象，最後連自己也相信那些誇大的預測。正因為人性就是容易落入這個陷阱，這也就不難理解，為什麼大多數提案的簡報都號稱自家企業的整體潛在市場規模高達 10 億美元。

撰寫人物誌。想要整合所有聚焦思考的最佳方法，就是寫出人物誌，將典型顧客寫成虛構的範例，讓產品設計可以聚焦，也能用來打造行銷廣告詞。[15] 這些人物誌通常會有讓人朗朗上口的名字，像是某位很難討好的交友網站會員可能會叫做「挑剔的寶拉」（Picky Paula），再配上她的形象照片、特定的人口族群設定，以及各種行為特質，例如設定她住在德州奧斯汀，最近剛從杜克大學畢業，已經嘗試網路交友六個月，每週會使用幾次 OkCupid 與 Coffee Meets Bagel 的網路交友服務；此外，也會設定讓她因為心理因素特別介意某些條件，或是對網站功能有著各種獨特的要求，像是不喜歡和家人朋友討論網路交友、很重視在現實生活中和配對網友見面時的安全性等。這些人物誌應該要非常趨近現實，才能讓團隊更容易以這個人的觀點來檢視可能的解決方案。新創企業採用人物誌之後，團隊成員討論產品設計選項與行銷廣告詞的過程中，也可以用這些人物角色作為範例，像是「寶拉不會喜歡，因為⋯⋯」。

一般來說，最好創造出三到五個角色，其中一、兩個是主要角色，也就是能作為目標客群的代表。如果主要角色過多，很可能讓產品變得像是在試著討好所有人而失去特色。除此之外的其他角色，可以代表購買流程當中的關鍵影響者，像是三

角測量公司設計出的助攻夥伴，或是新創企業明確「不打算」鎖定的客群。

腦力激盪。腦力激盪又稱為「結構化發想」，這是新創企業從「定義問題」階段跨到「開發解法」階段後的第一項任務。[16] 腦力激盪過程中的最佳實務做法，就是要能夠協助團隊提出最多的可能想法。舉例來說，可以請團隊成員先各自想好構想，再讓大家開始發言；避免愛唱反調的人扼殺別人的構想；確保人人都能發言分享；讓人有空間根據其他人提出的構想繼續發想；也要避免讓大家奉承上意、只順著高層的話來講。好構想可能出現在任何地方，所以腦力激盪的過程應該盡可能包容各方所有意見。

製作產品原型。手上有了很多構想之後，團隊就能開始製作產品原型。所謂的「產品原型」就是實際呈現某個設計構想，從低擬真（low fidelity）到高擬真（high fidelity）都有。高擬真產品原型指的是在功能或視覺與觸覺（或是兩者兼備），都更接近於所預想的最終產品。至於低擬真產品原型，也可能簡略到只有幾張草圖，顯示軟體程式使用過程中的螢幕畫面將如何變動。發明掌上型電腦 PalmPilot 的傑夫・霍金斯（Jeff Hawkins）就有一項著名事蹟，他在設計這項產品的時候，先把一塊木頭刻成掌上型電腦的形狀，再把一根筷子削成觸控筆的樣子拿來使用。[17] 為了實際體驗自己會不會想用 PalmPilot、又會如何使用，他就這樣隨身攜帶這套產品原型長達好幾週，

每次要安排會議日程、找聯絡人資訊的時候就掏出來。

在研發解決方案的流程早期，創業者可能會打造「功能類似」與「外觀類似」的兩種產品原型。[18]「功能類似」的產品原型是用來研究技術上的可行性，能讓人看到這套解決方案會如何提供所需的功能。像是納賈拉吉半途放棄的 RescueTime測試就是一種「功能類似」的產品原型，他希望證明的是，用演算法分析的數位資料可以用來預測交友配對的合適程度。而霍金斯把他那塊木頭展現給其他人看的時候，則是想得到他們對一項低擬真「外觀類似」產品原型的反應。

打造「外觀類似」的產品原型時，可能很難決定擬真度該設定多高或多低。[19] 一方面，製作完美的高擬真產品原型能讓潛在顧客更容易想像預期將推出的解決方案，意見反應也就更可信、可靠。而且，高擬真產品原型也能為未來實際製作產品的工程師指出一條明確的道路，例如「螢幕就要和這個一模一樣」。但另一方面，高擬真產品原型也有許多缺點：

- 打造高擬真產品原型需要耗費更多心力。要是擬真度較低的版本已經足以得到有效的意見回饋，再提高擬真度可能很浪費；特別是新創企業還處在設計流程的早期，因為這個階段的許多解決方案最後都會遭到淘汰。
- 要是沒有適當的引導，評論者可能會太著重表面的外觀設計，例如抱怨「那個按鈕太紅了」。但是在這個階段

時，這些元素的選擇並不重要，仔細調整外觀是後面階段的事。

- 如果某些評論者覺得產品原型明顯花費諸多心力打造，就有可能不想提出批評，以免傷了設計者的心。
- 最後一點，有些設計者與工程師可能因為自己在產品原型上投入大量心力，已經有太多情感，怎樣都不想放棄這個產品原型，於是對負面意見視而不見。

測試產品原型。想了解顧客對產品原型的意見時，可以使用的方式很類似前文提到的「利用現有解決方案做使用者測試」。[20] 新創企業可以邀請潛在顧客，請他們一邊使用產品原型完成指定的任務，一邊說出他們心裡的想法。這裡有一項妙招是，讓參與者同時拿到兩種原型，問他們覺得哪個比較好。前文提過，參與者常常不想對設計本身多加批評，但是他們都很願意分享自己比較喜歡哪一種選項、又是為什麼喜歡。整體而言，測試的重點應該放在這項解決方案能否帶來價值，而不是產品原型的可用性（usability）或吸引力，這些我們一樣會在後文再詳談。想了解參與者對解決方案的價值有什麼想法，可以參考下列問題：

- 這項產品會解決什麼問題？
- 在什麼時候會有人真正需要這項產品？為什麼？

- 目前市面上有什麼替代品可以解決這項問題？這項新的解決方案有什麼地方比較好？或是比較差？
- 使用這項產品的時候，可能遇到什麼困難？
- 產品還少了什麼？或是有什麼元素可以拿掉？

詢問參與者產品少了什麼、可以拿掉什麼元素的時候，並不是在尋求設計上的建議，畢竟這並不是參與者的長處，新創企業要尋找的是，是否還有尚未滿足的需求。所以，如果參與者覺得少了什麼，你該追問的是「我了解了，再請問您覺得為什麼需要這項功能？」而不是問「您願意使用這項功能嗎？」就像前文提到，參與者受訪以及做問卷調查時，為了討好訪談者，常常都會給出正面的答案。

最小可行產品測試。[21]「製作產品原型」以及「測試產品原型」應該不斷疊代循環，直到出現明顯夠優秀的主要設計為止。根據測試得到的意見，設計者應該直接把某些產品原型淘汰，再把某些產品原型修得更好，製作出更高擬真度的版本。等到一切聚焦成最後一個眾人偏好的版本，就能進行最小可行產品測試了。

最小可行產品也是一種產品原型，等同於未來定案產品的模仿品。最小可行產品與其他產品原型的區別，在於測試的方法不同。測試最小可行產品的時候不再是坐在桌子前，聽取參與測試的評論者口頭提出的意見；而是應該拿出一個看來就像

是真實產品的產品原型，在真實世界的情境裡、放在真實顧客的手中。此時，測試目標是要快速但嚴格的驗證針對這項解決方案需求的種種假設，並得到艾瑞克‧萊斯所謂「驗證後的學習心得」（validated learning），而且浪費的心力愈少愈好。[22] 優秀的最小可行產品應該要盡可能以最低擬真度得到可信的意見回饋；因為擬真度愈低通常就代表浪費愈少。換句話說，最小可行產品不論在「外觀類似」或「功能類似」上，都應該嚴格限制在只提供重點、足以進行測試就行。其中，功能又分成兩種。前端功能（front-end function）指的是顧客會直接體驗到的一切；以 Wings 為例，就是網站中用戶的個人檔案、每日配對、訊息功能，以及搜尋功能等。後端功能（back-end function）則是顧客看不到、但是提供服務時不可或缺的功能；以 Wings 為例，就包括生活串流連結器、配對演算法，以及伺服器等。

根據最小可行產品著重的是前端還是後端功能，又或是兩端功能兼備，最小可行產品測試有四種基本類型：[23]

- **著重前端功能**。此類最小可行產品並不在意產品的附帶功能，只著重在解決方案的核心前端功能。要是顧客連產品的核心功能都不覺得有價值，其他功能也就不用再談了。
- **著重後端功能**。最小可行產品可以透過各種臨時的替代

措施，提供一些顧客其實看不到運作方式的功能。舉例來說，不實際採用演算法來分析配對，而是暫時先由人力分析數位資料進行配對。道理正如前文所述，如果還沒有確認有此需求，就無須貿然投資在自動化處理的功能。這種最小可行產品測試有時候也稱為「綠野仙蹤測試」（Wizard of Oz test），因為測試過程會讓人想到電影裡的巫師手忙腳亂大叫：「不用管窗簾後面那個人。」

- **同時著重前端與後端功能。**有些「尊榮專屬」的最小可行產品，會用人力提供完整的前端與後端功能，但前提是，這只能針對少數顧客進行測試。不過也因為參與測試的人數較少，可以確保創業者能夠與他們直接、深入互動，從中得到許多寶貴意見。

- **冒煙測試。**有些最小可行產品已經將前端與後端功能都逼到測試的極限，想測試市場對這項尚未真正打造出來的產品究竟有多高的需求。冒煙測試經過精心設計，針對計畫生產的產品提供足夠詳細的描述，已經足以讓顧客下定決心，要在產品上市後立刻購買。這種例子包括到達頁面測試、吉寶做過的群眾募資活動，以及企業客戶簽署的意向書等。

講到最小可行產品測試，創業者會犯的最大錯誤就是根本不做測試。但除此之外還是可能出現其他錯誤，像是沒有訂出

測試成功與否的標準。畢竟如果連測試怎樣算是成功都沒有可以測量的標準，又怎麼可能判斷假設是否正確？例如「如果能讓顧客滿意、有正面推薦，產品就能達到病毒式傳播」就屬於含糊的標準，因為這表示只觀察到一次推薦，就會被算是已經通過測試了。比較好的做法是，訂出「每十位新顧客，就要帶進八位以上的新顧客」等標準。

　　最小可行產品測試的另一項常見錯誤，則是在於太快或太慢因應測試結果轉向。創業者在轉向之前，還是應該確認一下測試中觀察到的結果會不會是假陰性或假陽性。如果出現假陰性，例如測試顯示需求很弱，但實際上需求很強，問題可能在於最小可行產品擬真度不足、測試執行不佳，而不是客群否定了企業的價值主張。至於如果出現假陽性，例如測試顯示需求強勁，但真實的需求並不高，則有可能是因為新創企業找來的測試參與者是這類產品的狂熱分子，無法真正代表他們想鎖定的客群。創業早期的新創企業常常會碰上假陽性的問題，這也正是我們下一章的重點。

05
假陽性

你釣上一條大鯨魚，接著就被牠拖著跑了。

——琳賽・海德
巴魯公司創辦人暨執行長

　　琳賽・海德（Lindsay Hyde）在 2014 年中創立提供寵物照護服務的巴魯公司。[1] 這間新創企業的命名靈感就是出自於寵物：「巴魯」（Baroo）就是狗兒聽到人的聲音後，歪著頭疑惑時發出的回應聲音。海德一開始發想的巴魯公司，是想效法美國的兒童托育龍頭企業「明亮地平線公司」（Bright Horizons），成立一間「寵物的明亮地平線」，也就是在商業區辦公大樓裡提供寵物日托服務。但早期顧客研究發現這種需求並不高。辦公大樓管理業者態度冷淡，畢竟現有的企業租戶都

是簽長期約，流動率也不高，而寵物日托則會增加額外成本，但他們又很難以調高租金的方式把這筆錢轉嫁到企業租戶身上。海德也發現，上班族的寵物日托需求有限。她針對 25 位養寵物的哈佛大學員工進行最小可行產品測試，卻發現沒有人願意為了「能帶寵物去上班還有人顧」付出一天 20 美元的代價。理論上，飼主在白天也能看到自己的寵物似乎很有趣；但實際上，通勤上班還得帶著寵物實在太麻煩。還是把貓狗留在家裡，找人白天去家裡照顧會簡單得多。

最後這一項發現，觸發海德將公司轉向去尋找住宅公寓大樓閒置的地下室空間，為飼主提供在自家附近的寵物日托服務。住宅大樓的管理業者很感興趣，因為當地公寓住戶來來去去，每年會換掉三分之一。如果大樓裡有這種服務，就更能吸引飼養寵物的新住戶。此外，住宅大樓常常會對飼養寵物的住戶每月額外收取「寵物租金」，補償貓狗對房子造成的破壞。

為了了解修改後的理念有沒有市場需求，海德在寵物大展活動中調查了 250 位寵物飼主。結果顯示，80％的人對現在的溜狗員並不滿意，也有類似比例的人表示，如果自己住的大樓有寵物日托服務，他們會想試試。海德後來回憶道：「調查結果令人振奮。但當時我應該追問他們，會不會願意從目前的服務業者跳槽到另一間公司。在這個產業，等到服務人員已經熟悉你的寵物、熟悉你家的狀況，轉換成本就會非常高。」

海德找來梅格・麗絲（Meg Reiss）擔任共同創辦人，她

曾經在海德過去成立的第一間新創企業擔任營運長的角色。這兩位共同創辦人在 2014 年 2 月向天使投資人募到 120 萬美元，接著就在波士頓新潮時髦的南端社區（South End）找上墨水街區大樓（Ink Block）作為出發點。這是一棟全新改建、共有 315 間房的豪華公寓大樓，而海德打算先從小規模起步，等到開始獲利再以這些資金進一步擴張。這樣一來，她就不用找上創投業者取得資金，也就能夠避免這些投資人老是要求追求超速成長的壓力。根據這項計畫，她找上的天使投資人願意接受中等的投資風險、穩定的報酬，大約三到五年之間回本即可。

　　巴魯公司提供一系列「高接觸」的寵物照護服務，包括溜狗、寵物美容、寵物餵食、寵物居家照護，以及擔任寵物玩伴等。飼主可以透過簡訊、電子郵件、電話，或是海德授權的一套現成行程安排應用程式，預約巴魯的服務。此外，巴魯的照護員也會透過同樣的管道與飼主直接溝通，像是傳送當日的報告、照片，或是回應特殊要求等。寵物飼主可以把家門鑰匙留在屋外的專用密碼箱裡，照護員就會到家裡把寵物接走。巴魯團隊提供服務的寵物還不限於貓狗，他們接納各種類型的寵物。至於費用則與附近其他寵物照護業者相當，例如 30 分鐘的專屬溜狗服務收費為 20 美元。海德並沒有完全放棄寵物日托的概念，只是先暫時擱置，因為當時墨水街區大樓等早期合作夥伴並沒有合適的空間。不過，這些夥伴也對於未來可以增加寵物日托設施抱持開放的態度。

　　大多數寵物照護服務業者都是以約聘的方式來雇用員工。但海德決定將寵物照護員雇為正式員工，多半採取部分工時制（part-time）。在她看來，這應該能夠降低人員的流動率，讓巴魯更容易培訓員工、維持流程一致，也就有理由投入更多資金強化員工的技能。巴魯的員工將會非常專業，不只要接受全面的背景調查、提供相關保險，也要穿著制服。每招募一位新的照護員，光是篩選、準備與培訓的總費用就花費將近 500 美元。然而，雇用正式員工確實有一項缺點：Rover 與 Wag! 等寵物照護的競爭業者只需要和約聘人員按件計酬，但巴魯則是採取排班制，員工固定上班，就算沒有人預約服務也得付薪水，平均薪資為每小時 13 美元。

　　在顧客招攬方面，巴魯公司不做臉書廣告那樣傳統的付費行銷，而是去和公寓大樓合作夥伴打交道，並仰賴現有顧客的口碑宣傳。大樓業者會在養寵物的新住戶入住的時候，送上由巴魯提供的歡迎禮，像是寵物耐咬玩具或牽繩等。而且，巴魯團隊每一季還會為住戶舉辦活動，像是「狗狗狂歡時段」（yappy hours）、寵物萬聖節等。最後，大樓管理業者會向住戶推薦巴魯，而巴魯則會把他們從這些大樓住戶得到的收益撥出部分與管理業者拆帳，平均大約是 6％。許多服務供應商，如有線電視業者，都是採用同樣的收益共享做法。

　　巴魯公司在波士頓南端的墨水街區大樓成立起跑的時候，大樓內約有 60％ 的住戶養寵物，其中又有 70％ 使用巴魯的服

務。住戶如此捧場，讓海德十分興奮，也覺得他們在其他公寓大樓也能同樣成功。但遺憾的是，她落入第三個失敗模式的陷阱：假陽性。在醫學檢測上，假陽性指的是檢查結果指出你患有某種疾病、但其實不然，這可能會導致你接受許多危險但沒有必要的治療，心裡還十分焦慮。假陽性如果發生在新創企業中，指的就是早期成功率看來大有可為、但其實不然，可能會讓創業者還沒站穩腳步就急於擴張。事實證明，假陽性的問題不但會害慘病患，也可能會害慘新創企業。

假陽性的成因，常常是由於各種因素推升了早期採用率。以巴魯公司為例，最初大受歡迎的狀況讓人對未來有錯誤的預期，但其實是因為開業時碰上三項特殊的因素：

- 第一，墨水街區大樓是全新建成，所有住戶都是在最近同時入住。因為住戶大多是初來乍到，還沒有偏好的寵物照護業者，所以選用巴魯公司並不會產生任何轉換成本。相反的，如果寵物飼主已經在某棟公寓住了幾年，也有長期配合的寵物照護業者，要更換業者就會遇上轉換成本的問題。
- 第二，後來發現墨水街區大樓許多住戶都是某個好萊塢電影的製作團隊，正在波士頓拍片。這些人帶了寵物卻沒有時間照顧，而且都有豐厚的津貼補貼生活開銷，支付巴魯的服務費用毫無問題。

- 最後，在巴魯開業的那個月，波士頓降雪量破紀錄，在短短 30 天就高達 94 英寸（將近 2.4 公尺！）。海德回憶說：「當時沒人想要自己出門溜狗，所以我們每天得為很多家庭服務很多次。但我們沒發現這是個假陽性的訊號，還以為如果連那個冬天都撐得下去，接下來肯定順順利利。」

早期成功刺激擴張

　　巴魯公司的業務蓬勃發展，大家都在說波士頓有一種新的寵物尊榮服務，口碑迅速傳開。墨水街區大樓的租賃團隊把相關資訊提供給其他房地產管理同業，而大樓裡的住戶也是有口皆碑、口耳相傳。很快的，波士頓許多大樓就自己跑來尋求合作，而巴魯也迅速簽下另外四棟大樓。海德已經放下先前決定不找創投業者、不要積極擴張的想法，她與三位天使投資人董事決定迅速將巴魯的成功複製到第二座城市去，希望增加對創投業者的吸引力。海德透露：「我們自認已經得到很好的證明，而且房地產合作夥伴管理的物業遍及全美，就像是一條擴張領地的道路在眼前展開。回頭來看，當時的我就是沒能堅持紀律，放不下這些成長機會。」

　　2015 年夏天，巴魯擴張到芝加哥，迅速簽下三座大樓；這些大樓和巴魯在波士頓的一位合作夥伴隸屬同樣的母公司。

最後，巴魯總共在芝加哥市中心 25 棟大樓提供服務，其中一棟有提供狗狗日托的空間，也願意免費租借給巴魯。海德與團隊終於有機會測試先前的概念，結果也確實大受歡迎。

她們在芝加哥的難題是要找到合適的總經理。第一任總經理是一位經驗豐富的房地產管理者，但卻無法適應新創企業的文化。海德回憶說：「有這種專業背景的人習慣一切照著使用說明書做事，但我們沒有什麼說明書可以遵循。」

巴魯公司將事業拓展到芝加哥一年後，從新的天使投資人與一些小型創投基金公司得到 225 萬美元的種子資金；於是，她們又拓點到華盛頓特區，合作夥伴也同樣是全國性房地產管理公司，雙方在波士頓與芝加哥已經合作愉快。但在華盛頓特區，卻出現沒那麼愉快的意外：川普政府在 2017 年 1 月執政後，巴魯的顧客流失率飆升，許多歐巴馬總統任命的聯邦雇員離開了華盛頓。而且比起在波士頓或芝加哥，公寓大樓在華盛頓特區分布得更零散，也就代表巴魯的照護員得花更多時間在各個工作地點之間通勤。

同時管理三個地區的事務，把巴魯公司原本就不大的管理團隊逼到極限。海德說：「在這之前，我的共同創辦人麗絲的營運表現都非常出色，但到了華盛頓，新挑戰簡直撲天蓋地而來。」儘管如此，巴魯仍然在 2017 年 6 月進軍第四個地區：紐約大都會區。為了取得進一步擴張所需的資金，巴魯從現有投資人與一間創投業者手上又募得 100 萬美元。這間創投業者

甚至表示希望能在之後主導巴魯的第一輪募資。

　　但到這時候，團隊已經感受到嚴重的成長痛。公司和某些大樓管理業者關係緊張。許多管理業者無法說服大樓管理員向住戶推薦巴魯，也有些管理業者在合約方面有些不合理的堅持、毫無變通的空間。舉例來說，他們要求巴魯必須為住戶辦活動；雖然這是巴魯最初的承諾，但隨著公司擴張，事情已經變得沒那麼容易。海德表示：「公司規模還小的時候，舉辦狗狗萬聖節派對輕鬆又有趣。但是等到我們得在 100 棟大樓裡做這件事時，結果就是不斷燒錢，做的還是不賺錢的事。我們會派大學生去購買零食，但他們可能就是去塔吉特（Target）的賣場買點啤酒和起司拼盤回來，完全不是我們想要營造的高檔品牌體驗。」

　　這時，營運變得也不太順利。隨著規模擴張，巴魯公司愈來愈難提供早期顧客喜愛的客製化服務。舉例來說，飼主再也無法指定最喜歡的溜狗員、也不能在最後一刻才打電話到辦公室委託溜狗服務，因為所有照護員都已經預約一空。此外，巴魯也還沒有學會規模化管理的技術，他們用的那套現成的行程安排應用程式反應又太慢，許多顧客只好改用電子郵件或簡訊聯絡，但這反而讓排程工作變得更複雜。照護員得用上好幾套行動應用程式，像是有一套是用來記錄出勤，另一套又是用來查看當天的排班與寵物飼主的要求。

　　除此之外，某些照護員的行為問題也讓排程變得更加複

雜。在海德看來，讓員工成為依出勤時數支薪的正式員工、而不是按件計酬的約聘人員，應該能夠有助於員工訓練，讓他們遵守一致的流程。但事實證明不一定如此。海德發現，巴魯的薪酬制度或許會讓人想鑽漏洞：「員工可以把時間花在比較輕鬆、愉快的工作上，像是和可愛的小狗玩久一點，卻在下一份工作時遲到。又或者是，如果當天最後一份工作是一隻凶惡的狗狗，員工就乾脆翹班。因為他們是按工時計費，這些做法都不會影響到收入。」

雖然大多數照護員都很有職業道德，但偶而就是會雇用到有問題的員工。海德回想到有一次，她正在參加婚禮，卻接到警察來電，告訴她某位巴魯寵物照護員在顧客家裡大辦派對，吵得不得了。公司快速擴張，也把員工的士氣逼到極限。海德回想當時：「我們擴張太快，結果就是沒辦法找到足夠的新照護員。而且因為員工流動率太高，每年達到120%，這讓問題更加嚴重。後來，有些真的很優秀的溜狗員可能一天得工作12小時。我們讓這些人跑遍整座城市，再依時數支付工資。我們累垮了最優秀的溜狗員，也燒光手上的現金。」

仔細計算、關門大吉

2017年8月，巴魯公司召開董事會。最早的一位天使投資人在會議上開炮，質疑海德的領導能力與公司的財務狀況。

巴魯在 2017 年上半年的營收為 60 萬美元，但營運虧損達到 80 萬美元。雖然管理階層預計下半年營收將成長 50％，但也預計營運虧損會達到 70 萬美元。這位董事十分擔心，而他和海德對這間公司什麼時候、甚至能否達到收支平衡也有不同看法。海德認為，市場滲透率（同一棟大樓裡，有多少百分比的寵物飼主是公司顧客）會受到他們為這棟大樓服務的時間長短而有所影響。海德指出，在新住戶當中，巴魯的滲透率比起已經請了固定溜狗員的舊住戶高得多。換句話說，巴魯是在房客流動的時候才會發威：「如果你相信這一套道理，應該會覺得市場狀況再過一、兩年就會不錯。但如果你不相信，就只會看到公司利潤隨著擴張而縮減，於是認為我們的策略有問題。」

接下來幾個月，董事會上的爭論開始變成應該把公司賣掉（這是那位不滿的天使投資人心中的首選），還是要啟動 A 輪募資。於是，曾經在種子輪投資、並且表示有興趣主導 A 輪募資的那間創投業者，這個時候卻因為看到董事會吵成這個樣子而被嚇跑，決定讓出機會。之後海德再向十幾間創投公司提案，但沒有人感興趣。2018 年 1 月，手上還剩下三個月的現金，她再找上幾位可能的對象洽談併購事宜。雖然有三間公司出價，但最後都未能成交。到了 2 月，海德收掉巴魯公司。

改變期許

巴魯公司這個案例失敗的原因相對清楚：太早擴大規模了。假陽性的陷阱讓他們擴張過快，根本沒有足夠的資源能夠在四個城市裡成功營運。公司缺少資金、管理團隊人力不足，而且她們也沒有技術能夠應付複雜的預約狀況。

儘管缺乏以上這些資源，但是墨水街區大樓發出的假陽性訊號讓海德太有信心，太早狠狠踩下油門。而巴魯能在波士頓2015年的大雪期間成功服務顧客，也讓海德深信那個臨時拼拼湊湊起來的小團隊「無所不能」。

海德本來打算讓巴魯先在第一個市場獲利，再用這些利潤擴張公司，而不是找上創投資金、追求超速成長。但在波士頓開局太過順利，反而讓她決定改變想法。這次的轉向，完全就是出於海德與早期投資者所做的選擇。我們在第二部會談到，有些企業是為了應付競爭壓力，只好提前擴張。但就巴魯公司的情況來說，雖然創投業者確實向巴魯的競爭對手投下幾千萬美元，但他們並沒有感受到強烈的競爭。海德回憶道：「我當時並不覺得 Rover 與 Wag! 是我們在市場上的競爭對手，反而比較像是證明我們確實找到某種尚未滿足的強大需求。我並不覺得大家在硬碰硬搶顧客或寵物照護員。」

迅速擴張到多個市場設點，顯露出巴魯公司在「菱形」所代表的機會上有缺點。但這些缺點並不致命，要是團隊能先微

調在波士頓的商業模式再擴張，很有可能就能避免或解決。讓我們先來看看，菱形上的各個假陽性訊號如何讓改變海德的期望。

顧客價值主張

墨水街區大樓的註冊人數踴躍、回頭客眾多確實是個早期證據，證明巴魯的顧客價值主張深具吸引力。而且，就算是在公司擴張的時期，價值主張仍然值得信賴，需求也依舊強勁。然而，寵物照護服務很難做出特色。顧客想要的照護員，大概都必須符合下列幾項條件：一、能放心讓他們單獨留在自己家裡；二、了解自己的日常習慣與寵物需求；三、可靠；四、時間好約；五、能配合特別要求。但不論是哪一間寵物照護業者，都很難在各個面向都面面俱到。如果是指派特定的一位溜狗員，每天去溜同一位顧客的狗，儘管溜狗員很熟悉狗兒和這個家庭，但是排程也就會安排得很滿，很難應付像是「我們今天都不在城裡，可以請你在晚餐前再多溜一次狗嗎？」的特別要求。然而如果像是 Wag! 或 Rover 這些公司，集合了一大群打零工的照護員，情況就正好相反。他們能夠應付各種特別要求，但不會重複把同一位照護員指派到特定的家庭，因此很難與顧客搏感情，或是和顧客家裡的狗兒小花混熟。

海德在最後收掉公司之前，曾經試過下列解決辦法：一、組成照護員團隊，由一群人共同負責某個住宅區；二、要求照

護員記下關於某個家庭與寵物的小細節,並且和服務同一個家庭的其他照護員分享。但要做到這點,需要一群有紀律、經驗豐富的員工,也要有先進的技術配合。可是巴魯還在經歷成長痛,實在已經無力負荷。同樣的,隨著巴魯的規模擴張,提供高接觸服務的能力也不斷下滑,例如他們已經無法滿足顧客在最後一刻提出的臨時要求。說穿了,巴魯的特色在於,讓顧客可以用輕鬆可靠的方式找到可信賴的寵物照護員,而且這些照護員多半和顧客的家庭與寵物有一定認識。雖然顧客喜歡這些特色,但這並不足以讓他們願意支付比其他寵物照護業者高出那麼多的價格。

技術與營運

早期的巴魯公司在技術與營運上並沒有太多需求,但他們也很快就發現,拼拼湊湊組成的技術架構不足以應付擴大規模的需求。隨著公司擴張,人力緊繃的管理團隊就得到處緊急補破網。再加上聘雇、培訓、排班、激勵與留住員工等方面的困難,也讓營運問題更加複雜。

行銷

至於行銷方面,早期那些自己找上門的房地產管理業者表示,大樓管理者會自願把住戶介紹給巴魯。然而,雖然現有顧客口碑很好,但管理員推廣的力道並不如海德的期望。

獲利公式

雖然早期營收豐厚，但巴魯的獲利公式並未得到證實，到了 2017 年底，帳面上還是巨額虧損。而且進入寵物照護產業的門檻低，於是出現許多以低利潤競爭的小型地方對手，阻礙公司的成長空間。然而，巴魯預期的 LTV/CAC 比高達 5.9，如果團隊可以改善營運效率，長期應該還是能夠獲利。

假陽性之所以會成為問題，是因為這會讓創業者對某種擴張路線太有信心。第二部談到創業晚期的新創企業時，我們還會看到其他案例同樣誤信了假陽性訊號、太早擴大規模，於是下場悽慘。但與巴魯公司不同的是，那些公司已經來到創業晚期，手中擁有豐富的資源，更容易推動成長。

假陽性有兩種模式，但都會讓創業者誤以為既然早期採用者接受了，未來的主流顧客也會認同。

第一種模式是，創業者為早期採用者量身打造解決方案，也取得所需的相關資源，後來才發現這套解決方案並不符合主流市場需求。無法爭取到主流顧客，收入也就不足以維持生存。等到創業者想要轉向，手中的資源卻不符合需求，而且已經資金有限、無力再取得需要的資源。這樣的結果很類似前文提過的「豬隊友」問題。

第二種模式則是創業者取得資源來追求某項機會，過程中發現早期採用者需求強勁、超乎預期，而誤以為主流顧客的需求會同樣強勁，於是開始大力擴張。但也如同第一種模式的問

題，這間企業原本拿到的資源並不適合這個新方向。

巴魯公司屬於第二種模式。在墨水街區大樓的假陽性跡象，讓海德太快進軍新市場，也把公司在「方框」上的四個資源問題都爆了出來。

創辦人

巴魯公司的失敗該歸咎是騎師的錯嗎？海德這位執行長的確犯下許多錯誤，但值得稱讚的是，她回顧當時，能夠看清自己做錯了哪些決定、也承認自己的責任。舉例來說，她就發現自己當初落入假陽性的陷阱。雖然海德犯下種種錯誤，但在本書提到的創業者當中仍舊卓然出眾，有著過人的願景、熱情、決心，從錯誤中學到的教訓也格外深刻。

海德也承認，在共同創辦人擔心公司可能成長過快的時候，自己太過任性固執，聽不進意見。她坦言：「我不見得總能讓同事聽從我的想法，也不見得總是聽得進他們抗拒的意見。麗絲會跟我說：『我們真的該開到下一座城市去嗎？是不是應該先準備好技術基礎架構再說？』這些意見都非常合理，但我當時一聽就火大。」此外，她也發現自己與共同創辦人「淵源太深」。她說：「在我創立的第一間公司裡，我們已經共事了十年，彼此合作愉快，這次也是一談即成。但在巴魯公司成立之前，我們已經分開三年，各自有了很多成長。」換句話說，這次會起衝突實在並不意外。

團隊

　　海德本來以為，讓照護員成為正式員工、支付時薪，就能提升員工的忠誠度與生產力。但事實證明不然。有些員工待得不久，公司卻在他們身上投入太多資源。

　　與昆西服飾不同的一點在於，巴魯公司並沒有找不到產業專家的問題。海德是在芝加哥才開始需要找人，也請到一位經驗豐富的房地產管理者擔任當地的第一任總經理。但事實證明，就巴魯面對的挑戰而言，更需要的是像海德與麗絲這種人，雖然不夠專業，但做事靈活、樣樣都通。

投資人

　　巴魯公司最早的天使投資人也和海德一樣，都落入假陽性的陷阱，而改變對公司成長率的期許。他們剛開始希望只要承擔中等的投資風險，取得穩定的報酬，大約在三到五年間回本。但隨著巴魯似乎一飛衝天，他們對成長所訂定的目標也大為不同。海德表示：「當看到在不同的城市都有很多大樓想找我們，這讓每一個人都興奮得不得了。但沒有人真正想清楚，我們可能需要大概 3,000～4,000 萬美元才能擴大規模。到最後，有些投資人就像是精神分裂，既放不下原本想要的穩定報酬，但也渴望得到創投公司賺取的那種巨額報酬。」

　　事實證明，一位天使投資人就足以把事情攪得天翻地覆。他質疑海德不適任、領導能力有問題，因而嚇跑新的投資人，

也加速公司的傾覆。曾有人警告過海德這位投資人可能有問題，但她回憶道：「我們當時很渴望得到資金，而且我本來也很有信心能管得住他。但我錯了。我得到的教訓就是，你與投資人相處最愉快的一刻，就是大家簽署投資條件書（term sheet）的那一刻。而我現在知道，如果連那個時刻都不夠美好，就該趕快逃。」

有趣的是，當被問到如果能再來一次想改變什麼事情的時候，海德說她並不會回到當初「不找創投，而是自己賺錢擴張」的計畫，反而會打算直接全速運轉。她承認：「我學到關於自己的一件事，就是我喜歡讓事情快速成長。我喜歡這種要建立起規模的挑戰。像是巴魯公司，我覺得如果當時有更多時間、還有多很多的資本，本來應該可以成功。我們當初應該找創投業者，讓他們來給火上加個油。」

合作夥伴

巴魯公司服務的大樓業者提供的行銷力度並不如預期，有些業者更提出不合理的要求。要是別那麼急著擴張，或許就能讓團隊先了解，哪些特性會讓某些大樓更適合作為夥伴，像是住戶流動率高等，他們也就能在簽約之前先確定新的合作大樓是否符合要求。然而，當初的擴張腳步過快，也就代表並沒有經過仔細的審查，而是來者不拒。海德在事後分析指出，其實應該是大樓管理業者該付錢給巴魯，而不是巴魯付錢給他們。

因為管理業者並沒有真正幫巴魯做什麼事，而且巴魯還能讓他
們收取更多寵物租金，平均每隻寵物每個月額外收取 50 ～
150 美元。

避免假陽性

　　我針對創業早期創辦人所做的調查中顯示，許多人都可能
落入假陽性的陷阱。相較於創業更成功的創業者，如果是表現
不佳或已經倒閉的新創企業創辦人／執行長，他們碰到的早期
採用者與主流顧客的需求會存在比較大的差異。而差異愈大，
就愈容易落入假陽性的失敗模式。

　　如果造成假陽性的根本原因在於對早期採用者的訊號解讀
有誤，創業者就該採取兩個步驟，以獲得比較可靠的市場意
見。[2] 第一，創業者應該進行早期顧客研究，找出早期採用者
與主流顧客之間的所有差異。第二，在起跑之後，就算早期採
用者的反應出乎意料的熱烈，也必須考量到主流市場不見得回
應會同樣熱烈。

　　要如何維持這種警覺心？我們無法肯定到底是怎樣的早期
顧客才會帶來出乎意料的需求，像是巴魯公司在墨水街區大樓
就碰到特殊的客群；他們就像黑天鵝，就是不可預料。而且，
我們也很難真的能夠堅守紀律，總是撥出時間確認眼前看到的
是不是假陽性訊號，特別是公司還剛起步時根本忙得要命。但

如果新創企業的產品推出之後就是意外爆紅，讓團隊都大吃一
驚，就真的該先冷靜下來，問問看：「這些早期採用者是不是
可能有什麼特殊的地方？」團隊可以用上一章提過的人物誌方
法，找出這些早期採用者與新創企業打算追求的顧客類型有哪
裡不同。

講到第一步「進行早期研究，找出早期採用者與主流顧客
的差異」，關鍵在於抽樣要正確。採用便利抽樣、只調查親朋
好友，就常常會出現假陽性的結果，因為不管你提出多爛的點
子，這些與你關係親密的人常常還是覺得很棒。至於群眾募資
活動，像是吉寶在 Indiegogo 的做法，也有類似風險。會參加
這些活動的人，通常都是相關產品類別的狂熱分子，不只喜歡
新奇閃亮的新鮮玩意，也總想成為第一個搶先試用的人。群眾
募資確實可以看出產品對這些狂熱分子的吸引力，但卻無法了
解大眾市場的需求。

進行早期研究的黃金標準，就是在測試創業理念的時候既
要測試早期採用者、也要測試主流顧客，讓我們以 2012 年鋰
特汽車（ Lit Motors）的方法為例。[3] 這間新創企業打算推出
兩輪電動車「C-1」，採用陀螺儀穩定車身、全封閉座艙，基本
上就是一款比較安全、容易操縱、環保、能遮風避雨的摩托
車，就算騎在雨中也不會淋濕。

創辦人丹尼・金（Danny Kim，音譯）得到 100 萬美元的
種子資金後，砸下 12 萬美元打造出一比一尺寸、「外觀類似」

的玻璃纖維 C-1 產品原型。團隊接著就用這輛原型車詢問主流客群的意見。參與者接受訪談的時間大約 20 分鐘，期間就直接坐在這輛車裡。等到訪談結束，他們會告訴參與者只要預付 50 美元，就能成為第一批購買 C-1 的顧客。結果有高達 16％ 的參與者支付訂金，這種接受程度令團隊覺得相當興奮。

而為了評估早期採用者的興趣有多高，團隊接著又將原型車帶到奧勒岡州的電動車大獎賽上，重複先前做過的訪談研究，了解電動摩托車愛好者的想法。這次的訪談反應同樣正面且強烈，這讓創辦人深具信心，同樣的產品設計對於早期採用者和主流顧客都有吸引力。

有些時候雖然早期採用者與主流顧客的需求相同，但早期採用者的需求就是比較強烈。我們在第 7 章就會提到這種狀況，案例是線上居家飾品零售商 Fab.com。Fab.com 的早期採用者是一群居家設計狂熱分子，他們會在這個網站上一買再買，而且大力推薦網站的產品。這間新創企業後來招攬到的顧客雖然也對室內設計感興趣，但需求就沒那麼強烈，購買頻率比較低，也比較不會向朋友推薦。結果就是 LTV/CAC 比將會慢慢下滑，隨著 Fab.com 成長，新顧客能帶來的價值會降低，而且也因為免費的口碑傳播減少，要招攬新顧客的單位成本也上升了。Fab.com 的創辦人也像巴魯公司一樣誤信了假陽性訊號，以為下一波的顧客會和早期採用者同樣有強勁的需求。

也有些時候，早期採用者與主流顧客的需求大不相同。舉

例來說，有些早期採用者屬於要求比較多的「高級使用者」
（power user），不只會要求一些進階的功能，也具備自行操作
某些功能的能力。當新產品還在試用期、仍有些許瑕疵的時
候，他們就能自行安裝、除錯，而不會事事都得找上已經忙翻
天的新創企業工作團隊處理。相較之下，主流顧客就更可能要
求產品好操作、完整可靠、沒有過多功能，而且客服要能夠提
供有力的協助。這種情況下，如果企業根據早期採用者的需求
量身打造產品，最後就可能不合主流顧客的口味。

　　這種挑戰有很多種解決方法，但重點都是要在開始開發產
品之前，就先了解早期採用者與主流顧客的需求有哪裡不同。[4]
第一種解決方法是，先為早期採用者提出良好的產品，再慢慢
修改以服務主流顧客。第二種解決方法是，分別為主流顧客與
早期採用者打造產品，給早期採用者的產品可以稱為「專業版」
之類。至於最後的第三種解決方法，則是針對主流顧客需求量
身打造產品，同時讓產品與其他現有解決方案有一定的差距，以
此吸引早期採用者，他們雖然不完全滿意，但也足以接受。

　　Dropbox 採用的是最後一種解決方法。[5] 在產品開發過程
中，創辦人德魯・休斯頓除了調查早期採用者，如軟體開發人
員與其他進階電腦使用者，他也調查主流消費者的需求，最後
決定省略掉那些主要針對早期採用者的進階功能。休斯頓設計
出的是一款容易使用的產品，在他向知名創業加速器 Y
Combinator 的成功提案中，就表示自己是取用「在軟體開發社

群廣受好評的概念，例如版本控制、更新日誌／追蹤、資料同步等，包裝成連我最小的妹妹都懂得怎麼使用的產品」。休斯頓知道 Dropbox 比市面上的檔案管理解決方案都更優秀，也賭對了這一點：即使不提供進階功能，早期採用者也願意接受。

　　就算結構嚴謹的研究能夠看出早期採用者的需求，創業者還是很難看清或是躲開假陽性的陷阱。原因為何？因為人類的心理就是會看到那些自己想看到的東西，這也就容易讓人對研究的結果與企業早期的績效有錯誤的解讀。

　　而如果創辦人正在一頭熱，尤其是在向投資人提案的時候特別容易出現這種職業風險，就會更有可能落入假陽性的陷阱。我們在第 4 章就看過這種例子，當時納賈拉吉深信自己的交友網站 Wings 能夠形成病毒式傳播，並且以此說服投資人相信這種願景。但他後來才意會到，網站並不如表面看來那麼有吸引力，因為受到註冊獎勵的誘因驅使，有些新進使用者會推薦假朋友，只為了多賺點 Wings 的金幣。

　　巴魯公司的經驗還讓我們看到，另外有兩種因素讓創辦人更容易落入假陽性的陷阱。第一，意外的成功就是那麼誘人。本章開頭有一句海德的引言：「你釣上一條大鯨魚，接著就被牠拖著跑了。」她一開始只給巴魯公司設了中等的目標，但這間公司的表現從一開始就超越預期，她也忍不住把目標愈設愈高。雖然海德就這樣被大鯨魚拖著跑，但她並不是一心想追殺莫比敵的亞哈船長，她只是意外碰上這頭名為「成功」的鯨魚，

於是發現自己喜愛追求擴張。她的心態轉變其實更像《教父》（*The Godfather*）中的麥可・柯里昂（Michael Corleone）。麥可一開始並沒有什麼野心，只想和家族生意保持距離，暗暗的繼續當個有道德的人。但是當他的父親差點死於暗殺後，麥可用了精彩的手段，把槍藏在餐廳的廁所馬桶水箱裡，成功為父報仇，當上家族的共主，對付敵人戰無不勝，也成為紐約市的黑手黨頭頭。但這份成功就讓他失去了道德，也失去真實而有愛的家庭。

第二種讓創辦人更容易落入假陽性陷阱的因素，則在於他們是否真正了解自己的目標。我們或許會懷疑，海德本來到底是否了解自己對於成長與風險的偏好。雖然她一開始說不想走創投資金的路，但或許就在她自己也沒有意識到的情況下，根本一心想登上創投的火箭，期許一飛衝天。如果真是如此，或許她從一開始在墨水街區大樓的時候，就已經注定會看到自己想看到的東西，也就是超速成長的機會；她就像是麥可・柯里昂，只因為復仇成功，就覺得自己注定該回到黑手黨家族裡。

第二部

擴大規模

06
才出油鍋，又入火坑

　　不難想見，新創企業來到創業晚期，存活率已經比創業早期高得多。畢竟這些企業不但找到誘人的商機，也已經取得相當的資源能夠好好掌握這些機會。在此，我把「創業晚期的新創企業」定義為創業五年以上，而且如果取得創投資金，應該已經到了 C 輪以後。但令人驚訝的是，其中仍然大約有三分之一無法為投資者取得正報酬。[1] 這件事讓我很疑惑，為什麼擴大規模的新創企業要成功如此困難？進一步深入研究後，我發現隨著新創企業通過早期階段，卻變得像是才出了油鍋、又跳入火坑。創業早期的新創企業之所以步履蹣跚，是因為創辦人看不到好的機會，或是無法取得正確的資源，又或者兩者皆是。而到了創業晚期，雖然問題也在於機會與資源，但狀況截然不同。

機會所隱藏的挑戰

　　創業者要領導創業晚期的新創企業，就必須在追求機會的

同時維持平衡，也就是要在成長速度與範疇上，設定既有野心、但又能夠實現的目標。我所謂的「速度」，指的是新創企業核心業務（只在當地市場推出的原始產品）擴張的步調。至於「範疇」的概念更廣，總共涵蓋四個面向，地域範圍（geographic reach）、產品線廣度（product line breadth）、創新（innovation）共同定義新創企業產品市場的範圍，像是還可以再鎖定多少客群，又要解決他們的哪些需求？至於最後一個面向則是垂直整合（vertical integration），討論的是有哪些活動將由新創企業內部處理，而不外包給第三方進行。

1. **地域範圍**。巴魯公司從波士頓擴張到芝加哥與其他城市的時候，就是擴大產品市場的地域範圍。也有些新創企業的地域範圍擴張得更大，直接到其他國家開展業務。

2. **產品線廣度**。新創企業擴張產品市場範疇的另一種方法就是推出更多產品，像是 Google 就在原始的搜尋業務之外推出 Gmail、YouTube、Google 地圖、Google 雲端硬碟，以及其他數十種產品。

3. **創新**。有些新創企業會推出令人意想不到的創新，為產品帶來真正新穎的功能、或是讓性能大幅提升。有了這些突破，就能鎖定一些過去服務不周的顧客，進而擴大產品市場的範疇。也有些新創企業是在商業模式方面進行大膽創新，像是 Stitch Fix 就提供前無古人的個人造

型服務訂閱。還有一些公司是在技術方面進行創新，像是索利迪亞科技公司（Solidia Technologies）就是在化工方面有所突破，讓水泥生產過程的碳足跡大減 70％。[2]

4. **垂直整合**。垂直整合是指公司將過去外包給第三方的業務收回內部處理，以此擴大公司業務的範疇。其中，所謂的「向上游整合」（upstream integration）又稱為「向後整合」（backward integration），是和產品開發與製造相關的活動；「向下游整合」（downstream integration）又稱為「向前整合」（forward integration），則是和產品的行銷、銷售與實體配銷有關。舉例來說，蘋果公司所做的向上游整合，就是改為自行設計半導體，而不再依賴英特爾（Intel）等供應商。至於蘋果公司的向下游整合，則是開始透過蘋果直營店販售產品，而不再只是透過百思買（Best Buy）等第三方零售商。

速度與範疇都會對創業者形成挑戰，所有面向都必須做到「剛剛好」。這很像是第 2 章討論過的問題，簡單來說，做得太多或太少，都可能對創業晚期的新創企業造成致命打擊。

資源上的挑戰

創業晚期的新創企業不但得在速度與範疇方面達到平衡，在資源管理上也得面臨巨大挑戰。為了擴大規模，這時期的新

創企業通常得募集到大量的資本，但金融市場的瞬息萬變很有可能造成阻撓。有些時候是整個產業忽然失寵，連體質健全的新創企業也無法得到投資人的青睞。如果新創企業在打算進行下一輪募資、正意圖取得資金積極成長、或是追求最尖端的創新的時候發生這種事，就有可能大受打擊而不幸夭折，這是受時機所害，而不是真的管理不當。

此外，創業者也必須管理好迅速擴張的人力資源，才能安然度過兩次重大的組織過渡時期。第一，新創企業早期的員工可能多半是什麼都能做的通才，可以依據情況要求，靈活的接手各種不同的工作，但此時需要讓一些具備深厚職能專長的專家加入，像是行銷或營運的專家。第二，過去的管理可以靈活行事、不拘小節，但現在必須逐步開始建立正式的架構與系統。企業需要規劃組織架構圖、要有職務說明（job description）、要引入員工績效考核，還要改進預算與計畫流程等。

這些發生在創業晚期的組織過渡階段，就造成更多需要解決的「剛剛好」難題，需要達到更多的平衡。太早雇用專才可能會造成麻煩，但太晚才找人也可能惹出問題。建立正式架構與系統也是如此，時機很重要。不過這些問題很少成為創業晚期新創企業失敗的主因，真正的根本原因幾乎總是在於速度或範疇的目標有問題。然而，各種組織問題有可能會讓情況惡化，於是，在面臨種種市場挑戰需要管理階層全神貫注的時候，他們卻得分心處理其他問題，因而增加失敗的機率。

6S 思考框架

　　創業者如果想評估正在擴大規模的新創企業有多高的成功率，又會碰到什麼問題而導致失敗，可以運用「6S 思考框架」（Six S framework）。[3] 這套框架用一個三角形點出三項與企業內部組織有關的元素：員工（Staff）、組織架構（Structure，包括階層關係與管理系統），以及體現於公司文化當中的共同價值（Shared Values）。

　　這個三角形有一個外接圓，圓與三角形之間的空間則代表企業外部關係的三項元素。其中兩項元素分別是「速度」（新創企業核心業務的擴張步調）和「範疇」（地域範圍、產品線廣度、創新、垂直整合），它們決定新創企業的產品市場策略，也就定義新創企業和顧客、競爭對手與供應商的關係。至於最後一項元素是「X 輪募資」（Series X），代表的是這間新創企業的資金市場策略。創投的各個募資回合是以「輪」（series）來計算，並且從英文字母 A 開始依序排列。所以，「X 輪募資」代表的是要討論新創企業和目前與未來投資人的關係。

　　接下來在本章中，我會一一詳述這些元素，討論每一項元素如何隨著新創企業逐漸成熟而演變。接著還會探討這些元素之間如何互動、互相影響。最後的重點則是要提到，由於新創企業在擴大規模的過程當中會不斷改變道路，如果想讓各項元素協調一致，需要面對怎樣的挑戰。

6S思考框架

速度

　　核心業務的擴張速度應該有多快？這或許是創業晚期新創企業的執行長最重要的一項決定。畢竟，創業者與他們背後的投資人愛死了快速成長。一般來說，快速成長能夠推升公司的市值，人們通常認為公司規模愈大，最後就會賺到愈多利潤。與此同時，公司股票愈值錢，也會讓員工認股權益前景看好，於是更容易吸引優秀的員工。而且對頂尖人才來說，能在快速發展的公司獲取晉升的機會是一大吸引力。

　　如果新創企業的商業模式有成長作為支撐，就能形成良性循環，讓公司能夠更有效吸引顧客、提高價格，或是降低營運

支出。[4] 具體而言，成長可能帶來三大好處：

- 假設這間新創企業的顧客滿意度高，**品牌知名度**（**brand recognition**）應該也就會隨著時間慢慢提升，新顧客對廣告以及現有顧客的口碑推薦也會有更好的反應。這樣一來，招攬顧客的成本就可能下降。

- 如果這間新創企業能夠成功營造**網路效應**（**network effects**），使用者愈多，就愈能吸引更多新的使用者，這同樣能夠降低招攬顧客的成本。此外，網路更大，也就代表顧客可以和更多可能的夥伴互動；當顧客能夠使用更大的網路後，或許成長中的新創企業還能夠提高價格。

- 最後，隨著交易量增加、形成**規模經濟**（**scale economies**），應該也就能讓新創企業降低單位成本，也就是降低生產與完成一筆典型顧客訂單所需的費用。有三種方式可以實現規模經濟：第一，將固定的經常費用，像是工廠經理的薪水，分攤到更多單位上，單位成本就會下降；第二，隨著大量生產獲得經驗，員工的學習曲線就會改善，並且能夠找出提高生產率、降低成本的方法；第三，有一些能夠節省成本的自動化措施，像是在生產線上使用機器人，在過去量產較少時無法負擔，但隨著產量提升，或許在財務上也變得比較可行。

這些都是關於速度的好消息，但速度也會帶來一些壞消息。有四個反向的力量，會給新創企業設下速限，一旦成長速度超過速限，就可能妨害公司賺取長期利潤的潛力。這些反向力量包括：

- **市場飽和**（Saturation）。新創企業針對某個或多個客群量身打造產品，並且經過大力行銷之後，客群中大部分的潛在顧客已經發現、也有機會購買這項產品，於是目標市場就會達到飽和。這時還想要維持成長，就必須吸引到其他客群的買家。然而除非新創企業調整產品，否則就不可能符合其他客群潛在顧客的需求。想說服這些人購買產品，新創企業就得降低價格，或是加大行銷力度，甚至是雙管齊下，但獲利能力也就會降低。而另一種做法則是調整產品，以滿足新客群的需求，但這可能造成風險，引起現有顧客不滿。此外，還有一種做法可以避免市場飽和，也就是另外推出針對新客群需求打造的新產品；我們會在討論「範疇」的時候探討這個選項。大多數創業早期的新創企業距離目標市場飽和都還有很長一段路要走。像是巴魯公司，當時據點所在的各個城市仍然有許多奢華的公寓大樓可能成為簽約對象。但是經過多年超速成長，想要擴大規模的新創企業總有一天可能達到市場飽和。臉書就是一個例子。在美國，先是

多數大學生用了臉書、接著是高中生，最後連成年人多半都用了臉書，在這之後，公司的成長也就愈走愈慢。[5]

• **競爭對手。**像昆西服飾或三角測量公司等還在創業早期的新創企業，通常不會有人模仿。這些公司還太小、沒什麼人注意，而且創業理念也尚未得到驗證。但是來到創業晚期的新創企業就不同了，這些公司此時迅速擴張，常常也就會引來競爭對手。有些對手是其他新創企業來抄襲模仿；也有些對手是「沉睡的巨龍」，也就是一些成熟的老牌企業，因為新創企業踩到他們的地盤，於是讓他們從沉睡中醒來。我們下一章談到線上居家飾品零售商 Fab.com 時，就會談到抄襲模仿的例子。火箭網（Rocket Internet）是一間位於柏林的孵化器，專門鎖定成功的美國新創企業來模仿，而 Fab 就成為他們的目標。競爭太過激烈，就會影響獲利能力。新來的競爭者常常會試著低價搶市，現有業者也必須降價回應以保護市占率。要是雙方必須爭奪同樣的資源，像是 Uber 與 Lyft 必須搶司機，因而使成本被推高。

• **品質與客服問題。**超速成長可能會對新創企業的營運造成壓力，並引發品質問題，特別是公司需要大量員工從事生產與客服工作的時候。公司有可能找不到足夠的員工，也有可能在後續的培訓遇上困難。這一點會在第 8

章討論，並且以線上家具與居家飾品零售商 Dot&Bo 為例說明；當時這間新創企業面對大量訂單而消化不及，也找不到足夠的客服人員來迅速回答顧客對訂單狀況的疑問。

- **士氣與公司文化受到的影響。** 快速成長或許很令人興奮，但要為此把員工連續好幾個月逼到極限，就可能會損害士氣。我們可以回想一下巴魯公司的情形，當時他們面對的需求大增，又雇不到足夠的照護員，於是讓最優秀的溜狗員一天工作 12 小時。此外，員工人數增多也可能破壞新創企業的公司文化，稍後我會在討論「共同價值」時再詳細說明。在創業早期的新創企業中，開業元老員工的士氣常常是來自企業使命的感召、和創辦人並肩作戰的機會，以及一小群人孕育的「人人為我、我為人人」革命情感。相較之下，等到創業晚期，新創企業招進來的大批新員工則比較有可能覺得這「只是一份工作」。

我們在後面的章節會看到，如果成長過快、超過速限，就可能讓處於創業晚期的新創企業陷入困境。

範疇

講到範疇，創業者通常有兩種策略選擇。第一種比較常

見，就是隨著企業逐漸成長，慢慢開始從窄到寬去擴大範疇。

至於第二種，則是一開始就設定雄心勃勃的範疇；這通常是因為他們在創新方面有著遠大的目標，但有時候則是在垂直整合與地域擴張方面有高遠的理想。如果這些冒險最後「就差一筆過橋資金」，不好的結果常常來得很快，讓新創企業在早期就陷入災難，短短一、兩年就無法再得到資金，或是直接倒閉。

但是，在第 9 章我們就會看到，有幾位創業者不但設下雄心勃勃的範疇，還真的吸引到足夠的資源，讓新創企業得以擴大規模長達多年。這些採取「大爆炸」路線的新創企業，常常都是因為創業者的知名度高、領袖魅力過人，能夠張開一個現實扭曲力場，說服投資人與優秀的員工等加入，幫助他們完成那個能夠「改變世界」的願景。Theranos 公司正屬於這樣的狀況。

不論創業者選擇循序漸進或是大爆炸，在企業範疇擴張的四個面向，都會有對應的利弊。

地域範圍。[6] 許多新創企業都想不斷進軍新的地域範圍。像是 Uber 就是先在美國搶下一個又一個城市，接著再到海外上演同樣的劇本。[7] 當投資人想要追求更大的機會，就會向創業者施壓，並要求採取這種策略。但追求擴張地域範圍還有其他原因。如果你已經在某一個市場學到某些訣竅，要再搶下另一個市場自然容易得多，Uber 就是如此。此外，如果其他地區可能出現競爭者，也會刺激企業不斷搶進。一旦競爭對手站

穩腳步，或許新創企業就再也找不到機會搶下那個市場。

　　例如美國二手服飾線上商城的龍頭 thredUP 公司就面臨這樣的壓力。[8] 雖然歐洲晚了美國好幾年才出現類似的創投業者，但是到了 2016 年，那些模仿 thredUP 的公司已經逐漸成了氣候。於是投資人問，歐洲市場的獲利潛力與美國市場不相上下，難道 thredUP 打算拱手讓給這些模仿的業者？ thredUP 的共同創辦人暨執行長詹姆士・萊恩哈特（James Reinhart）考慮了各種選擇，像是併購這些歐洲對手等，最後決定至少在初期階段時，只向歐洲顧客提供有限度的服務。也就是直接從美國出貨，而不是真的在歐洲直接成立據點或併購公司，也不先建立完整的當地行銷或倉儲能力。在萊恩哈特看來，當時 thredUP 在美國還得面對許多挑戰與機會，如果積極擴張、大舉進軍歐洲，會讓管理團隊負擔過重，也可能燒光公司用來應對意外狀況的儲備資金。

　　有些風險可以幫新創企業解套，避開必須擴張地域的壓力。舉例來說，進軍新市場可能成本高昂，而且從巴魯公司的困境就能看到，這可能會把管理團隊逼得太緊。此外，每一個市場都有新的競爭者、新的法規，也各有不同的文化會影響顧客需求。如果創業者沒能發現這些不同並據以調整產品，就有可能麻煩大了。[9] 像是迪士尼最有名的案例是，把樂園開在巴黎郊區後才發現，比起美國人，歐洲人想在園區內待上好幾天的可能性很低，而且他們用餐的時候還想配點紅酒。

產品線廣度。推出更多產品可以成為不錯的成長方式，而且來到創業晚期的新創企業或許也正適合擴展產品線廣度。此時管理者應該已經深刻了解市場需求，或許也看到了自家公司能夠填補的空白。而且，新創企業此時已經打出知名度，行銷新產品時比較能得到消費者的信賴，特別是曾經購買這間新創企業原始產品的消費者。此外，相較於新成立的新創企業，顧客的招攬成本也已經降低。最後，此時的新創企業已經雇有工程師，既能開發新產品，也能透過改變原本某些技術與零件的用途，加快開發的速度。同樣的，或許此時有某些營運上的產能仍然閒置，例如倉庫或客服中心，而團隊就能加以運用、提升營運效率。

雖然提升產品線廣度的好處有目共睹，但風險也不容小覷。任何新產品都可能面臨我們在第一部談過的麻煩，例如市場需求可能不如預期、競爭對手可能會提供更好的「捕鼠器」，或是產品開發可能延遲等。此外，如果因為資源不足，而讓公司內部負責新產品以及原始產品的團隊之間起衝突，也會增加風險。後續討論到「公司架構」的時候，我會再談如何解決這類衝突。

創新。第 2 章曾經提到，處於創業早期的新創企業創辦人如果要問「我們有多創新？」，會有許多權衡妥協必須考量。就算到了創業晚期，這些權衡妥協仍然適用。如果採用激進、突破性的創新，雖然能夠填補某個強大而尚未滿足的顧客需

求，提供卓越而與眾不同的解決方案，但也會有下列幾種風險：一、要花上更多成本，才能從過去的解決方案進行轉換，所以如果需要顧客大幅改變行為，就會形成採用的阻礙；二、如果得先教育顧客才能讓他們了解這項創新的產品，就需要增加行銷支出；三、要是這項創新需要在科學或工程上產生重大突破，就更有可能在產品開發過程出現延誤。

　　創新的壓力常常來自於一項簡單的事實：產品會變老，而且是快速變老，尤其在科技市場更是如此，舊產品總有一天得退下陣來，或是由下一代產品取代。當新創企業進入創業晚期，創業者就會面臨棘手的選擇：什麼時候應該放棄小幅改進，直接跳一大步進入下一代？ [10] 以現有產品為基礎的創新，雖然也得投入資金來打造，但它能帶來的獲利會隨著時間慢慢減少。原因之一在於，產品生命週期中後期才加入的功能通常對顧客的價值並不高。基本上，最重要的產品功能應該多半打從一開始就已經存在，後來增加的功能都只是錦上添花。另一個原因則在於，隨著產品成熟，每一項新功能都得確保在技術上和過去所有功能兼容，於是更加難以設計打造，不但得耗上更多時間，也得投入更高的成本。當現有功能愈多，新創企業就得花費更多時間，才能判斷新功能會不會拖累過去的功能。

　　而到了某個時間點之後，創新能帶來的獲利將成為負值，這就是應該考慮砍掉重練的時候了。然而，要把現有產品完全淘汰、替換成下一代產品時，創業者常常會誤判時機以及處理

方式，特別是在第一次做這件事、沒有經驗輔助的時候。要是等太久才推出下一代產品，可能會有一大群顧客跳槽去使用其他業者最先進的產品。而且，如果新創企業團隊想在下一代產品加入太多創新元素，不只得在程式設計上投入大筆資金，另一方面也得承擔開發延誤的風險。

垂直整合。新創企業擴大規模之後，就能考慮把以前外包給第三方的部分工作收回內部處理。還在創業早期的新創企業，常常是因為缺乏資金、專業知識與銷售量，所以得把一些工作外包。像是當初昆西服飾只募到種子輪資金，絕不可能自己蓋一座服飾製造工廠。但是，如果昆西真的達成 5,000 萬美元這樣充足的年銷售額，或許自己蓋一座工廠也並非不可能。

就本質而言，光是完成垂直整合，並不會直接讓新創企業的市場擴張。垂直整合通常是為了達成下列目的：一、把過去被第三方賺走的差價拿回來自己賺，以提高淨利率；二、確保業務上必須完成的某些工作，可以達到更高、更穩定的品質，避免合作夥伴不夠可靠或不夠投入的問題。

垂直整合可能有風險，原因在於需要投入大筆資金，也需要開發新的技能，而這兩者都會推高新創企業的固定成本；要是營收成長由紅翻黑，就會造成問題。話雖如此，但一般來說，垂直整合仍然是擴大範疇的幾種方法當中比較安全的一種。不過，只有一種例外：當新創企業的創辦人想採用「大爆炸」的起跑模式，而且他不只雄心勃勃、各項要求極其嚴格，

還希望從一開始就把所有工作攬在公司內部處理。我們在第 9
章就會看到這種案例，樂土公司的創辦人暨執行長夏伊・阿格
西（Shai Agassi）要求，各式各樣的技術都要交由公司內部一
手包辦，但其中某些技術如電動車充電站，其實應該可以外包
給第三方。

　　如果是一般比較常見的情況，也就是新創企業逐漸進入創
業晚期、慢慢擴張範疇，也將原本外包給第三方供應商的工作
透過垂直整合而收回。在這種情況下，管理階層應該充分掌握
各種關於數量、成本、投資額的資訊，用來判斷是要「自製或
是採購」（build vs. buy）。只要好好計算這些數字，應該就能
做出正確的決定。我們在下一章就會看到，線上零售商 Fab.
com 靠著收購歐洲的家具製造商達成向上游的垂直整合，並以
此推出自有品牌商品而獲利。關於收購其他新創企業而提升速
度或擴張範疇的相關利弊，請參見短文〈以收購來擴大規模〉。

以收購來擴大規模

　　新創企業來到創業晚期，想追求「速度」或「範疇」
的目標時，可以考慮收購其他新創企業。靠著直接和
競爭對手合併，就能加速核心業務成長、消除競爭威
脅；像是東南亞的共乘服務龍頭 Grab 就收購 Uber 在

這個區域的業務。來到創業晚期的新創企業也可以透過合併來擴大範疇，方法包括：一、進入新地域的市場，像是 Uber 收購在中東的共乘服務龍頭 Careem；二、讓產品陣容更加龐大，像是 Google 買下 YouTube；三、垂直整合，像是 eBay 收購 PayPal。

如果是成熟的企業，管理學家發現合併帶來的平均經濟收益其實是負值，因為買方常常會高估合併能帶來的綜效，於是付出過高的價格。[11] 想讓合併有好的結果，通常必須是公司對合併的經驗豐富，已經很熟悉如何進行盡職調查、如何和收購的對象完成整合。而大多數的新創企業都是收購遊戲中的菜鳥，不太可能有相關經驗，也就很有可能難以駕馭這項操作。

雖然收購造成的「平均」收益是負值，但這也代表仍然可能有大量、成功的收購案例存在。例如現今已是科技龍頭的某些公司，當初是正在擴大規模的新創企業，儘管遭到各方質疑是不是買貴了，卻依然做到了業，儘管遭到各方質疑是不是買貴了，卻依然做出精彩的收購決策，像是 Google 買下 YouTube、eBay 買下 PayPal、臉書買下 Instagram。

相較於「一切自己來」的做法，透過收購來擴大規模的主要優勢在於：一、節省時間，這在一些變化快速的市場中特別重要；二、如果能夠裁去一些重複

的部門，像是法律團隊、業務團隊等，便可節省成本；三、避免一些創業早期新創企業常見的風險，例如機會辨識（opportunity identification）與資源取得（resource assembly）等。

　　然而，收購也會對於正在擴大規模的新創企業帶來三大風險：一、出價過高；二、人才流失；三、合併後整合不利，對組織與管理造成破壞。想避免人才流失，收購方可以試著從簽訂新合約下手來留住員工，像是協商將合併所獲得的股權收益保留一段時間內（例如 18 個月內），並在這段時間內分批發放。然而，光是留住員工的人，並不能保證能留住員工的心。

　　整合還會碰上三種形式的風險：

- **技術不相容**。如果兩間合併企業的產品各自使用不同的技術基礎，像是一間用 C++ 來寫程式、另一間則用 Java，工程團隊就麻煩了。他們究竟是要重寫其中一套產品的程式，好讓大家都用相同的技術，還是保持現狀就好？如果有共同的技術基礎，在推出新功能的時候就能節省成本，但前期的轉換有可能十分複雜。而同樣的問題也會出現在用來追蹤訂單、庫存、簿記、薪酬等資訊的系統上。

- **組織設計**。至於在收購之後究竟誰該聽命於誰，
  也會成為管理者的一大難題，而且其中常常牽扯
  到許多政治因素。舉例來說，如果一間美國的線
  上零售商收購了一間西班牙的同業，在這之後，
  西班牙的行銷主管應該向西班牙的總經理負責、
  還是應該向美國的行銷長負責？或者兩者皆是？
- **文化契合度**。要是兩間公司的企業文化不同，整合
  之後就可能不斷出現爭執，對於做事的方法產生歧
  見。而且，如果被收購公司的員工覺得自己得被迫
  接受新的企業文化，或是感覺被視為異端，士氣都
  會受到影響。

X 輪募資

創業晚期新創企業的主要募資決策，其實和第 2 章提到創
業早期新創企業面臨的困難並無不同，募資的時機、金額與對
象同樣很重要。但是，除了這些基本問題，隨著企業漸漸成
熟，創業晚期的新創企業還要注意一些其他相關風險。

追求成長的壓力。在第一部中，我們談過創投業者常常向
創業者施壓，要求更積極追求成長，原因在於創投的商業模式
不同，他們需要由極小部分的投資帶來極大的獲利，才能彌補
絕大部分投資的獲利都差強人意甚至虧損的情形。而對於創業

晚期的新創企業來說，投資人要求成長的壓力可能格外沉重，因為創投業者都想投資那些看來大有可為的企業，於是積極競標而推升股價，甚至出現出價超出合理價格的狀況。這種現象又稱為「贏家的詛咒」（winner's curse），因為最後的得標者出價往往已經超過拍賣品的真實價值。[12] 這可能發生在下列兩種情況當中：一、物品的真實價值有很大的不確定性，讓各方投資人估價出現大幅落差；二、拍賣時成功炒熱氣氛，引發大家的「動物本能」、使競爭更激烈。

如果某間創業晚期的新創企業正在迅速擴大規模，各個創投業者為了競逐投資資格，就有可能出現這種贏家的詛咒。一間新創企業究竟有多少價值，這當中存在很高的不確定性，而且請相信我，典型的創業投資過程中摻雜很多的動物本能。像這種眾人爭搶的問題在於，最後成功得標的創投業者會對獲利設下極高的標準，於是更大力向新創企業施壓、要求迅速成長。

創投業者佛雷德・威爾森（Fred Wilson）就估計，在他所熟知的創業失敗案例當中，大約有三分之二的失敗是由於有過多資金投向某項看來大有可為、但其實仍有問題尚未解決的創業理念。[13] 他也說：「應該對這種失敗負責的人，就是這些公司的投資人與像我這樣的董事會成員……大多數得到創投資金的公司之所以失敗，是因為這筆資金就是為了擴張規模，但企業根本還沒找出正確的業務計畫。」

折價募資。第 2 章曾提過新創企業可能面臨「折價募資」的風險，也就是股價在新一輪募資時還低於前一輪募資投資人所出的價格。沒有人樂見折價募資，因為這會讓人覺得這間公司情況不妙，而員工不論是覺得難以再從股權報酬大賺一筆，又或者只是不想在船沉的時候還待在船上，都有可能讓公司更難留住或吸引優秀的員工。

前文也曾提過，創投業者有時候會發狂似的競標，也就是在某些具備強大成長吸引力（traction）的新創企業募資時，投資人想以天價入股。不過，這些新創企業在實際接受這樣的天價之前，還是應該謹慎評估自己能否維持那股炒高價格的動能。要拒絕超高報價儘管實在不容易，但要是未來成長無法繼續、導致引發折價募資，就有可能加速這間新創企業的滅亡。正如佛雷德・威爾森所言：「就算投資人願意向你與你的公司投注巨資，也不代表接受投資就是個聰明的選擇。」[14]

資金風險。[15] 在第 8 章，我們會看到有時候整個產業忽然不再受到投資人青睞。這種時候，就連體質健全的企業也有可能在幾個月、甚至幾年內無法募到資金。因此，創業晚期的新創企業在大舉擴張之前，還是應該制定應變計畫，以因應資金短缺的緊急狀況。是否應該保留一些預備資金呢？如果有必要，能不能迅速削減支出，單靠企業內部產生的現金流存活下去？

執行長交棒問題。[16] 在創業早期的新創企業裡，通常是由創辦人掌握多數董事會席次。而當新的創投公司主導另一輪募

資之後，通常就會順理成章進入董事會。經過幾輪募資，董事會將不斷擴大，由投資人掌握的席次也就超越創辦人所掌握的席次；於是，一旦創辦人做得不好，投資人就能合力把他換掉。如果新創企業擴張的速度愈快，就愈需要資金，也會讓這種情形發展得更為迅速。創辦人如果想保住執行長的位子，並且讓董事會的規模維持得夠小，以便在策略上保有決定權，就應該先想清楚，別急著透過一輪又一輪迅速募資取得大量資金。只不過，這種做法除了會讓成長比較緩慢，也無法得到運作良好的大型董事會能夠提供的指導與人脈。

董事會的優先考量。[17] 經過一輪又一輪募資而加入的新投資人，還會給創業者帶來另一個問題。最新一輪提供資金的投資人在優先事項的考量上，很有可能和先前的投資人想法不同。對於後期才加入的投資人來說，想得到豐厚的報酬，就必須讓這間新創企業持續積極擴張。而假設這間公司在核心市場已經達到飽和，或許就必須進軍國際市場、或是推出新產品；但前文已經提過，這樣的做法會是一種冒險的嘗試。相較之下，對於早期加入的投資人而言，當時取得的股權價格低得多，就算這間公司只是繼續維持現在的路線，也應該能夠獲取漂亮的報酬，根本不用冒險擴充產品線或是揮軍海外。所以，如果是早期投資的董事，對積極擴張的計畫或許就不如近期投資的董事來得熱衷。在這種時候，執行長的挑戰就是得避免董事會在策略上僵持不下。

員工

在 6S 框架中，前三個 S 談的是新創企業與外部的關係，其中包括新創企業和顧客、競爭對手與供應商互動時呈現的「速度」與「範疇」，以及和投資人之間的募資關係「X 輪募資」。而後面的三個 S 談的則是內部組織，也就是新創企業的「員工」、確立隸屬關係與管理流程的「架構」，以及公司內的「共同價值」。[18] 隨著新創企業逐漸成熟，員工、結構與共同價值都會出現重大轉變。至於轉變的速度與本質，主要是根據新創企業在速度與範疇方面的策略而定。就算後面三個關於組織內部的 S 出了差錯，問題通常不會像前三個 S（速度、範疇、X 輪募資）出錯時那麼致命。但是，這些和組織相關的問題卻可能讓管理階層難以專注，也就比較難在市場與財務上維持好的表現。

從通才到專才。隨著新創企業逐漸擴大規模，員工的組成也大幅改變，早期的領導者會慢慢離職，另外新加入一些專才員工。公司最早只有一小群通才員工，他們能視情況需求轉換各種身分。但是，此時就該交棒給人數眾多的專才員工，讓他們能夠在程式設計、行銷與其他營運功能方面為公司提升效率。舉例來說，新創企業現在可能會請來一些學有專精的人組成團隊，負責數位廣告活動、售後技術支援，以及產品的品管監控。

新創企業擴大規模後，公司總部也會出現對專才員工的需

求，像是在財務領域控制支出，在人資領域處理招聘流程、升職審查、薪酬福利，以及員工培訓。

管理階層交棒。隨著專才員工增加，可能會逐漸顯露出原本的管理團隊不再具備成功領導相關部門所需的知識與技能，或許連創辦人與執行長都不適任。安霍創投（Andreessen Horowitz）的共同創辦人本・霍羅維茲（Ben Horowitz）就說：「規模化的管理是一種需要學習的技能，而不是與生俱來的能力。沒有人天生就知道怎麼率領一支千人的團隊。」[19] 有些時候，資深團隊成員得帶領一群專才，但自己卻不見得有足夠的相關經驗，不完全了解在相關領域應該如何選才與管理。舉例來說，如果行銷主管從來沒有處理過數位廣告支出事務，卻要率領行銷團隊在臉書與 Google 投下數百萬美元的行銷費用，此時這位主管可能並不適任。

更廣泛說來，就算創業者十分擅長帶領企業走過創業早期，但等到企業規模擴大，需要正式確立組織架構、管理系統與溝通流程，就可能力有未逮。舉例來說，創業早期新創企業的創業者常常是用直覺來快速下判斷，好讓手中這個年輕的公司反應靈活。畢竟此時連經營的歷史都還不長，沒有相關資料數據，哪能進行仔細的量化分析？但是等到創業晚期，已經有相關資料數據，這時候依然只憑著直覺來下決策，錯誤的代價就可能十分慘重。

因為以上原因，隨著企業邁向成熟，管理階層交棒的情況

十分普遍。根據創投業者佛雷德・威爾森的估計，一般來說，新創企業從成立到取得相當規模的過程中，管理團隊會歷經三次換手。[20] 威爾森強調，團隊交棒和因為表現不佳而遭到解雇的狀況不同。但是如果原先的高階主管已經無法應付職務上的新需求，要為他們找到新職位可能並不容易，然而如果直接開鍘，對於那些從一開始就一路走過來的員工也可能造成士氣打擊；特別是有些時候，這些主管代表著這間公司的使命與價值觀。威爾森指出，如果創業者過去曾有過創業經驗，已經見過這些模式，自然更懂得如何處理管理階層交棒的事宜。他也建議創業者，在雇用新人時就誠實以對，讓他們知道「不一定能在公司待到最後，但肯定會得到漂亮的股權報酬」。

當然，關於管理階層的交棒，探討如何處理離職者還只說了一半，另一半則是該怎樣找到替代的人員。我們會在第 8 章看到類似於「神點子，豬隊友」的情況；已經進入創業晚期的新創企業 Dot&Bo 就是一直找不到營運副總，導致訂單消化不及、運輸成本居高不下的問題惡化。這種「缺少負責人」的問題如果發生在業務必要的職能上，例如 Dot&Bo 的問題就發生在營運上，情況就會顯得更為嚴峻。同樣的，針對某些業務所必要的職能，如果執行長經驗有限，不知道怎麼訂定遴選標準，也缺少能夠找到相關人才的專業人脈，選錯人的機會自然大大升高。

執行長交棒問題。有些創業晚期新創企業的創辦人／執行

長，有著史蒂夫‧布蘭克所說的「彼得潘症候群」(Peter Pan
Syndrome)，他們就是不想長大。[21] 這些創辦人就是喜歡創業
早期那種節奏雜沓、崇尚戰友情誼、一切亂中求序的狀態，於
是他們總把精力放在各種需要從零開始的新方案，想要重現那
種創業早期的活力；然而，這時團隊應該把重點放在全力改進
與擴展現有業務。

　　創投業者約翰‧漢姆(John Hamm)建議，創業者應該向
董事或職場導師請教，設法克服那些在創業早期有利、但在擴
大規模時不利的習慣。[22] 在漢姆看來，這種壞習慣包括：一、
當某些領導職務已經改變，而現任同事不再勝任的時候，卻仍
然力保這位同事；二、不斷強調要完成當日所有「待辦清單」，
因而犧牲策略思考；三、自己埋頭工作，不和管理團隊或組織
內外的其他夥伴合作，擅長產品開發的創辦人特別容易出現這
種問題。

　　說到創辦人帶領公司擴大規模、走向成功，大家隨便就能
舉出好幾個例子，像是比爾‧蓋茲、傑夫‧貝佐斯(Jeff
Bezos)、馬克‧祖克伯(Mark Zuckerberg)，以及伊隆‧馬斯
克。然而，這些人是例外，不是常態。就算請來教練指導，多
數創辦人／執行長仍然難以培養出相關技能，無力領導已經變
得更大、更複雜的新創企業。耶瑟瓦大學的諾姆‧華瑟曼根據
研究指出，新創企業完成 D 輪募資的時候，已經有 61％的創
辦人不再擔任執行長一職，其中又有將近四分之三是由公司董

事會推動交棒，其他則是創辦人自己意識到應該換人了。在交出執行長位置的人當中，不論他們是否自願退位，大約有三分之一離開公司，其他人則是轉為擔任其他管理職。[23]

我們在先前廣受注目的 Uber 以及 WeWork 的案例可以看到，一旦由董事會發動將創辦人／執行長趕下台，就可能讓企業掀起一場腥風血雨並造成分裂，眾人各據山頭、彼此惡言謾罵。接下來的各種戲劇場景也讓高階管理階層疲於應付、決策陷入癱瘓，導致對手有機可趁。然而，如果真的要評估換掉某位創辦人／執行長會有怎樣的成效，其實很難有明確的因果結論。一方面，公司如果表現不佳（原因），就更可能覺得必須有新的領導者（結果）；但在另一方面，替換執行長所造成的組織紛擾（原因），也可能影響公司績效（結果）。

架構

新創企業在草創時期可能只有一間小辦公室，十幾個員工就這樣肩併著肩，用不上什麼正式溝通決策過程，甚至只需要一個 Slack 團隊溝通平台，也能展現良好的效率。但到了創業晚期就不是這樣了，隨著新創企業逐漸成熟，必須正式確立各種隸屬關係，並引進管理系統，才能確保：一、資訊流向需要的地方；二、讓更複雜多元的活動互相協調；以及，三、快速有效的解決跨部門衝突。

對於正在擴大規模的新創企業，一項關鍵決策就在於何時

要引進正式的組織架構與管理系統。大多數創業者都痛恨科層體制（bureaucracy），所以對這件事總是一拖再拖。這樣做不一定是件壞事，特別是創業者如果太早動作，引進的架構與系統可能反而並不適合公司下一階段的成長。

正式訂定隸屬關係。隨著新創企業擴大規模，員工愈來愈多，領導者必然需要正式確立組織的架構形式，而且通常都是按部就班進行。各個職能單位（functional unit）中會增加中階主管的位子，因為第一線專職人員需要由主管告訴他們該做什麼，而高階主管也希望各個職能單位可以有人對結果負責，並且成為由上而下傳遞指令、由下到上呈報資訊的管道。

人們常常會認為，新創企業的員工都很抗拒正式的管理架構，但情況並不一定是這樣。已故的比爾·坎貝爾曾經擔任矽谷高階主管，也是許多科技業執行長的教練，經驗豐富的他就說：「具備專業技術的創辦人常常覺得工程師不喜歡被管，但這不是事實。我就曾經挑戰過一位創辦人，要他實際走出去問公司裡的工程師想不想要有個經理。他沒想到所有人的回答都是：『想啊，我們想要有人可以教教我們東西，也能負責打破僵局。』」[24]

「打破僵局」這件事不只在各部門內部很重要，跨部門溝通的時候也很重要。新創企業開始設置專責部門後，由於各部門的優先要務不同，必然會出現跨部門的衝突。舉例來說，銷售團隊聽到顧客的要求，就會希望增加新功能、提供客製化產

品。但與此同時，製造部門卻會認為應該追求產品標準化，才能達到規模經濟、提升品質。創業者如果是第一次碰上這種利害關係的拉扯，很有可能一時不知道如何解決。所以，想要處理跨部門衝突，常常得從組織設計下手。舉例來說：

- 增設「產品經理」一職，由他負責決定產品的功能以及未來新增功能的「路線圖」。產品經理除了要直接了解顧客的想法，也要直接取得工程、行銷、客服等單位同事的意見。[25]
- 增設「營運長」一職，統管所有營運部門，包括工程、產品管理、行銷、業務、製造與顧客支援，但不包括財務或人資部門。要是這些營運部門之間有爭議無法解決，就由營運長下決策。[26]
- 成立「利潤中心」（profit center），在每一個利潤中心安排一位「總經理」掌握各個關鍵部門，像是產品開發、行銷、營運等；前提是這間新創企業的範疇已經擴大到包括多個產品線或地域範圍。

引進管理系統。[27] 新創企業逐漸擴大規模的時候，除了正式訂定隸屬關係，同時也要引進各種管理系統與流程，以協助各項策略與營運計畫、財務預算、績效追蹤、員工招聘與發展，以及其他活動等。如果忽略這項需求，或是引進的流程不

恰當，就有可能錯過交期，難以控制成本與品質，或是將心力
浪費在可以自動化處理的重複人工作業上。

　　管理系統或許說來單調無趣，而且事實上，儘管缺少管理
系統或是系統中有缺失，也不會是導致創業晚期的新創企業滅
亡的主因。然而，有些系統就是比較重要，像是如果維持業務
的關鍵系統出了問題，就可能連帶使其他問題惡化，增加失敗
的機率。我們在第 8 章將會看到，由於 Dot&Bo 用來追蹤訂單
與庫存的系統功能不夠強大，嚴重影響送貨時程，於是導致客
訴。為了解決這些問題，Dot&Bo 的利潤遭到侵蝕，結果消耗
資金的速度高於預期。

共同價值

　　在創投業者本・霍羅維茲的定義中，企業文化指的就是當
老闆不在的時候，員工會如何下決定。[28] 如果公司的企業文化
夠強大，員工遇上平常沒遇過的問題，也能「自然而然」知道
該如何處理。像是如果有某位 VIP 顧客要求加快處理他的訂
單，但這樣做會拖延到其他顧客的訂單的時候，員工不用請示
主管，也能知道是否要照辦。

　　新創企業迅速擴大規模的時候，會有大批新員工加入，也
就難以維持強大而一致的企業文化。畢竟新員工在公司的時間
還不足以讓他們受到公司價值觀的薰陶，而少了這份文化協助
他們「自然而然」知道該怎麼做，面對問題或機會時也就有可

能手足無措。此外，創業早期的團隊成員常常對公司的使命充滿熱情，但相較之下，新員工可能覺得這「只是一份工作」，而不會有強烈的責任感。企業主管教練傑瑞·科隆納（Jerry Colonna）曾說：「某些公司的文化就像是磨石機……你把充滿灰塵、骯髒、稜稜角角的原石放進磨石機，經過幾小時，就會得到閃閃發亮的寶石。石頭相互碰撞砥礪，就能帶來正面的改變。但問題是，並不是每個人都喜歡待在磨石機裡。」[29]

　　新創企業擴大規模時，公司文化可能出現兩種斷裂。第一種是「老鳥對菜鳥」的衝突，有時候早期團隊成員看到後進的專才人員權力愈來愈大，或是覺得新員工不夠主動、不夠投入，因此心生埋怨；[30] 也有時候是新員工看著早期員工坐擁大筆認股權，大感眼紅，他們可能會想：「隔壁那個工程師做的事跟我一模一樣，但他卻可以賺到 500 萬美元。」。第二種斷裂則是隨著各個部門加入專才人員、規模擴大，可能會發展出自己的次文化。相較於整個企業的文化，這些員工可能更認同自己所屬的行銷或倉儲營運等部門的文化。

　　在這些情況下，領導團隊該怎樣在新創企業擴大規模時維持強大的企業文化？這是個大哉問，而且很多書籍與部落格文章中都有更詳盡的指引。我在這裡簡單總結，想維繫強大的企業文化，可以採取下列方式：

・**使命宣言與價值主張**。多數新創企業都會訂定使命宣言

以及各種價值主張，像 Google 的使命就是「匯整全球資訊，供大眾使用，使人人受惠」，而價值主張則包括「不作惡」以及「寧快不慢」。至於各種宣言與主張究竟哪些是真的有意義、哪些又是陳腔濫調，取決於企業如何制定、傳達、強化這些宣言與主張。許多新創企業會讓整個工作團隊共同參與，制定出公司的使命宣言與價值主張，並張貼到每個會議室裡。

- **溝通**。創業者如果想打造出強大的公司文化，就會不斷試著傳達企業的使命與價值觀，像是在每次全體會議上提醒員工企業的使命，也會特別講到哪些人如何展現出企業的價值觀。

- **營運決策**。請注意，光說不練是行不通的。企業是不是心口不一，在員工的雷達掃描下根本無所遁形。所以，如果想強化企業的價值觀，最好的辦法就是付諸行動。資深高階主管應該身體力行，在策略與人事上的決策都必須符合企業價值觀，並思考「這麼做是否邪惡？」。

- **人資實務**。透過各種人力資源實務工作，也能加強企業文化。例如在招聘員工的時候，將文化契合度明確列為考量條件。員工的到職訓練也可以用幾堂課來介紹新創企業的歷史、使命與價值觀，而且最好是由資深主管擔任講師。另外，如果有些員工工作表現良好、但大家都知道他無視或違反公司價值觀，當他們遭到解雇，就會

是一種極有力的訊號。

• **檢測評量**。最好的做法就是定期調查員工，確認他們是否理解企業的使命、也有動力體現企業的價值觀。

就算有了強大的企業文化，也不能保證就會成功，新創企業還需要有出色的產品、完善的策略、準確的執行。然而，在一個變化萬千且瞬息萬變的環境裡，如果員工有能力、也有意願主動出擊，就能加速制定決策，也能節省管理所需的時間。此外，強大的公司文化通常也有助於吸引頂尖的人才。

然而，雖然強大的公司文化通常是新創企業的重要資產，卻有可能在準備擴張範疇的時候成為阻礙。Dropbox 就是個很好的例子。這間公司在成立後多年間，都維持由工程主導公司的企業文化，不只產品可說是技術上的奇蹟，團隊致力於挑戰打造最先進的網路基礎架構，也讓許多頂尖的軟體開發人員趨之若鶩。[31]Dropbox 的企業文化把高超的工程技術視為珍寶，其他業務部門只能居於次要地位，規模不及其他軟體公司。舉例來說，Dropbox 在幾乎沒有行銷宣傳的狀況下成長迅速，而且靠著口碑推薦、用戶協作與分享檔案就能引發強大的網路效應。同樣的，因為產品的設計實在出色，用戶很少遇到問題，自然幾乎不需要人力來提供客戶支援服務。

但是，當管理階層要討論是否針對大型企業推出企業版的 Dropbox 時，就浮現出一些企業文化上的顧慮。如果要推出企

業版，就需要有對應的業務團隊，但這對 Dropbox 來說是完全不同的新領域。業務員多半外向、引人注目，他們跟優秀的軟體工程師可以說剛好是兩個極端。工程師討厭無意義的閒聊，喜歡戴上降噪耳機在自己的世界裡盡情寫程式。最後，Dropbox 的管理階層做出明智的選擇，用足夠的時間思考如何因應推出企業版可能對企業文化造成的影響，但也成功抓住商機。

擴大規模的兩種路線

前文討論 6S 思考框架的時候，我們可以看到各項元素常常會互相作用、相互影響。而我分析過新創企業擴大規模的情形後發現，這些相互作用會受到不同的刺激，大致引導出兩種可預測的路線。第一種路線追求的是速度，也就是要加速核心業務的成長。至於第二種路線則是要追求遠大的範疇。我們將在後面章節看到，這兩種路線會分別帶來不同的風險、面臨不同的失敗模式。

擴大規模以追求「速度」

如果新創企業擴大規模是為了追求速度，第一步會推動快速的早期成長，接著就會依序經歷下列幾個階段。

1. 速度↑→ X 輪募資↑：熱情的早期採用者推動新創企

業快速成長，吸引投資人前來。

2. **X 輪募資↑→速度↑**：新創企業取得資本，推動更多成長；但新投資人付出高價取得股權，於是也不斷施加極大的成長壓力。

3. **速度↑→員工↑→架構↑**：為了應對成長，企業開始雇用行銷、營運與其他職能的專才人員。有了專才人員，就需要中階主管監督工作，因此新創企業開始出現階層架構，各項職務角色也隨之確立。另外，有了專才人員就需要引進管理系統，方便協調工作、提高效率與效能。產品經理、營運長等各項管理職與管理流程逐漸增加，以便進行跨部門協調。

4. **速度↑＋員工↑＋架構↑→共享價值↓**：成長的步調令人振奮，但也使人勞累，還可能對士氣造成打擊。隨著各個部門擴張，開始出現各自的次文化，跨部門衝突愈演愈烈。而且，當員工人數增加，也會出現「老鳥對菜鳥」的衝突。由於新創企業不再需要通才型的員工，當代表公司最初願景的某些早期團隊成員離開或是被降職，就可能使企業文化解體。

5. **速度↓→範疇↑**：如果市場已經飽和或競爭壓力太大而使得成長趨緩，新創企業或許會試著透過擴大範疇來維持成長，像是進軍國際市場、推出新產品，又或是推出大幅創新的下一代產品，以此重塑核心業務。同樣的，

　　如果競爭壓力或超速成長造成營運出問題、損及獲利，
新創企業可能會試著進行垂直整合，把以往外包的業務
收回內部處理以提高利潤。
6. **範疇↑→員工↑→架構↑**：在範疇擴大之後，新創企業
　　就必須額外徵才以招募專才人員，並調整組織架構。

　　看到創業晚期的新創企業需要經歷這麼多轉折，就不難理
解為什麼許多新創企業的下場依然是壯志未酬。不過，在「擴
大規模以追求速度」的這條險路上，仍然有一些企業成功抵達
終點，成為獲利豐厚的產業領導者，像是 Google、亞馬遜、
Salesforce、臉書、Spanx、LinkedIn、Zappos、Dropbox 以及
Netflix 都是成功的例子。但是，也有些新創企業就是在其中
一個或好幾個轉換階段犯錯或運氣不好，最後只能失敗收場。
在接下來的兩個章節中，我們會分別透過下列兩個主題來談談
這些例子。一、「速度陷阱」的失敗模式：由於早期採用者充
滿熱情，推動爆炸性的早期成長，但是產品到了主流市場卻無
法維持同樣的成長與獲利；二、「缺少援助」的失敗模式：面
對強大的主流市場需求，企業卻無法取得用來回應需求所需的
資源。

擴大規模以追求「範疇」

　　如果擴大規模是為了追求「範疇」，第一步就是要有個

大膽、創新的願景。願景能夠吸引投資人，讓他們提供足夠的資金來支應長期的產品開發工作。從這個角度來看，此時新創企業的組織轉變有許多方面與追求「速度」的公司十分類似。

1. **範疇↑→X輪募資↑**：大膽創新的願景能吸引到投資人，讓他們願意提供資金，支援長期的開發過程。
2. **範疇↑→員工↑→架構↑**：為了開發產品，新創企業必須雇用新的工程師與其他專才人員，也需要有中階主管監督他們的工作。
3. **範疇↑＋員工↑＋架構↑→共同價值↓**：產品開發期限的壓力如影隨形，很有可能使士氣受到影響。隨著各個部門擴張，開始出現各自的次文化，跨部門衝突愈演愈烈。隨著員工人數增加，「老鳥對菜鳥」的衝突浮現，而與此同時，早期團隊成員離開公司，新員工對企業使命缺乏認同，企業文化也逐漸解體。
4. **範疇↑→範疇↑**：如果想提升員工士氣、證明創業理念在技術上可行，而且或許還能得到一些現金來支應漫長的核心產品開發過程，一種辦法就是先推出一項「大本營」（base camp）產品，也就是說，運用新創企業正在開發的某些、但不是全部技術與功能，打造出一項附屬產品。這樣一來，原本就已經十分遠大的範疇還可能變

得更大。關於「大本營」的做法與案例，請參見短文〈大本營方案〉。

5. **範疇↑→速度↑→X 輪募資↑**：推出核心產品後，追求範疇的新創企業就必須推動顧客快速成長，因為他們的商業模式必須要有夠大的客群，才能催動網路效應，或是說服合作夥伴投入資源。然而，顧客成長快速，也就需要再次注入新的資金。

6. **速度↑→員工↑→結構↑**：新創企業必須再次增聘專才人員、調整組織架構，才能應付迅速擴大客群的目標。

請注意這兩種擴大規模的路線最後會如何交會。一開始追求速度的新創企業，最後範疇也會擴大；一開始致力追求遠大範疇的新創企業，最後也必須追求更高的速度。

雖然前文提到以速度主導規模擴張的路線充滿了危險，但是追求範疇的路線也同樣布滿荊棘。我們在第 9 章就會看到，要擴大規模以追求範疇的時候，創業晚期的新創企業一步都不能踏錯，不然很容易落入「必須一再創造奇蹟」的失敗模式。

✦ 大本營方案

　　如果公司做的是「硬科技」（tough tech），也就是產品開發時需要大量最先進科技與程式設計，創業者常常會考慮在主要產品真正上場之前，先推出一套精簡版本的附屬產品，嘗試應用還在開發中的技術。柯斯拉投資公司（Khosla Ventures）的薩米爾‧考爾（Samir Kaul）等人，將這些附屬產品比喻為一個「大本營」；當登山者走到旅程最後一段，就是先在大本營稍事休息、清點裝備，並適應高海拔低氧的環境，最後才出發攻頂。[32] 採用大本營方案的案例包括：

- 第 4 章討論過的金里特汽車，主要產品是採用陀螺儀穩定車身、全封閉座艙的 C-1 兩輪電動車，但這間公司同時打造一款低成本、可折疊的電動機車，可以用來運送大型貨物包裹，很適合印度等開發中國家。[33] 創辦人丹尼‧金認為，製造這種低階版的電動機車簡單得多，一方面能讓公司得到生產製造上的寶貴經驗，另一方面也能將賺得的利潤再投入 C-1 電動車的開發。

- 另一個例子是元太科技，主要業務是用在亞馬遜 Kindle 與類似設備上的電子紙技術。[34] 公司為了

測試早期的電子墨水技術，曾經試著進軍百貨公司，提供大型電子紙廣告看板。這些看板可以透過無線網路更新，進而減少百貨公司的人力成本。

採用大本營方案，在推出主要產品前稍事休息，不但能獲取經驗、創造現金流，或許也能讓企業有機會：一、逐步改進技術，以元太科技為例，百貨公司看板需要的解析度就不像手持裝置螢幕的需求那麼高；二、提前激勵團隊士氣，否則他們可能要在多年後才能看到努力的成果化為主要產品。

大本營方案的潛在缺點在於，要推出並經營附屬產品有可能比想像中困難得多，反而導致管理失焦、徒耗現金。元太科技團隊就是因此得到慘痛的教訓。當初他們一直難以讓百貨公司看板正常運作，原本計畫透過傳呼網路更新看板，但是訊號無法穿透許多百貨公司屋頂慣用的銅板建材。新創企業如果想避免受困在大本營，一種方法就是將相關技術授權給其他公司，這樣自家公司就能投入100％的心力，讓大本營方案的商機轉化為能夠實際獲利的業務。

07
速度陷阱

擴大規模的時候，速度多快才叫作太快？傑森・戈德堡（Jason Goldberg）對這個問題深有體悟，因為他創立兩間新創企業，結果卻大不相同。第一間公司的業務是協助招聘人員處理員工推薦事宜，但公司太早擴張，結果投資人血本無歸。[1]第二間公司的業務則是根據使用者的臉書好友與推特跟隨者來推薦新聞，服務上線不到一年就成功出售給業界的一間大型企業，這讓戈德堡與投資人賺進超過原始資金 13 倍的收益。[2]

大獲成功後不久，戈德堡在 2009 年決定與好朋友布萊德福德・謝爾海默（Bradford Shellhammer）合作推出社群網站 Fabulis，這個網站結合臉書、Yelp、Foursquare 與酷朋的服務，以同性戀者為主要客群。Fabulis 的會員人數在一年後就已經難以再有突破，但是網站上的「同志每日一物」（Gay Deal of the Day）功能的業績卻蒸蒸日上。謝爾海默的設計品味廣受好評，他精選一系列各式產品，從巧克力、內著、再到幸運漢堡餐廳（Lucky's Hamburgers），每天針對一項商品提供

大幅折扣。這些精選產品狂銷熱賣，而且兩位共同創辦人想也沒想到，顧客有一半竟然是女性。

2011 年初，雖然已經募得 300 萬美元，戈德堡與謝爾海默還是決定結束 Fabulis，改為推出以一般大眾為客群的閃購網站 Fab.com。他們向原始投資人表示可以取回資金，但所有投資人都表示支持這項轉向決策。Fab 公司於同年 6 月正式成立，經過三個月的病毒式行銷活動（邀請 10 位朋友加入，就能獲贈 30 美元的獎金），他們成功吸引到 16 萬 5,000 名會員。

Fab 由謝爾海默精選一系列商品，不僅外型美觀、功能卓越，而且折扣不手軟。其中的熱銷商品包括伊姆斯（Eames）的椅子、各種雨傘、古董打字機，以及按摩棒等。其中有些商品實在別具一格，古怪而饒富趣味，讓顧客愛不釋手，像是用馬丁尼酒杯打造成的水晶吊燈，又或者是鑲上水鑽的摩托車安全帽。[3] 這間公司一炮而紅，開業 12 天營業額就來到 60 萬美元。而且商品是由製造商直接送到顧客手中，根本不需要擔心庫存問題。各項優惠商品像野火一般在整個社群網路延燒，他們也完全不用花上半毛的廣告費。這樣一來，公司的現金流量會是正值，至少一開始是這樣。同年年底，Fab.com 已經有超過 100 萬名會員，並且額外募到 4,800 萬美元的創投資金。

為了準備進一步擴張，Fab 公司在 2012 年再取得 1 億 2,000 萬美元的創投資金。[4] 當年的銷售額令人印象深刻，達到 1 億 1,500 萬美元，遠高於 2011 年的 1,800 萬美元銷售額。[5] 然而，

Fab 的商業模式卻開始崩潰，儘管銷售走強，但根據媒體報導，2012 年的虧損也高達 9,000 萬美元。[6] 為什麼會這樣？原因就在於，Fab 為了刺激成長，在那一年大舉投下 4,000 萬美元打廣告，但很遺憾的是，相較於早期顧客，這些受到廣告吸引而來的顧客沒有那麼喜愛這樣的設計風格，於是不太可能多次回購或是傳播口碑。戈德堡回憶表示：

> 到了 2012 年夏天，新顧客的表現已經不再像過去看到的那麼亮眼。我們的「黃金世代」就是大約幾十萬名會員，這些人在我們成立之前就已經註冊，他們的表現永遠都是一流的。至於 2011 年下半年加入的顧客也還是很不錯。所以，我們想讓火再旺一點，就大舉增加線上行銷的力道，這招在創業早期非常有效。但是，線上行銷的效果開始變弱之後，我們又加入電視廣告以及其他昂貴的行銷方式，像是直接寄郵件給顧客的 DM 行銷。[8]

除了現金即將見底，急著向歐洲擴張也使 Fab 公司付出慘痛代價。[9] 當時 Fab 在歐洲迅速被許多間新創企業抄襲，其中包括由著名山寨慣犯薩維爾三兄弟（Samwer brothers）成立的巴瑪朗公司（Bamarang）。薩維爾三兄弟的火箭網孵化器專門抄襲成功的美國企業，其中包括 Pinterest、Airbnb、eBay 與酷朋，

再反過頭要求這些企業買下山寨公司，避免雙方落入曠日費時的壕溝戰。戈德堡怒不可遏，拒絕退讓。他在部落格上寫道：「巴瑪朗和其他山寨公司給我聽好。在這個領域，這種敲竹槓的行為沒用。仿製品就是失敗的設計。設計領域的顧客聰明、也喜歡真的東西。要做，就做原創，否則就什麼都不要做。」

戈德堡回想當時，他說薩維爾兄弟：「抄襲我們，幾乎是一個像素都沒放過。而在我們看來，因為我們的設計師遍布世界各地，進軍海外應該也能得到消費者信賴，不該把歐洲市場拱手讓人。」[10]他再補充說道，進軍海外的決定也得到公司董事會大力支持：「我們的投資人也投資 Airbnb，他們就問：『有沒有誰能阻止這種事？能不能有誰起身反抗這個侵略者？』」

為了揮軍歐洲，Fab 公司在 2012 年收購三間海外閃購新創企業，還投入 1,200 萬美元簽下一紙為期十年的倉儲租約，也在柏林成立歐洲總部，員工人數足足有 150 人。[11]當年 8 月，Fab 在歐洲已經有 140 萬名註冊會員，銷售額也已經占全公司銷售額的 20%。[12]就在那年夏天，薩維爾兄弟收掉巴瑪朗公司，但很聰明的把投資焦點與員工都一起轉到手下的頂級家具公司西翼公司（Westwing），而且還大獲成功，這間公司後來在 2018 年公開上市。與此同時，Fab 頂多只能說是慘勝。歐洲業務讓他們不斷失血，最後不得不停損時，據稱已經砸下 6,000 萬到 1 億美元。

2013 年 4 月，戈德堡擔心閃購的商業模式已成明日黃花、

無以為繼，於是宣布開始轉向，並高聲宣告將加入電子商務這個各大山頭林立的萬神殿。[13] 在戈德堡看來，每日特價是「一開始用來吸引民眾的好辦法，但消費者每次多收到一封每日郵件，耐性就會多消耗一點。所以不能只提供每日特價」。[14]

在那個時候，Fab 公司的銷售額只有三分之一來自每日特價，其他則來自網站上極為多元的產品，總數高達 1 萬 1,000 種，多半是家具與居家飾品，但也有珠寶、食品與寵物照護相關產品等。[15] 由於品項浩繁，Fab 大幅修改網站設計，讓高達 1,200 萬人的會員更方便搜尋。另外，由於廠商出貨速度遭到顧客詬病，Fab 開始擴大庫存品項，直接從自己的倉庫出貨。最後，Fab 還加大力道，開始設計、銷售自有品牌產品，希望推升毛利率。為了推動這項策略，Fab 收購德國線上家具電商 Massivkonzept；這間公司設計、製造與銷售客製化的木質家具，市值約 2,500 萬美元。

這些舉動消耗大把資金，而且各方褒貶不一。有些人認為閃購還沒有退流行，但也有人相信戈德堡的直覺。線上閃購是在 2008 年金融海嘯期間興起，當時酷朋與 Gilt Groupe 雙雙發現，有許多奢華產品與服務的製造商面臨滯銷壓力，都願意大打折扣來應對。但是到了 2013 年，經濟復甦，製造商需要打折的壓力也變小了。此外，除了 Fab、珠俐莉（Zulily）、Rue La La 以及 One Kings Lane，另有大批競爭者進入市場，推升產品成本水漲船高。

　　更慘的是，後來亞馬遜加入戰局。戈德堡回憶表示：「競爭變得非常激烈。一開始，亞馬遜得花 30 到 40 天才能模仿我們的閃購產品，但是到了 2013 年，他們只需要 24 小時。他們會打電話給我們的設計師說：『嘿，我們想用您的產品當主打。』我們在價錢上拚不過，送貨速度也不及人家，結果就是顧客滿意度下滑。畢竟如果他們就是提供同一位設計師的同一樣產品，而且價格更低、運送免運、出貨速度還更快，這怎麼比？」

　　戈德堡現在也看出轉向的風險：「這種業務屬於資本密集型，而且擁有庫存就代表會有買錯東西的風險。我們在 2012 年耶誕假期就出現問題，當初或許是出於幾分傲慢，而且肯定有幾分過度自信，原本以為怎麼挑都會選到暢銷產品。但那次耶誕節的銷量並不好。」[16] 他補充：「我們的選物優勢開始流失。」[17]

　　由於轉向政策已經箭在弦上，2013 年 4 月，Fab 董事會就針對兩種成長計畫進行商議。[18]A 計畫是要撙節開支，只以美國市場為重，希望能以大約 1 億 5,000 萬美元的年銷售額讓現金流來到正值。至於 B 計畫則是「繼續追求 100% 的年成長率以征服世界」。戈德堡表示：「當時幾乎不需要討論，因為只有一位董事支持 A 計畫，他不滿意新顧客帶來的業績表現，此外他也很擔心我們在耶誕假期投下大筆行銷費用卻效果不佳。然而，除了他之外，包括我在內的所有人都一心想搭上火箭一飛沖天。」

　　2013 年 6 月，Fab 公司再次募得 1 億 6,500 萬美元的新創投資金，投資後的估值來到 10 億美元。但正如戈德堡所言：「事實上我們失敗了；如果真的想執行那項破紀錄的計畫，而且維持住執行中的各項大型投資，需要足足 3 億美元。我接到一堆電話恭喜我把公司帶到獨角獸的等級，但我記得當時我只想吐。沒有多少人懂得那種感覺，儘管我以 10 億美元的投資後估值募到 1 億 6,500 萬美元，但心裡卻完全知道要跌得狗吃屎了。」

　　Fab 公司燒錢的速度之快，最高已經到了每個月 1,400 萬美元，戈德堡不得不在 2013 年 10 月大力踩下煞車。[19] 美國分公司的員工有 80％遭到解雇，其中包括絕大多數的高階主管，而且商品項目也大幅縮減，戈德堡的共同創辦人謝爾海默就此離職。[20] 此外，歐洲的業務也幾乎全部收掉了，只留下還算賺錢的客製化家具業務。2014 年中，Fab 幾乎只剩下空殼。戈德堡決定將歐洲的自有品牌家具業務獨立出去，命名為 Hem，並額外收購兩間公司好讓業務站穩腳步。他此時已經把重點完全轉移到這項業務上，準備轉手出售 Fab 在美國的業務。2014 年 10 月，一間著名客製化設計製造商以換股方式買下 Fab 的美國資產，總值約為 3,000 萬美元。[21] 隨後，據稱 Hem 也以 2,000 萬美元的價格賣給一間瑞士家具公司。[22]

速度陷阱

爬得愈快，跌得也愈快。Fab 公司就像許多來到創業晚期的新創企業一樣，因為擴張的速度快到無法維繫，最後也就落入速度陷阱的失敗模式。速度陷阱的發展過程如下：

- **第 1 步：發現機會。**創業者發現某種新穎的解決方案，能夠解決特定客群尚未滿足的強大需求。像是 Fab.com 的每日特價，就鎖定品味與謝爾海默類似、喜歡獨特產品的客群。
- **第 2 步：強勁的早期成長。**目標客群的早期採用者口耳相傳，有時候還加上強大的網路效應，於是推動公司擴大規模。後文會談到，Fab 在成長階段時確實享有一些網路效應，但後來慢慢減弱。
- **第 3 步：成功募資。**公司的成長引來熱情的投資人，他們相信公司能夠持續成長，也願意付出高價。而且如果是像戈德堡這樣魅力不凡的創辦人，更有能耐把願景說得如夢似幻、深深打動投資人，於是企業估值可能飆升，進而激起企業想要超速成長的雄心壯志。
- **第 4 步：出現競爭對手。**企業成長也會引來競爭對手。有些對手可能是像巴瑪朗公司那樣的山寨新創企業；有些可能是快速跟進的科技龍頭如亞馬遜；也有些可能是

「沉睡的巨龍」，原本只是成熟的老牌企業，但意識到新創企業踩到自己的地盤後，於是從沉睡中醒來。

- **第 5 步：市場飽和**。如同 2012 年的 Fab 公司，最支持他們的價值主張的客群已經飽和。如果還想吸引下一波潛在顧客，就得大力投放廣告，並提供慷慨的促銷優惠。此時，顧客獲取成本（CAC）不斷上升，而且因為新顧客的忠誠度與回購率都比較低，顧客終身價值（LTV）則會下降。許多顧客能夠帶來的價值已經不及招攬他們必須支付的行銷經費。要是投資人重視成長大於獲利，或許還會願意繼續注資，但這樣做絕對不是長久之計。

- **第 6 步：員工編制瓶頸**。為因應擴張，企業必須雇用大量新員工。要一下找到許多合格的員工並不容易，而且就算真的能夠找齊員工，也不見得能夠快速把他們訓練起來。不論是哪種情形，要找到夠多又能勝任工作的員工並不容易，於是產品售出前的品管開始出問題，出貨品項也有出入，或是顧客寄出電子郵件後遲遲得不到回應等。一旦在這些地方貪圖省事，就可能在產品品質與顧客服務方面出紕漏。不過 Fab 公司大致上避開這方面的嚴重問題。

- **第 7 步：新增管理架構**。員工增加、部門專業分工之後，就會需要：一、具備相關專業知識的高階主管；

二、資訊系統與企劃、績效管理的正式流程。以 Fab 公司為例，當他們開始由內部管理庫存、也開始自製家具之後，營運也隨著愈變愈複雜。在新創企業擴大規模的時候，需要招募管理人才、確立組織架構，以及建立資訊系統，才能夠協調變得更為複雜的組織活動。這項任務絕不簡單。

• **第 8 步：內部矛盾**。員工人數快速成長、專業部門規模擴張，就可能導致各種衝突、士氣低落，以及企業文化逐漸解體。像是業務部門可能會抱怨行銷部門提供的潛在顧客名單太差，而行銷部門又會抱怨工程部門一直拖延，沒有做出先前答應要完成的新功能。戈德堡也承認，Fab 公司就面臨各個小團體互相攻擊的問題：「我放任團隊各行其事、各自發想，結果導致不信任感像癌症一樣擴散。」[23] 於是，眾人互相指責，只會叫囂：「這不是我的錯」，所有人都滿腔怒火。而且，隨著老鳥員工看不慣菜鳥覺得這「只是一份工作」的態度，內部的矛盾也會加深；與此同時，新來的專才人員也會感到氣餒，覺得老鳥根本沒看到自己的貢獻。儘管高階主管試著撲滅公司裡的野火，也想整頓手下的員工。但中階主管會開始懷疑，那些高層究竟有沒有搞清楚真正的狀況？知不知道究竟應該做些什麼？特別是執行長常常不在辦公室，總在外面忙著募到更多資金。

- **第 9 步：道德淪喪**。有些時候，因為不斷感受到壓力，被迫持續成長，創業者會在法律、規範或道德上耍手段。例如，Uber 就曾經被指控鼓勵員工預約競爭對手 Lyft 的載客服務再無故取消；[24] 登記在案的健康保險經紀公司 Zenefits，據稱就透過公司開發的軟體，讓新業務員在各州執照考試中作弊，以便人員擴充速度跟得上企業的快速成長。[25] 不過 Fab 公司的戈德堡並沒有落入這種道德淪喪的情形。

- **第 10 步：投資者警報**。隨著企業逐漸燒光現金，股價應聲下跌，認股權變得一文不值，員工紛紛離職，投資人也不願意再投入更多資金。此外，就算現有投資人願意出手拯救這間新創企業，也會要求取得大量新股，對於資深高階主管或是其他不願再投入資金的投資人來說，股權將大幅遭到稀釋。不過，這種募資案還是得通過董事會決議，可以想見會議上必然會爭吵不休，辯論是否接受資金、又該如何接受。

- **第 11 步：終局階段**。走到這一步，事態已經很明顯：公司的成長速度不可能持續，只能放慢腳步。然而，問題在於要把煞車踩得多大力？光是停止行銷活動就夠了嗎？還是得要大刀裁員，才能讓公司得以生存？賣掉公司是不是合理的選擇？要是投資人不願意提供資金讓公司續命，會不會有其他口袋夠深的企業，覺得併購這間

新創企業是個好策略？我們會在第 10 章討論這些問題，說明當創業者覺得企業快要失敗的時候，還能採取哪些行動。

在那些規模擴張得太快的新創企業當中，可以看到這些狀況一再出現。有些公司透過裁員、削減行銷成本，或是重新專注在忠誠度與利潤更高的客群上，成功存活下來，像是 Birchbox、Blue Apron、酷朋、Zenefits 以及 Zynga 等。但是，Fab 公司在內的許多新創企業，像是 Beepi、Homejoy、Munchery 與 Nasty Gal 等，速度陷阱就要了它們的命。

RAWI 測試

該怎麼做才能躲開、或是安全通過這種速度陷阱？如果能有一個陷阱探測器當然會有所幫助，而創業者用來探測陷阱的工具就是 RAWI 測試（RAWI test）。[26] 這項測試會從四個方面提出問題，判斷新創企業是不是已經做好準備，可以成功擴大規模。

- **準備好了嗎？（Ready?）**：這間新創企業是否具備經過驗證的商業模式？目標市場的規模是否足夠用來維持企業成長？開始擴大規模的時候，如果愈來愈難吸引到新

顧客，淨利率是否夠高，能夠承受價格／成本擠壓
（price/cost squeeze）？

- **有能力嗎？（Able?）**：這間新創企業是否有能力評估，
  需要多少人力與資金，才能應付迅速的擴張？是否有能
  力培訓大量新員工，並且協調他們的工作成果？
- **有意願嗎？（Willing?）**創辦人急著想要讓公司擴大成長
  嗎？這樣做是否能推動他們原先的願景？他們是否願意
  為了取得大筆創投資金而稀釋自己的股權？是否願意交
  由投資人控制董事會，讓自己面臨可能被解雇的風險？
  以及是否願意接受長時間工作而造成人際關係損失？
- **有相關的推力嗎？（Impelled?）**這間新創企業有沒有步
  步進逼的競爭對手？是不是有吵醒「沉睡的巨龍」的風
  險？強大的網路效應、高昂的轉換成本、龐大的規模經
  濟等，會不會引發對手想來分一杯羹？

　　在此我要強調，RAWI 測試不是只做一次就行，而是要根
據市場動態與公司績效，定期重新測試，例如每季做一次。

準備好了嗎？

　　所謂新創企業「準備好」擴大規模，指的是在一定的擴張
步調下，領導者有信心維持產品與市場的契合度；換句話說，
也就是產品能夠持續符合目標客群的需求，帶來長期穩定合理

的獲利。[27] 而回過頭來說，這些獲利將會高到足以吸引新的投資人，讓新創企業得以持續擴大規模。

新創企業的成長過程中，如果能讓 LTV/CAC 比維持在門檻值以上，就能擁有穩定合理的獲利能力；而門檻值要依新創企業的商業模式決定，特別要看它能不能發揮強大的網路效應，以及每獲利 1 美元需要多少固定支出。[28] 關於網路效應對 LTV/CAC 比的影響，我們會在後續討論「有相關的推力嗎？」時再談，目前先談固定費用的問題。我想各位還記得，LTV 指的是一位典型的顧客長期下來能為企業帶來的毛利，也就是營收減去變動成本。企業從所有顧客取得的毛利必須夠高，才能支付招攬顧客的成本與公司的固定費用，進而產生利潤。如果企業的固定支出比較高，例如從事「軟體即服務」（Software as a Service，簡稱 SaaS）業務的企業，LTV/CAC 比的門檻值也會比較高；像這樣的企業，一般都把 LTV/CAC 比定在 3.0。[29]

所以，新創企業能達到多快的成長速度，同時還將 LTV/CAC 比保持在門檻值以上？上一章簡單談過限制速度的各種因素，這裡正是這些因素造成影響，其中包括：一、市場飽和風險，也就是新創企業已經向目標客群中大多數的潛在顧客提供產品；二、品質曝險，也就是新創企業能夠成長得多快，又不會出現產品缺陷與客服處理不周；三、競爭對手，特別是快速擴張時引起的競爭反應。這三大因素都會對新創企業的 LTV/CAC 比產生重大影響。接著，我們會馬上談到市場飽和

風險，並且在「有能力嗎？」探討品質曝險，以及在「有相關的推力嗎？」討論競爭對手。

　　隨著 Fab 公司逐漸成長，最初的目標市場逐漸飽和，也就是說，那些早期採用者是謝爾海默選品的狂熱粉絲。相較之下，後面幾波來的新顧客不但購買頻率下降，還會要求更大的折扣，而且更有可能是透過付費行銷的方式招攬而來。換句話說，相較於早期採用者，這些新顧客付的價格低、訂單也少，因此顧客終身價值也比較低。而且因為需要付費行銷，還推升了他們的顧客獲取成本。因此，Fab 在擴大規模的過程中，LTV/CAC 也就受到壓縮，這對於落入速度陷阱的新創企業是個一再出現的挑戰。

　　想知道正在擴大規模的新創企業是否容易遇上市場飽和的問題，創業者必須去了解，在這間企業的整體潛在市場當中，各個客群的規模有多大、可能的成長速度又有多快。然而，客群規模的估算有可能很不準確，因為客群之間的分界通常並不明顯。舉例來說，早期採用者與主流顧客之間很少會有明顯的分別，一般來說各個客群之間有可能互相重疊。

　　因此，新創企業團隊如果想追蹤市場飽和度，應該分析最近幾批招攬到的新顧客表現；每一批顧客就是一個世代（cohort）。[30] 每一個世代包含同時期招攬到的顧客，像是同一個月或同一季的顧客。在理想狀況下，同一個世代的顧客也會屬於同一個客群，是透過相同的行銷方式招攬而來。如果同一

個世代的顧客涵蓋許多客群，就可能看不出每個客群獨特的趨勢發展。同樣的，透過不同行銷方式所吸引到的顧客，對公司產品的興趣也會有落差，如果把他們劃分成同一個世代，也可能會讓分析失準。舉例來說，相較於只是在臉書上看到不針對特定對象廣告的顧客，主動在 Google 搜尋產品的顧客應該會對產品有比較強的需求，也就更有可能成為忠實顧客。

　　分析每個世代的顧客時，都應該根據他們對產品的滿意度與投入程度，追蹤所有關鍵指標的趨勢，像是每個時期的平均支出、顧客留存率（retention rate）、回購率，以及顧客推薦的人數等。不同的商業模式也會有不同的指標。例如，對於 Dropbox 這類「免費增值模式」（freemium）的產品，世代分析的內容就應該討論用戶從免費版本升級到付費版本的轉換率。下頁表格是某項免費增值模式產品的世代分析表格範例。[31]

　　只要看一眼表格，就能知道公司的績效是在改善或惡化。分析表上最頂端標示著連續的時間間隔，由左至右依序列出招攬到某個世代後的第一個月、第二個月等。而從第二列開始，則是由上而下列出先後招攬到的顧客世代。由左端到右端瀏覽表格，能夠看出某個世代從第一個月之後每個月的表現。至於如果鎖定某一行並從表格頂端由上到下瀏覽，則會知道新招攬到的世代表現是否比過去的世代更好。要是最近幾個世代的轉換率節節下降，如同這個範例表格中的情況，則可能表明新創企業的目標市場正逐漸飽和。以 2015 年 2 月這個最早招攬到

的世代為例，四個月後有 7.8％ 的顧客升級到為付費版本；但是 2015 年 8 月的世代到了第四個月後，卻只有 5％ 的顧客升級到付費版本。

公司績效下滑也有可能是因為市場飽和以外的問題所引起，像是客服表現不如人意、競爭日益激烈等。不過，這些問題應該會影響所有世代、沒有新舊之分。考慮過那些會對所有世代都造成影響的因素後，創業者應該就能判斷，究竟是不是因為市場飽和，才使得近期世代的績效表現下滑超乎預期。

運用世代分析來評估市場飽和的風險會面臨一個問題：等到看得出趨勢時，飽和已經發生。我在哈佛商學院的同事馬克・羅貝吉（Mark Roberge）指出，許多世代分析的指標，像是用戶留存率、免費轉付費轉換率等，其實都是顧客滿意度與參與度的落後指標。[32] 要是只追蹤留存率，一旦發現問題時，那位不滿意的顧客早就走了。有一種解決方式是追蹤淨推薦分數（Net Promoter Score，簡稱 NPS），也就是透過調查詢問顧客，如果以 0 到 10 分為標準，他們把產品推薦給朋友或同事的可能性有幾分？而計算方式是把所有 9 或 10 分的「推薦者」百分比減去 0 到 6 分的「批評者」百分比，數值如果能夠超過 50 個百分點，就算是很高分。當淨推薦分數下滑，就可以作為問題的預警訊號，讓管理者盡早修正，避免公司受到重傷。

而對於正在擴大規模的新創企業，羅貝吉建議在做世代分析的時候要更進一步，觀察符合下列兩項要求的早期指標：

一、能夠預測長期的顧客滿意度；二、在招攬到顧客後不久就
能夠開始進行觀察。舉例來說，羅貝吉曾任職於 HubSpot 公
司，這是一間提供行銷服務的新創企業，用戶平台上共有 25
項功能，而他們會追蹤新顧客註冊之後在 60 天內，有多少比
例的人會使用其中 5 項以上的功能。這項指標與長期的顧客留
存率以及顧客支出金額強烈相關。如果比例超過 80 %，
HubSpot 管理團隊就會認定這個世代「上了軌道」。

　　這種關於產品使用情形的指標，不但能作為預警訊號，而
且相較於淨推薦分數這種追蹤大方向滿意程度的指標，也更能
讓企業了解應該怎樣對症下藥。新創企業的每個部門都可能對

**透過Google AdWords招攬而來的世代中，
顧客由免費轉付費的累積轉換率**（單位：%）

月份	第一個月	第二個月	第三個月	第四個月	第五個月	第六個月	第七個月	第八個月	第九個月	第十個月
2015年2月	0.1	5.0	6.8	7.8	8.2	8.8	8.9	8.9	9.0	9.0
2015年3月	0.8	5.3	7.1	8.0	8.7	9.6	9.7	10.2	10.4	
2015年4月	0.9	5.0	5.7	7.4	8.6	8.9	9.7	9.9		
2015年5月	1.1	3.2	4.2	4.9	5.1	5.6	5.9			
2015年6月	1.4	3.9	5.1	5.7	6.1	6.3				
2015年7月	0.9	3.5	4.7	5.9	6.0					
2015年8月	0.7	3.7	4.7	5.0						
2015年9月	0.2	2.5	3.1							
2015年10月	0.1	2.0								
2015年11月	0.0									

淨推薦分數造成影響，所以如果分數下降，還得進一步分析才
會知道哪裡出了問題。相較之下，影響新顧客要不要使用哪項
功能的因素就少得多了，而管理者也能夠更快做出修正。

　　世代分析能幫助創業者抗拒誘惑，不會高估顧客終身價值
（LTV），訂出過分樂觀的留存率或訂單量等。[33] 而且創業者也應
該用世代分析來追蹤長時間的顧客獲取成本（CAC）演變，並區
分不同客群與不同行銷方式得到的結果。這樣一來，創業者就能
免於忽略 LTV/CAC 比這項重點。接著，我們要接續前面提到的
免費增值模式案例。下頁表格呈現的是透過 Google AdWords 招
攬產品免費使用者的時候發現，成本正在慢慢增加，相較於較早
的世代，最近三個世代的顧客獲取成本近乎翻倍。

　　顧客獲取成本增加或許是因為市場達到飽和，但也有其他
可能。在大多數行銷管道中，一定時間內能夠接觸到的潛在客
戶數量都會有上限。創投業者傑夫・博斯甘說這就像在挖石
油：有些管道能見到石油大量噴發，而且至少維持一段時間，
但大多數的油井終究會有乾枯的一天。以付費搜尋廣告為例，
新創企業只能接觸到在搜尋引擎輸入特定關鍵字的潛在顧客，
而某些關鍵字吸引顧客的效率就是比較高。要是某間新創企業
在付費搜尋上花掉太多錢，一定是用了某些效率比較低的關鍵
字，於是也就會推升顧客獲取成本。而且，即使多花了錢，也
不代表就能讓所有目標市場的潛在顧客都接觸到行銷的內容，
反而只是揭露了在付費搜尋廣告這種管道上的支出可能已經達

到上限。在這種情形下，如果新創企業還想讓整體顧客獲取成本維持在企業能夠獲利的水準，就該放慢腳步、或採用其他行銷管道。

特定行銷管道的顧客獲取成本上升，還可能有另一種解釋：競爭對手同樣砸下更多的行銷費用。在這種情形下，顧客獲取成本增加並不代表市場已然飽和，有可能新創企業與對手在市場上的成長空間還很大，只是因為各方打起行銷戰，才讓成本隨之上升。

戈德堡與 Fab 公司的管理團隊做了世代分析，也掌握到LTV/CAC 比惡化的趨勢，但就是反應不夠快。2013 年 10 月，Fab 募資成功而成為獨角獸企業後不過三個月，戈德堡給團隊的備忘錄裡就寫道：「我們花了 2 億美元，但還沒能證明商業模式可行……也還沒證明我們明確知道顧客究竟想買什麼東西。」[35] 他也列出自己擔任執行長的一系列錯誤，包括：

- 我讓公司走得太快。
- 我沒能堅持鎖定目標顧客。
- 在確立顧客價值主張之前，我就已經在行銷上花了太多錢。
- 我在企業文化上沒有建立足夠的紀律，以控制成本與業務指標。
- 我縱容公司在歐洲過度投資。
- 我沒發現需要迅速修正路線。

透過Google AdWords招攬而來的顧客中，免費使用者的顧客獲取成本

世代	免費使用者的顧客獲取成本
2015年2月	$0.12
2015年3月	$0.12
2015年4月	$0.13
2015年5月	$0.08
2015年6月	$0.12
2015年7月	$0.12
2015年8月	$0.20
2015年9月	$0.18
2015年10月	$0.36

　　戈德堡在創業失敗的事後分析裡承認，自己是落入了假陽性的陷阱：「我們的原罪，或者說是 Fab 公司失敗的根本原因在於，一直沒有真正達到產品與市場的契合度。我們誤以為兩者已經達到契合，因為早期採用者帶來的成績太好，真的是大獲成功。他們對我們賣的產品充滿熱情，而且產品也符合時代精神。然而，那份熱情的規模無法放大到足以推動夠多的回購，還只僅限於那群死忠的早期顧客而已，而他們又無法代表後續顧客的感受。我們看到早期的資料數據，誤以為後續也會

同樣順利，於是擴張的速度就太快了。」[36]

　　簡單說來，也就是 Fab 公司擴大規模的時候其實還沒有做好準備。戈德堡繼續說：「投資人表示，我們的第一批世代分析成果是他們見過最漂亮的數字。他們沒看過電子商務公司成長得這麼快，而且我們的淨推薦分數也很高，所以用力踩下油門似乎是個聰明的選擇。我承認這件事就是我的責任，不該責怪其他人，但投資人當時一直鼓吹我們要超速成長。他們並沒有堅持要求成長，但很喜歡看到我們提出充滿野心的成長計畫。」

　　正如 Fab 公司的經驗所示，就算做了必要的世代分析、了解 LTV/CAC 比的趨勢，還是不足以保證新創企業可以成功擴大規模。創業者除了要正確解讀趨勢，還得做出正確的行動才行。當公司表現不如預期的時候，創業者有兩種選擇。第一，放慢腳步挪出更多時間管理公司，而不用忙著解決成長造成的一片混亂。管理者壓力沒那麼大的時候，也比較能看到問題，並訂定解決問題的合理計畫。

　　第二，繼續踩下油門，並且相信：一、自己完全了解手上的問題，也知道如何解決；二、要是無法一鼓作氣，就會接著退步、最後衰竭，被緊跟在後的對手追上；三、如果刻意扼制成長，可能會讓投資人有疑慮。戈德堡有可能就是受到最後一點的影響；據媒體報導，在 2013 年初，高階主管團隊曾經建議把 Fab 在歐洲的營運砍半，但戈德堡不希望在完成 2013 年 6 月重大募資之前做這件事。[37] 重點在於，創業者要在「放慢

腳步」與「加快腳步」之間做選擇的時候如果過度自信，再加上受到人性驅使、比較容易看到自己想看的東西，常常就會失去該有的平衡。

有能力嗎？

要說新創企業「有能力」擴大規模，也就是領導者有信心取得並且有效管理所需的資源，同時維持一定的擴張步調。創業者應該問自己三個問題：

1. 我們能不能募到必要的資金支持公司加速成長？
2. 我們能不能雇到足夠且合格的第一線員工，並且訓練他們把工作做好？
3. 我們有沒有適當的高階主管、組織架構與管理系統，能夠有效協調這些第一線員工的工作？

如果以上三個問題的答案都是肯定的，這間新創企業才算是已經「有能力」擴大規模。

資金。Fab 公司在 2013 年 6 月募到 1 億 6,500 萬美元，但戈德堡遠大的全球成長計畫需要 3 億美元，也就是說他這項「B 計畫」仍有資金短缺問題。

第一線員工。由於擴張太快，Fab 公司確實面臨來不及補足合格員工的風險，因而可能讓營運吃緊、客服水準降低。幸

運的是，Fab 的員工應變靈活，公司順利度過難關。雖然當時
有些交貨延遲，但基本上還是成功避免掉重大客服問題。[38] 而
他們能夠成功解決這項問題，也就代表第三個問題同樣解決
了，顯然 Fab 的高階主管團隊的確有能力管好迅速成長的員工。

　　不過，其他迅速擴大規模的新創企業就沒那麼幸運了。像
是在網路公司熱潮期間，消費者開始在線上買賣股票，導致交
易量爆增，但是 E*Trade 與德美利證券（Ameritrade）等網路
券商也就來不及招募與培訓客服人員。股票交易有各種複雜的
問題，包括停損的操作、選擇權交易、追繳保證金等，客服人
員必須經過培訓才有能力協助解答。而由於人力不足、培訓不
夠完善，火冒三丈的顧客得不到服務、問題又無法得到解答，
只能一邊乾等，一邊看著獲利從指縫流逝。

　　在需求快速成長的時候，要是企業就是雇不到足夠且合格
的員工該怎麼辦？當然，他們一定可以選擇放慢成長，但出於
前文提過的種種原因，很少有人會考慮這樣做。管理者多半會
選擇：一、降低雇用標準，只要員工會呼吸就行；二、要求現
任員工加快工作速度；三、縮減訓練時間，將新員工趕鴨子上
架。這樣一來，問題層出不窮也就不足為奇了。有時候，新創
企業為了節省人力，還會兩手一攤，對未解決的客服問題視而
不見，這也就讓顧客大感不滿。正如雷德・霍夫曼（Reid
Hoffman）所說：「很多急速發展的公司遵守的關鍵規則就是『客
服品質怎樣都沒關係，重點是不要拖慢公司速度就行……而這

也就代表有可能完全沒有客服！』」[39] 而在其他營運上，也可能因為人力短缺出現問題，像是在生產線尾端做最後檢驗的時候，或是在倉庫處理訂單、裝箱的時候，都有可能會出錯。

領導與管理。要是人力短缺的情況已經威脅到新創企業的成長，創業者就必須確定相關部門的主管知道自己在做什麼；理想的狀況是，主管曾經在擴大規模的新創企業中工作，具備的經驗能夠提供參考。下一章會看到，要找到合適的部門主管說來容易，但做起來難，特別是如果新創企業的執行長沒有這個領域的經驗，就更是難上加難。另外，如果真的聘請到經驗豐富的部門主管，執行長就該把他們的意見聽進去。當這些主管表示來不及雇用或培訓第一線員工，導致難以維持公司正常運行，執行長就應該進一步了解原因。

最後，創業者觀察關鍵營運部門投入與產出的情形時，應該採用追蹤顧客世代績效的同一套方法。例如，各個關鍵部門的招聘情況隨著時間推移有哪些變動？求職者收到與接受錄取通知的比例有什麼變化？生產部門與客服部門的錯誤率變動趨勢如何發展？是否與員工經驗多寡有關？與分析世代績效相同，這裡的目標應該在於找出一些早期指標，判斷未來是否可能出現更嚴重的問題。

有意願嗎？

詢問創業者有沒有意願迅速擴大公司規模似乎是個奇怪的

問題。想要擴大規模的野心，不就最能展現創業精神嗎？Y Combinator 的創辦人保羅・葛蘭姆曾說：「新創企業就是要追求快速成長。」[40] 根據他的說法，創業者掌管一間迅速成長的新創企業，將感受到一股強大的壓力，要募到更多資金、推動更多成長：

> 最成功的新創企業永遠不用擔心加速成長時會缺少資金，是創投公司更需要新創企業，而不是新創企業更需要創投公司。對一間賺錢的新創企業而言，只要願意，完全可以靠收入推動成長……但創投公司只能投資新創企業、尤其是最成功的新創企業，否則就只有關門大吉。這也就代表，只要是看起來夠有前途的新創企業，就有人肯出錢投資，而且他們提出的條件好到只有瘋子才會拒絕。

正如葛蘭姆所言，許多成功新創企業的創業者其實都可以選擇不要接受更多創投資金，而是只靠內部產生的現金流慢慢成長。然而，拒絕那些「條件好到只有瘋子才會拒絕」的創投資金，可能等同於放掉讓創業者變得「超級」有錢的機會。所以，要是某間新創企業既有能力迅速擴大規模，而且又不是受到競爭對手所迫（後文會細談），有哪些原因會讓創業者還是想要慢慢來？

　　第一，創業者與創投業者面臨的風險／報酬情境完全不同。假設迅速擴大規模、「大力揮棒」後獲得巨額報酬的機率是 1／20。就創投公司的立場，手中的投資組合包含幾十間公司，就像是有幾十位打者要輪流上場，應該可以合理期待至少打出一支全壘打，加上幾支一壘安打和二壘安打。把這些結果加總平均，就算有不少三振，創投公司應該還是能得到不錯的投資報酬。相較之下，創業者可不能談平均，畢竟他們就只有這麼一個打數，要是只想著大力揮棒，三振的機率就會大大提高。所以他們可能想選擇安全一點的策略。

　　舉例來說，如果你身為創辦人／執行長只有一次機會，會選擇下列哪一個選項？一、在某間新創企業擁有 10％股權，而這間公司有 5％的機會能達到市值 10 億美元；二、在某間新創企業擁有 25％股權，但這間公司對外募資較少、成長較慢，但有 10％的機會能達到市值 2 億美元。就創辦人的個人財富而言，兩個選項的期望值一模一樣，都是 500 萬美元。但如果考量到「超速成長」，創辦人是用一半的機會（5％對 10％），可能賺到兩倍的金額（1 億美元對 5,000 萬美元）。

　　第二，高速擴大規模會給執行長帶來極沉重的個人壓力，時時刻刻感受到殘酷無情，諸多災難接踵而來。所有事情都發生得更快，像是雇錯人、必須開除員工、服務出問題，以及顧客流失等。當然，要是一切順利，各種成就也來得更快。有些領導者能夠在這樣的壓力下表現出色，也能在克服各種混亂的

過程中感到巨大的滿足。但是也有些領導者會因為再次錯過孩子的音樂會、無法出席朋友的婚禮，開始自問：「這真的值得嗎？」

最後，當創辦人身兼執行長職務的時候，如果選擇加速擴大新創企業規模，也就得接受自己被趕下台的機率會提高。想要加速成長，就代表要經過更多輪的募資，而一般來說，每一輪募資都會讓一名新投資人加入董事會。最後，投資人將掌握董事會多數席次，一旦他們覺得執行長表現不佳，就能把他趕走。如果創辦人很享受執行長大權在握的感覺，或是已經對這間公司投入很深的感情、離也離不開，就該好好考慮一下這種風險。

最後這一點讓我們看到，考量擴大規模的意願時，還有一項潛在因素是 ，「該快或慢」並不是創辦人說了算，還得看董事會怎麼想。在創業早期的新創企業中，或許董事會就只有兩位創辦人、再加上一位投資人，總共三個人。只要兩位創辦人意見一致，確實就能讓一切的策略如願執行。但是如同前文所述，大多數創業晚期的新創企業董事會裡，都是投資人的票數多於創辦人。此時如果投資人／董事會想要迅速擴大規模，而創辦人／執行長卻堅決反對，這些投資人就得決定要不要把執行長趕下台，換成會乖乖聽話的人。

然而，要是連投資人／董事會之間都無法對公司擴大規模的步調達到共識該怎麼辦？上一章曾提過，前幾輪就加入董事

會的投資人是以比較低的價格取得股權，只要公司穩定發展，
肯定能得到不錯的報酬，所以比起後幾輪投資人，他們常常傾
向較保守的發展策略。相較之下，後幾輪才加入董事會的投資
人如果想得到亮眼的報酬，就必須讓新創企業維持高成長率，
但他們可能得要冒點風險，就像 Fab 公司突然決定進軍歐洲。
在這些考量下，我們可以回想當初在 Fab 的董事會上，只有一
位董事投給 A 計畫，支持守在美國、慢慢成長，而戈德堡在
內的其他董事都是投票贊成 B 計畫，選擇「征服世界。」儘
管意見相左時就是由少數服從多數，但董事會上的針鋒相對可
能讓眾人傷痕累累。

有相關的推力嗎？

　　RAWI 測試的最後一個問題是：當下或未來是否可能碰上
競爭對手而形成一股推力，逼得新創企業必須迅速擴大規模？
這個問題和前三個問題不同，在考量「準備好了嗎？」、「有能
力嗎？」以及「有意願嗎？」的時候，新創企業必須全都得到
肯定的答覆，才可以迅速擴大規模。然而，就算在「有相關的
推力嗎？」得到否定的回答，只要前三個問題都得到肯定的答
案，創業者仍然可以嘗試快速成長。而且重點在於，正是因為
創業者信心滿滿，認為就算有激烈的競爭，LTV/CAC 比也不
會被壓縮，所以他肯定已經「準備好了」。在這種情況下，快
速成長仍然是相當合理的選擇，但這間新創企業絕不是被推力

逼著必須積極擴大規模。

　　當然，如果在這四題都得到肯定的答案，事情就很簡單了：踩下油門，就是現在！然而，如果在「有相關的推力嗎？」得到肯定的答案，但在「準備好了嗎？」、「有能力嗎？」以及「有意願嗎？」當中卻有一個否定的答案，事情就會變得有點棘手。這代表新創企業的領導者感受到競爭的推力，認為應該擴大規模，但同時又有些因素要他再緩一緩。然而，所謂「有推力」的最極端情況，可能就是威脅到生死存亡，這種時候不管創業者究竟是否有所準備、有沒有能力，或是有沒有意願，都只能竭盡全力突破種種限制，試著成長。

　　而除了競爭對手之外，某些商業模式的三種結構屬性（強大的網路效應、高昂的顧客轉換成本、龐大的規模經濟）也會形成推力，促使新創企業與屬性相同的競爭對手加速發展。

　　網路效應。[41] 某項產品如果能夠增加使用者之間的互動，就是具備網路效應：每當新使用者加入，就是增加更多可能互動的夥伴，而產品對所有使用者而言都會更有價值。舉例來說，當 Skype 只有第一位用戶的時候，各種功能都無用武之地，非得等到第二位用戶加入才行。而後續每加入一位新用戶，現有用戶就又多了一位通話對象，於是這項產品對每一位現有用戶都變得更有價值。因此，隨著用戶不斷增加，Skype 對非用戶的吸引力也會愈大，這是因為他們想通話的對象愈來愈有可能已經使用了 Skype。出於網路效應，用戶會吸引更多

用戶。而且如果用戶想和新夥伴互動的欲望愈高，網路效應也會愈強。

　　在網路效應中，根據使用者族群數量，網路可以分成單邊或是雙邊網路。雙邊網路（two-sided network）有兩群使用者，各自在交易中扮演不同角色，例如，信用卡公司服務的對象分別為持卡人與店家；人力銀行網站各自面對求職者與雇主；而電玩主機則是連結了玩家與遊戲開發商。相較之下，單邊網路（one-sided network）則只有同一群使用者，以 Skype 為例，雖然通話者分為來電者與接聽者兩方，但這只是暫時的角色，因為大多數使用者既會打電話、也會接電話。

　　一般來說，在雙邊網路中，雙方使用者都希望接觸到更多另一邊的成員，於是形成正面的「跨邊」（cross-side）網路效應。舉例來說，某張信用卡簽約合作的店家愈多，對消費者就愈有吸引力，反之亦然。不過，跨邊網路效應也可能形成負面的結果，當另一邊的成員愈多，反而讓產品的價值愈低。舉例來說，消費者可不會喜歡寄送太多垃圾郵件的網站。在雙邊網路中，兩個群體或許也會對同一邊的成員數量設定一個理想值。舉例來說，如果是遊戲玩家，或許會希望和自己玩同一種遊戲主機的人愈多愈好，才方便交換遊戲或連線對戰，這就是正面的「同邊」（same-side）網路效應。相對的，如果是 eBay 拍賣上的買家，則會希望跟自己一樣的買家愈少愈好。

　　如果產品具備強大的正面網路效應，創業者在經濟考量

上，就有非常充分的理由要推動產品成長。當產品接觸的網路愈大，對現有用戶就愈有價值，因此能夠開出更高的價格；但新創企業也可能選擇晚一點再漲價，好讓擴張較為順利。此外，當產品接觸的網路愈大，對潛在用戶來說也會愈有價值，所以新創企業一旦善用網路效應，顧客獲取成本應該也會降低。成功發揮這種魔力的企業包括 Airbnb、美國運通公司（American Express）、Expedia、臉書、LinkedIn、微軟、納斯達克（Nasdaq）、Slack、Sony PlayStation、Tinder 以及 Zillow 等。

　　創業者必須判斷自家產品的網路效應強度，因為網路效應愈強、就愈應該全速擴大規模。幸運的是，透過「聯合分析」（conjoint analysis）這種市場研究方式，就能量化網路效應。[42] 這套調查方法會向受訪者提出一連串「二選一」的問題，每次提問都會改變產品的某些屬性。舉例來說，詢問消費者對信用卡的想法時，不只會問到對網路效應的偏好，好比能夠使用的商店數量，也會問到消費額度、緊急救援、卡友優惠、利率、年費等屬性。接著，再用演算法來評估受訪者對每種屬性的喜好程度。

　　靠著聯合分析法，創業者能夠知道顧客願意為了更大的網路額外支付多少錢，並由此評估顧客有多看重網路規模。然而，聯合分析法需要一定的訓練才能執行，而且也可能需要為受訪者準備獎金，所以並沒有太多新創企業採用這種方式。另一種能夠評估產品網路效應強弱的方法，則是改用質性分析，

先找出已經具備網路效應的類似產品，再將自家產品的屬性與顧客需求和這項產品做比較，就能判斷網路效應是弱、中等、或是強。

　　哪些類型的產品能享有強大的網路效應？最重要的一類就是提供市場機能的產品，它能連結提出特定要求的各個「需求方」以及擁有高度差異化特色的各個「供給方」。交友網站與求職網站就屬於這種類型，另外，eBay 等線上拍賣網站或是房地產網站也符合這些條件。如果某個社群能夠匯集所有想買賣房屋的使用者，不但買方最有機會買到夢想的家，賣方也最有機會得到最高的出價。

　　產品如果對下列特性有幫助，同樣會有強大的網路效應。一、多元性：能夠提供一系列專屬體驗，例如串流電影或電動遊戲；二、行動性：顧客希望無論到哪裡都能使用的產品，例如信用卡或共乘服務；三、連結性：能和許多親友或業務對象通訊的能力，例如 Skype、WhatsApp，或是臉書、推特等社群網站。

　　Fab 公司曾在早期享受到網路效應的好處，但它的網路效應並不如前面那些例子來得強大，而且隨著公司成長、反而愈來愈弱。儘管第一批使用者很喜歡和朋友分享 Fab 與眾不同的精選產品，形成單邊的網路效應，但是後來新進的使用者並不如先前幾批顧客那麼熱情，網路效應也逐漸消逝。不過，至少在最早的時候，Fab 也曾經享受過跨邊網路效應。當時 Fab 聚

集愈來愈多設計粉絲，也就有愈來愈多提供獨特作品的供應商願意合作，而這些別具一格的產品又會再引來更多著迷於設計的使用者。然而，Fab 一心想提供多樣化的商品，反而讓這種魅力受到限制，因為當商品種類過多，對早期粉絲來說吸引力卻會下降。此外，Fab 後來招攬到的顧客並不要求商品必須僅此一件、別無分號，跨邊網路效應也就慢慢消散。

那麼，Fab 公司從閃購銷售轉向，大幅增加網站上的商品品項之後，有沒有讓公司得到另一種跨邊網路效應呢？答案是「沒有」。確實，有些消費者很喜歡這種品項繁多的零售商，像是亞馬遜的品牌理念就是「從 A 到 Z 無所不包」，而 Fab 的競爭對手 Wayfair 的品牌理念則是「無限多的家用品」。但是，想得到跨邊網路效應，必須雙方都有原因想要積極的加入。閃購網站符合這種要求，但是亞馬遜或 Wayfair 等販售多種不同類型產品的全產品線零售商（broad-line retailer）並不會碰到這種情形。

一般來說，閃購網站的特色在於，商品至少在短期內屬於獨家販售。所以供應商讓商品在 Fab.com 上架，必然是出於某種原因，讓他主動選擇至少在一定的時間內只加入 Fab 的網路，而放棄其他的網路。相較之下，全產品線零售商所販售的數千種產品也能在其他零售管道買到，這些產品的供應商幾乎是只要有人肯買、他們就願意賣。對供應商來說，要和全產品線零售商建立附屬關係，並不需要特別積極、或是有什麼原

因，也不是看中零售商的客群規模（跨邊網路效應），而是只要零售商願意下訂付錢就行。

　　因此，當 Fab 公司想擴大品項的時候，吸引供給方的重點並不在於有龐大的需求方用戶，而在於肯付錢並建立庫存。但是像這樣和亞馬遜與 Wayfair 正面對峙，對 Fab 來說實在是場難以獲勝的硬仗。

　　要是創業者只要確認產品具備強大網路效應，就應該盡快擴大規模，那他們要如何判斷擴張速度是否夠快，又或者是否太快？前文曾經提過，可以用 LTV/CAC 比衡量成長速度。在此，針對具備網路效應的企業，這種辦法依然適用，但要另外注意兩點。第一，新創企業如果具備強大網路效應，應該將 LTV/CAC 比的目標設定在 1.0；至少在推動網路的頭幾年要以此為目標。然而，前文談到「準備好了嗎？」時，我曾建議 LTV/CAC 比要大於 1.0，才能確保新創企業有能力支付固定成本並獲得利潤。不過，如果有強大的網路效應推動新創企業快速成長，我們可以晚點再來擔心固定成本與利潤的問題。雖然最終目標還是要讓 LTV/CAC 比高於 1.0，但暫時還是先把重點放在擴大網路規模、跨過關鍵門檻。

　　第二，在網路效應的影響下，顧客會吸引來更多顧客，因此計算顧客終身價值（LTV）的時候可以將這一點列入考量，加入一項「產品的預期病毒係數」（v），也就是計算每招攬到一位新顧客、就會再額外吸引到幾位顧客。[43] 具體而言，創業

者計算顧客終身價值的時候，應該把一位典型顧客長期為公司帶來的毛利再乘上（1 + v）。舉例來說，如果顧客的毛利折現值為 100 美元，而每位新顧客平均會再吸引到 0.5 位新顧客，則顧客終身價值（LTV）= 100 美元 ×（1 + v）= 100 美元 ×1.5 = 150 美元。這種情況下，如果把 LTV/CAC 比的目標設定在 1.0，表示公司招攬每位新顧客時最高不該付出超過 150 美元的行銷費用。相較而言，如果新創企業從事軟體即服務產業，但又沒有網路效應，每位典型顧客長期同樣能帶來 100 美元的毛利，最高的顧客獲取成本（CAC）又會是多少？根據前文在「準備好了嗎？」的討論，如果 LTV/CAC 比的目標是 3.0，一間軟體即服務的新創企業招攬每一位新顧客的成本最多只能花到 33 美元。我們可以看到這兩個案例中，新創企業能負擔的顧客獲取成本有巨大的差異，這也顯示網路效應為何會激勵創業者積極投入行銷。

　　計算時有一點要注意：預測產品病毒係數的時候，應該以網路效應已經啟動的狀況做假設。在一開始產品的使用者還很少的時候，實際的病毒係數有可能低到谷底。才剛起步的新創企業必須先設法為網路吸引到足夠的使用者，才能真正開始吸引更多的使用者；或許可能得透過付費行銷達到目的。讓我們回想一下三角測量公司的交友程式 Wings，創辦人蘇尼爾・納賈拉吉原本預測病毒係數應該是 0.8，但少了行銷預算讓網路效應真正啟動，結果 Wings 的實際病毒係數只有 0.03。

　　等到新創企業成功讓網路效應發酵，應該就能從預測的數字切換到實際的病毒係數，真正計算顧客終身價值。然而，如果創業者捨棄預測數字，一開始就用最後的實際病毒係數作為目標，就有可能投資不足，使成長停滯。想要避免在預測病毒係數的時候太過自信，一個解決方法就是參考相似新創企業過去的數據。

　　轉換成本。[44] 如同網路效應很強的新創企業會盡快擴大規模，當潛在顧客的轉換成本很高時也一樣。前幾章提過，顧客從原本的供應商跳槽到另一家類似的供應商時，都需要承擔轉換成本，不只包括時間或金錢上的支出，也得承擔各種風險、不便，以及心理上的不愉快。轉換成本分為兩大類：

- **前期成本（Up-front Cost）**。尋找與審查新的供應商像是要發展一段新感情，就是需要時間。要關掉現有的帳戶可能很麻煩，而且要開新帳戶同樣可能很累人，不只要輸入付款資訊，還得設定各種選項。舉例來說，如果想要更換線上券商，使用者就得把資金與證券都轉到另一個帳戶去。要改用某些產品的時候，顧客可能得花錢購買新設備或新軟體，至於換掉的設備與軟體不是得報廢，就是在可行的狀況下轉賣，多少賺回一點錢。舉例來說，如果消費者要從 Google Home 改用 Amazon Echo，因為這兩套系統的設備無法互通，所以得重新購

買相關設備替換每一個房間的智慧喇叭。

一般來說，如果企業改用新的資訊系統，工程師就得把新系統與現有的資料庫與軟體進行整合，例如把新的薪資管理系統連結到公司的銀行帳戶以及會計總帳。轉換的時候，也可能會因為提前解約而必須支付罰款，像是行動通訊服務提前解約要付違約金；或是也可能損失累積至今的利益，像是有些旅客就會願意忍受各式各樣的不便，只為了累積同一間航空公司的飛行常客哩程。最後，顧客可能需要一段時間學習，而員工可能需要一段時間培訓，才能讓新產品真正上手、發揮應有功效。

- **顛覆性風險（Disruption Risk）**。如果是公司關鍵業務必要的活動，更換供應商可能會造成相當大的風險。像是前幾章案例中的巴魯公司就發現，如果顧客已經找到信任的溜狗員，就很難讓他們改變心意，因為這些人並不會很想把公寓的鑰匙交給陌生人。同樣的，更換供應商或軟體系統也有可能遇到問題。舉例來說，如果要把某一套雲端服務換成另一套雲端服務，資料可能在轉移過程中遺失或損毀，對公司來說會是很嚴重的風險。

至於強烈的品牌忠誠度也會構成轉換成本，讓使用者感受到一種心理上的不愉快。如果某種染髮產品好用，又何必冒險改變？要是某個品牌能夠建立強烈的情感連結，像是讓人覺得「我就是開特斯拉的那種人」，更換

品牌就可能會引發小型的身分危機。

　對 Fab 公司的顧客來說，轉換成本很低，他們的確需要花一點時間輸入運送與付款資訊，也要學一學怎麼瀏覽 Fab 的網站，但也只要這樣而已。而前幾章介紹過的新創企業中，不論是三角測量公司的交友會員，或是昆西服飾的購物者，轉換成本同樣並不高。相較之下，吉寶的顧客轉換成本就相當高。不但得要購買新的社交機器人，還必須重新下載、設定各種第三方應用程式，而且也必須花上大把時間再和這個新夥伴「交朋友」。

　所以，為什麼轉換成本高昂會讓新創企業想要快速成長呢？新創企業如果想要挖走另一間公司的顧客，就必須補償他們跳槽時產生的轉換成本。補償方式包括給予折扣如「買一送一」，或是提出其他的促銷獎勵措施，像是「綁約兩年就送 iPhone」，但這些補償都將提高顧客獲取成本。不過，至少在理論上，原有供應商能夠藉此調高價格，進而提高獲利與顧客終身價值，而調漲的上限就是要能讓顧客繼續心甘情願使用原本的產品，而不會被對手的促銷所打動而跳槽。

　考量到這些環環相扣的關係，當轉換成本高昂的時候，各公司可能會搶破頭，想要率先爭取到首次購買的顧客（first-time customer）。這些首次購買的顧客是第一次接觸某種產品類別，還沒和任何供應商建立連結。因此，相較於從對手那裡

把顧客偷過來，直接搶下首次購買的顧客要花的成本就便宜多了。這些人購買產品並不會產生任何轉換成本，也就無需促銷獎勵。而且，招攬他們的成本比較低，代表服務他們可以得到更高的獲利，新創企業也能夠擴大整體潛在市場。特別是就算某些首次購買的顧客終身價值較低，但在獲取成本也比較低的情況下，LTV/CAC 比仍然能夠控制在可接受的範圍。

好消息是，轉換成本高也像網路效應強大一樣，能夠帶來巨大的經濟利益。而想要把這些利益都收到口袋裡，最好的辦法就是比競爭對手早一步搶下那些首次購買的顧客。不過，壞消息是，許多新創企業會搶進正在迅速成長的新市場，因為那裡有許多首次購買的顧客。而且，你的競爭對手也會看到同樣的機會，他們也想早你一步。這樣一來，競爭可能變得十分激烈，而對手也會不斷加碼、推高招攬首次購買顧客所需的成本。此時所有公司都願意砸重本競標，因為只要搶到首次購買顧客，就能用高昂的轉換成本把顧客鎖死在手中。然而，最後的贏家卻可能得付出極高的代價。

由於上述原因，如果是新的市場，而顧客的轉換成本又十分高昂，先行者優勢就會格外明顯。尤其是新產品類別的先行者，有機會在其他對手尚未進入市場之前搶下首次購買的顧客。但是當第一位對手出現，先行者優勢也就此消失，比賽正式開始。以吉寶為例，因為它是社交機器人產業的先驅，而這個產業的轉換成本又很高，所以要是它當初能夠存活下來，至

少在一段時間內都能享有先行者優勢。

規模經濟。隨著交易量增加、規模經濟擴大，新創企業的單位成本也會跟著降低。比起其他公司，有些新創企業可以從規模經濟得到更多好處，因此創業者會感受到一股非得快速成長的推力。新創企業如果符合下列兩項條件，規模經濟就可能帶來非常多好處：一、以目前的銷售量而言，固定的經常費用很高；二、有許多「從做中學」的機會。

固定的經常費用如果平均分攤到更多產品上，單位成本就會降低。在總銷量還不大的時候，規模經濟能讓單位成本大幅下降；但是，隨著總銷量逐漸增加，靠著規模經濟減少單位成本的效果就會逐漸減弱。舉例來說，假設某公司的年度固定成本為 3,000 萬美元，現階段的年產量為 100 萬個單位。要是年產量翻倍變成 200 萬個單位，每個單位的固定成本就會從 30 美元下降至 15 美元。相較之下，如果原先的年產量是 1,000 萬個單位，儘管數字同樣翻倍變成 2,000 萬個單位，單位固定成本卻只會從 3 美元降至 1.5 美元。當某一間新創企業的整體潛在市場規模不夠大，只能撐起一間公司售出 2,000 萬個單位的產品，那麼第一間達到這種水準的公司，就能得到無人能敵的成本優勢。然而，如果整體市場能夠容納許多間公司各自售出 2,000 萬個單位的產品，新創企業就無法靠著規模經濟而得到成本優勢。儘管如此，這間新創企業最好還是跟上競爭對手的腳步，否則就有可能因為單位成本過高，而讓商品變成賠本

出售。

　如果新創企業想要降低單位成本，還可以不斷改進生產方式，例如將某些工作交給專業人員，或是解決生產上的瓶頸。透過學習曲線的效應，當公司產量愈大、「做」得愈多，就愈有可能找到降低成本的機會、能夠「學」到更多。當新創企業處於下列狀況，這種「從做中學」的方式可以達到最好的效果：

- **生產流程能夠創造高附加價值。**學習曲線會隨著累積總產量翻倍、帶動單位成本下降的比例而變動。就像飛機組裝或半導體製造業的狀況，當生產流程當中的勞力與機械能為產品帶來龐大的價值，常常就能得到最陡峭的學習曲線。「附加價值」（value-added）指的是「產品最終成本」與「原物料成本」之間的差額，其中人力與設備成本占多數。靠著「從做中學」，通常就能省下一些人力與設備成本，例如改善某個新生產流程，逐步找到方法減少設定機器所需的時間。相較之下，來自商品市場（commodity market）的許多原物料，像是鋁或電力等，就算大批採購也省不了多少單位成本。

- **相關技術穩定。**當生產技術穩定時，最有可能靠著「從做中學」帶來競爭優勢。然而，如果有個規模不大的競爭對手，出人意料的得到全新、效率更高的生產技術，就可能一舉超越規模較大的現有企業，並且讓他們過去

辛辛苦苦「學」來的成本優勢一夕消失。

• **學習結果可以獨占**。一間公司「學」到改善生產流程的
方法後，如果無法透過專利、保密協定，或是靠著嚴格
的保密流程獨占內容，就有可能因為競爭對手抄襲而喪
失成本優勢。

　　Fab 公司一如大多數企業，都受惠於規模經濟帶來的好處，
但卻不足以推動公司快速成長。在早期，Fab 的商品是由供應
商直接送到消費者手中，完全避開管理倉庫的固定費用，這讓
固定成本維持在低檔。同樣的，帶來附加價值的元素，例如能
夠將原物料轉化為成品的人力與機械，也只占總成本的一小部
分。Fab 除了自有品牌的客製化家具之外，都是直接向供應商
購買成品，因此，學習曲線無法為他們帶來龐大效益。

（傻瓜的）淘金潮？

　　強大的網路效應、高昂的顧客轉換成本，以及龐大的規模
經濟，都會形成推力、促使新創企業迅速成長。但也有些時
候，就算沒受到這些因素推動，新創企業也會希望加速發展。
只要新創企業已經「做好準備」、「有能力」、「有意願」，而且
市場競爭還沒有熱到讓顧客獲取成本高於顧客終身價值，迅速
發展也不見得是壞事。

　　但是，Fab 公司就是在一個過熱的市場中，沒有強大的網路效應、高昂的顧客轉換成本，也沒有龐大的規模經濟。而戈德堡還是不顧一切，把油門踩到底。這樣的人還不是只有他，因為他的兩大線上競爭對手 Wayfair 與 One Kings Lane 也都拚了。像是 Wayfair 就在 2012 年砸下 1 億 1,300 百萬美元行銷經費，創造出 6 億 100 萬美元的銷售額。閃購網站 Gilt Groupe 與 Rue La La 也砸下大錢刺激居家飾品銷量，最後連亞馬遜也帶著強大火力加入市場戰局。這些競爭對手削價競爭、還加大廣告力道，就是希望比對手更能吸引買家注意。在 2012 年與 2013 年，電商之間的競爭成了一場搶地戰爭。為什麼會這樣？難道所有人都希望能淘到金子嗎？

　　至少有三種原因可以解釋創業者為什麼會為了成長而砸下太多錢。第一，他們有可能根本沒發現顧客獲取成本已經過高。但這不太可能發生在線上家庭用品業，因為當企業的銷售額達到 1 億美元，幾乎不可能還沒有雇用專人來分析世代績效與顧客獲取成本趨勢；不過，這種事也不是完全沒有。第二，他們或許確實知道行銷支出過高，卻因為太過自信又一廂情願，以為馬上就要柳暗花明。

　　至於會讓人砸太多錢來推動成長的第三個原因就比較陰險了：他們希望有另一個更大的傻瓜來搶著付帳。要是創業者發現所處產業已經開始進入搶地戰爭，但投資人依然高估這間新創企業時，或許就會想要利用這個投機泡沫（speculative bubble）。他可以不斷把股權以高價賣給新進的天真投資人，而這些投資人無視整個產業的虧損不斷增加，只看到爆炸性的成長而深深著迷。就連公司現有的投資人也可能鼓勵這種行為，因為只要能在這場大風吹遊戲結束之前賣出公司或是公開募股，他們就能大賺一筆。

所以，如果你是一位已經陷入淘金潮的創業者，但很擔心自己的新創企業挖的不是金礦，而是自己的墳墓，你究竟該怎麼辦？答案就是先慢下腳步。真的，這不是在開玩笑！另外，要確定公司銀行帳戶裡備有足夠的現金。雖然你可能有一段時間很難募到資金，但是那些為了擴大規模砸下太多錢的對手總有一天會被現實追上，再也撐不下去，又遭到投資人拋棄。要是你已經準備好充足的資金應付這一波衰退，公司就能存活下去。

另外，有沒有可能說服對手一起放慢腳步、降低競爭的力道？[45] 如果是在新興市場，競爭對手又都勢均力敵，就像家庭用品線上零售產業那樣，創業者就很有可能說服競爭對手減緩競爭，達到雙贏的結果。舉例來說，創業者可以減少支出，再向商業媒體、產業分析師、供應商、監管機構、投資人與通路夥伴解釋理由，並在過程中試著說服競爭對手，提醒大家彼此都已經為了拚成長而投下太多資金。當然，勾結壟斷定價是違法的行為，我們並不是要讓一群人聚在小房間裡抽菸串通各種協定與承諾，而是要以身作則，並且希望競爭對手能夠從善

如流。

　　研究賽局理論的學者發現，如果具備下列條件，比較容易出現互惠、降低競爭的作為：

1. **成員人數不多**。如果是較大的群體，就更可能有人不合群，在其他人放緩步調的時候反而加碼、偷取市占率。
2. **成員已有長期互動**。這些人更能理解彼此放出的訊號與動作，也更有機會建立信任。
3. **成員希望未來繼續互動**。這些人更重視名聲，不希望打破眾人協議放慢腳步的默契。
4. **對市場商機的看法相同**。當競爭者對於市場規模與成長的看法不一，對彼此相對實力的評估也不同，就會增加過度競爭的風險。
5. **各種動作公開透明**。在眾人協議減緩競爭後，如果一切動作都能夠公開透明，就比較不會有人「作弊」，像是偷偷的幫關鍵客戶降價。
6. **從決策到出現明顯動作之間的時間間隔短暫**。這樣一來，就比較不容易在對手示好的時候，其他公司卻一時不察而繼續砸錢推動競爭。

　　在以上種種條件當中，只有第二項不適用於新創企業，畢竟從本質上來說，新創企業就是不會和其他公司有長久的互動

歷史。不過，就算狀況符合其他條件，想向競爭對手發出訊號、說服大家一起回歸合理開支的時候，還是要注意兩項風險。第一，對手可能誤以為你已經快撐不下去，無法面對白熱的競爭，正在絕望中掙扎，於是反而更下定決心推動競爭。第二，投資人可能對這種風險訊號反應過度，反而使得整個產業的估值遭到壓低。

本章最後我們來重複一下重點：Fab 公司並未通過 RAWI 測試。在「能力」這一點上，Fab 不只有足夠的人力資源，也有能力將人力有效的安排，要擴大規模不是問題，只是他們無法募到足夠的資金，來支持積極的擴張計畫。在「意願」方面，無論是戈德堡或是投資人，當然都希望看到 Fab 的成長。至於「推力」這一點，Fab 並沒有強大的網路效應、轉換成本或規模經濟所帶來的推力，但這並不代表擴張絕不可行，而是顯示出擴張只是一個選項，而非必要的行動。

Fab 真正的根本問題在於「準備」，因為他們根本還沒準備好要擴大規模。當他們從一開始的「黃金世代」擴張到主流市場之後，就已經失去產品與市場的契合度。急著成長而進軍主流市場，特別是在競爭對手也加大力道招攬顧客的狀況下，就讓 Fab 的 LTV/CAC 比遭到嚴重的壓縮，以至於跨足歐洲市場反而成為壓垮公司的最後一根稻草。

　　在下一章，我們會談到和 Fab 公司同一個產業的另一間新創企業 Dot&Bo。這間公司一樣沒能通過 RAWI 測試，但遇上的問題不同。他們和 Fab 一樣，執行長與董事會都有意願想要推動成長，也都沒有推力逼迫他們必須成長。但是和 Fab 不同的是，Dot&Bo 已經做好了擴大規模的準備，他們在成長的時候仍然能維持產品與市場的契合度，不過最終還是因為缺少取得某些關鍵資源的能力而失敗。

08
缺少援助

Dot&Bo 公司的創辦人是曾經多次創業的創業家安東尼·蘇胡（Anthony Soohoo），他在 2007 年將自己的名人新聞網站賣給廣播企業龍頭哥倫比亞廣播集團（CBS），由集團旗下的數位內容網路部門哥倫比亞互動（CBS Interactive）接手，他也順勢進入哥倫比亞廣播集團擔任高階主管。[1] 幾年後，他看到一項商機，覺得可以運用電視圈講故事的技巧，推動食物、旅行與居家飾品等生活品味類型商品的電子商務銷售。但是哥倫比亞廣播集團不願意在公司內部資助這項理念，於是他離職自立門戶。2011 年，蘇胡成為三合創投公司的駐點創業家，開始探索他發現的商機。

當時蘇胡甚至還沒有確定要鎖定哪一種生活品味類別，就已經在三合創投領投的 A 輪募資取得 450 萬美元，投資前估值達到 900 萬美元。6 個月後，他鎖定了家具領域；這是一個龐大的市場，但當時的實體業者表現並不理想，常常令消費者失望，不只現場品項有限，銷售人員太急著推銷、訓練不足，

而且運送時間又拖得很長。又過了 2 個月，來到 2013 年 2 月，蘇胡與一小群員工共同成立 Dot&Bo 公司。

Dot&Bo 與眾不同的關鍵在於，他們精心挑選各種居家飾品與家具品項，而且所有品項會各自放進不同風格的房間當中，彼此搭配形成有整體感的設計風格。他們推出的系列都設計成如同幻想中的電視影集，例如「愛因斯坦的辦公室」、「現代不法之徒」等，而各項產品就是影集裡面的「角色」。蘇胡解釋說：「一般人想要賣椅子的時候，會把 99％ 的重點放在椅子的規格上。但我們覺得，只要把 50％ 的重點放在椅子上，另外的 50％ 則要放在房間內其他物品上。我們結合所有元素，然後販賣整體概念，優秀的室內設計師都是這樣做。」Dot&Bo 的產品價格實惠，只比宜家家居（IKEA）貴 10％，但品質與設計都更棒。

對於希望得到設計靈感與指引的消費者來說，這種方式很能引起他們的共鳴。公司月銷售額迅速成長，2013 年 2 月還只有 1 萬美元，2013 年 12 月已經增加到 75 萬美元。消費者點開 Dot&Bo 促銷電子郵件的比例，是業界平均值的 2～3 倍；促銷電子郵件是他們關鍵的行銷管道。三合創投的合夥人暨董事會成員古斯・泰伊（Gus Tai）就說：「這種起步的勁道，是我見過的線上零售商裡數一數二強的。」

為了取得資金再推動進一步成長，蘇胡決定進行 B 輪募資。短短兩週，他就收到兩份投資條件書，而且還有一間大型

實體零售商不請自來，主動提出希望以 4,000 萬美元收購 Dot&Bo。但董事會覺得前景大好，要求蘇胡拒絕這項提議，蘇胡也確實照辦了。最後，他們於 2014 年 3 月以投資前估值 5,000 萬美元募得 1,500 萬美元，完成 B 輪募資。

經過 2014 年一整年後，顯然 Dot&Bo 既有能力擴大客群，同時也成功維持產品與市場的契合度。顧客回購率居高不下，口碑推薦也好評不斷。根據估計，當年招攬的新顧客預計每一位的顧客終身價值（LTV）約為 200 美元，而招攬成本則為 40 美元，這種 LTV/CAC 比相當驚人，表現比線上家具業界的主要競爭對手優秀太多。據蘇胡表示，有些時候「對方可能得花 400 美元，才能招攬到一位只買 50 美元商品的顧客」。Dot&Bo 在 2014 年的營收是 1,500 萬美元，比起 2013 年幾乎翻了 7 倍。然而，雖然營收成長強勁，每個月的顧客世代績效也屢屢達標，但是迅速成長卻讓他們付出代價。Dot&Bo 把 42％的營收都再次投入行銷中，而後文會提到的種種營運問題，也讓公司的毛利率只有 25％；在 2014 年，他們的營業利益虧損高達 800 萬美元。

爆炸性的成長讓 Dot&Bo 公司的供應鏈十分緊繃。這間新創企業採購商品的方式很多，有些供應商是在 Dot&Bo 收到訂單前，就把大批商品運來倉庫；也有些供應商是在連續收到好幾批訂單之後，才陸續將商品分成小批貨物送來倉庫；還有些供應商是直接將個別商品寄送給 Dot&Bo 的顧客。由於供貨方

式如此複雜，Dot&Bo 的交貨時間變得十分不穩定，就算訂出日期也常常不準時。於是，顧客給 Dot&Bo 的淨推薦分數（顧客願意將 Dot&Bo 推薦給朋友的可能性有多高）在購買後與交貨後就出現驚人的落差。購買後是 41％，而交貨後竟然掉到－17％。此外，Dot&Bo 的飛速成長完全出乎供應商意料，導致庫存不足，他們也被迫不得不取消許多訂單。然而投資人仍然信心滿滿認為：「需求太高應該是好事。」但事實不然。

2013 年，Dot&Bo 靠著一批年輕、充滿活力的員工管理倉儲與運送。雖然他們沒有相關經驗，但還能勉強完成工作，至少一開始沒有問題。不過後來隨著問題愈來愈複雜，蘇胡意識到需要一位經驗豐富的主管來掌管營運。他請來的營運副總不但曾經在兩間大型科技公司擔任部門總經理，也擔任過兩間新創企業的執行長。只不過，他在過去的職務中，從來沒有負責過 Dot&Bo 所屬電子商務營運的類似工作。

這位新副總的首要任務其中一項，就是選擇一套企業資源規劃系統（Enterprise Resource Planning system，簡稱 ERP 系統），管理採購、庫存、訂單等營運事務。然而因為營運團隊缺乏產業經驗，他們的選擇並不恰當，買下的系統無法處理 Dot&Bo 複雜的採購方式組合。結果，工作團隊根本無法準確追蹤產品的庫存狀態，很多時候網站上顯示缺貨，但事實上卻有庫存，或者是網站顯示有貨，但倉庫卻沒有庫存。因此，公司流失很多原本能成交的業績，許多訂單都得拖上好幾個月，

顧客不斷來詢問狀況。然而公司聘用與訓練客服人員的速度又跟不上進度，有些電子郵件可能要等上 11 天才會有人回應。此外，為了盡快處理已經延誤的訂單，採用急件寄送包裹的做法也進一步侵蝕 Dot&Bo 的毛利。

蘇胡回憶，當時由於 ERP 系統的問題：「我們連『我的貨在哪裡？』這種簡單的客服問題都無法回答，也無法準確計算運費。那套系統甚至不能預測需求、與供應商聯絡，或是追蹤顧客意見以找出問題的癥結。」他又補充說：「一旦讓一套 ERP 系統上線，要再更換就很困難，特別是當你的資訊技術團隊跟我們一樣規模不大、又已經過勞，狀況就更不樂觀。」

2014 年下半年，蘇胡把團隊的工作重點放在控制公司的後勤與營運，因此減少行銷支出，希望能讓需求成長減緩；但是由於 Dot&Bo 在社群媒體上爆紅，挑戰更加艱鉅。與此同時，蘇胡又聘請來一位新的營運副總，具備後勤方面的豐富經驗，最亮眼的經歷是他還待過 Netflix。這位新的副總重新協調了 Dot&Bo 的貨運合約，更嚴格要求供應商對商品的交付期限負起責任，而且也制定計畫準備改用新的 ERP 系統。到了同年年底，相較於春季有 40％的訂單都延誤送達，這時延誤的比例只剩下 15％。此外，購買後和交貨後的淨推薦分數差距也縮小了，還分別大幅提升到 54％以及 55％。

2015 年 5 月，蘇胡眼看營運上了軌道，當年營收預計將由 2014 年的 1,500 萬美元提升到 4,000 萬美元，於是打算進行

C 輪募資，希望能以 2 億美元的投資前估值募得 3,000 萬美元。然而，在這之前的一年，潛在投資人對電子商務公司的態度愈來愈懷疑。因為他們看到消費者相關的網路股票價格平均下跌達 40％，領頭的閃購網站珠俐莉是針對媽媽客群提供服務，股價也從 2014 年 2 月的 70 美元，暴跌到 2015 年 5 月只剩 11 美元。

忙了 4 個月卻一直無法成功募資，Dot&Bo 董事會決定改為試圖出售公司。當時確實有幾位買家出價，其中包括美國某間大型線上零售商出價 5,000 萬美元。然而談判進度緩慢，Dot&Bo 手頭的資金更是迅速縮水。為了避免現金見底，蘇胡在 2015 年底把員工總數從 6 月高峰期的 91 人砍到 71 人。

到了 2016 年春季，Dot&Bo 的併購協議仍然尚未定案，此時卻爆出一條新聞：競爭對手 One Kings Lane 線上家具公司在累積募得 2 億 2,500 萬美元創投資金後，已經以不到 3,000 萬美元的價格賣給 Bed Bath&Beyond 公司。[2] 蘇胡表示：「那條消息把電子商務企業的市場完全打入冰凍期。」Dot&Bo 收到的收購提案全數遭到撤回。2016 年 9 月，銀行抽掉 Dot&Bo 的銀根，這間新創企業只能黯然倒閉。存貨清點變現之後，價款用來償還貸款，並提供員工兩週的遣散費，最後公司的剩餘資產賣給阿里巴巴，售價還不到 100 萬美元。

募資風險

我在前一章介紹了 RAWI 測試，能用來判斷新創企業是否已經準備好、有能力、有意願，以及受到推力要迅速成長。其中，「準備好了嗎？」就是在問新創企業是否能夠取得擴大規模所需的資源，並加以有效管理。Dot&Bo 公司正是在這一個項目有所不足，於是落入了我所謂的「缺少援助」失敗模式。缺少援助的企業與陷入速度陷阱的企業不同，雖然能維持產品與市場的契合度，但無法取得繼續擴張所需的資源。具體而言，Dot&Bo 的問題在於沒有聘到適當的高階專責主管，再加上所有電子商務領域的新創企業一時之間都無法得到新的投資。因此，既可以說 Dot&Bo 的失敗是因為犯了錯誤（雇錯人），也可以說是因為運氣不好（資金市場狀況不佳）。

每間擴大規模的新創企業，多少都得面臨募資的風險，甚至有可能因為資金市場狀況不佳，即使體質健全的企業也無法取得所需的資金。有時候，就像 Dot&Bo 無法取得資金的狀況，是因為投資人忽然對整個相關產業都失去了興趣。當整個產業失寵，投資人可能會有好幾年都對相關企業毫無興趣。此時如果新創企業正在迅速擴大規模、需要大筆資金，卻又碰上市場局勢翻轉，就很有可能難以生存，只能等待投資人平復情緒、回心轉意。就像身兼三合創投公司合夥人與 Dot&Bo 董事的古斯・泰伊回想這件事時提到：「在 2015 年，想為電子商務

新創企業募得外部資金變成一件不可能的事。大多數產品類別都會定期面臨募資風險,電子商務產業也不例外。但是,那次投資人情緒崩盤卻是我始料未及。」

蘇胡談到 Dot&Bo 的失敗時表示:「要是當時投資人對我們這個產業仍然有強烈的興趣,我認為我們應該有 3 億美元身價,可以賣給渴望進軍數位家庭領域的大型零售商。又或者,我們本來也可以把公司帶向獲利。要是我們還能進一步培養團隊,或許還有公開募股的可能。」三合創投的泰伊也同意:「想要在電子商務取得成功,必須具備很好的執行能力。而 Dot&Bo 在需求面上就執行得很好。如果有更多時間與經費,相信我們也能解決供應面的問題。」

創投資金很容易出現超漲超跌的循環。著名的例子像是 1980 年代初期的個人電腦軟體與硬體業;1990 年代初期的生物科技業;2000 年代晚期的潔淨科技產業;當然還有 1990 年代晚期的網際網路公司風潮,可說是一切泡沫之母。[3] 在這些例子裡,創投業者都曾在某個熱門新領域中投注大筆資金給幾十間企業,但忽然之間資金就不再流動,而亟需資金的新創企業也只能掙扎求生。

這種超漲超跌的循環並不一定都會席捲整個產業,有時候只會影響某些類別,像是餐點外送服務、虛擬實境、寵物照護、比特幣/區塊鏈、直銷品牌、機器人投資(robo-investing)或自駕車等。

　　投資泡沫的開始，一般是創業者與投資人發現某項巨大的新商機，這通常是由某種技術上的突破所觸發，像是機器學習、基因編輯，或是語音辨識軟體，例如吉寶。又或者泡沫源自創業者看到能讓新商業模式發揮作用的各種方式，像是 Fab 的閃購功能、巴魯公司的「零工經濟」勞動力，或是昆西服飾的「直銷式」零售方式。再者，如果有新的配銷管道迅速普及也可能帶來機會，像是手機、或是三角測量公司採用的臉書應用程式平台。率先行動的人就能得到一股向前的動力，但也會吸引別人在後面有樣學樣的跟上。創投業者如果錯過第一波機會，就得十分辛苦才能趕上下一波的機會。在「非理性繁榮」（irrational exuberance）發揮作用、同時吸引到創業者與投資人的時候，這些人就有可能用力過猛，於是把太多新創企業帶向市場。到頭來，產業也就變得太過擁擠，新創企業必須投入重本才能取得優勢。接下來的景況就是一片蕭條與倒閉。如果只是某些思慮不周、資金不足的業者在路上倒下，並沒有多少人會感到驚訝，但如果連整個產業類別的龍頭都無力再支撐，就像是警報大作，投資人也會群起逃離，繁榮的泡沫就此破裂。Dot&Bo 就遇上這種情形；同產業的大型對手 Fab.com 與 One Kings Lane 公司顯然面臨危機之後，這間新創企業也就陷入資金枯竭的困境。

　　那麼哪些類型的新創企業最容易遇上募資風險？雖然處在創業早期的新創企業無法避免募資風險，但至少會有一點優

勢：這些企業存活所需的新資金遠小於創業晚期的新創企業所需。例如，假設有一支 6 人團隊，或許只要一筆 75 萬美元的過橋貸款，就能再撐個 2 年，而且他們現有的投資人或許也會有能力、有意願提供這樣的貸款。

相較之下，就算已經盡力撙節開支，來到創業晚期的新創企業通常還是需要相當多營運資金。就算現有投資人手上有 1,000 萬美元能夠提供過橋貸款，因為這不是一筆小數目，他們還是會停下來好好思考一下，像這樣一投再投，會不會就變成無底洞。而且正如蘇胡學到的教訓，如果連現有投資人都心有疑慮，就很難再吸引到新的投資人。當募資進度一拖再拖，新創企業也會在同時迅速燒掉手頭上剩下的資金。對於那些成長速度快到無以為繼、即將落入速度陷阱的新創企業來說，募資風險更是創業路上的一大危機。要是不能盡快踩下煞車，就會一頭撞進破產的結局。

Dot&Bo 公司的採購主管班‧帕薩（Ben Parsa）認為，他們之所以會落入募資風險，是因為仿效三合創投公司投資組合裡的另一間電子商務企業珠俐莉公司，採用「快速茁壯」的策略：

　　　三合創投在珠俐莉公司公開募股的時候賺到龐大的獲利，珠俐莉也很快就建立起強大的電子商務品牌。許多現有企業之所以會想買下新創企業，正是因為無力

自行打造線上品牌。我們從一開始就是照著這套劇本在走。想讓 Dot&Bo 成為誘人的收購標的，就必須達到一定的規模。我們不一定要真的能夠獲利，只要有足以推動成長的資金就行……一開始要拿到錢似乎不是問題，蘇胡也很會募資。所以，我們可以大力推動成長，而且網站的內容與選品策略也確實有效。當時市場上還有許多需求沒發揮，我們的電子商務對手都還沒滿足那些需求。因此我們就像是打造一輛送貨列車，而且讓它全速奔馳。但等到資金市場關閉，就很難靠著在營運上踩煞車而讓現金流達到收支平衡。

創業者究竟可以做些什麼來避免募資風險，或者至少降低影響？

首先，要小心提防超漲超跌的趨勢動態。我並不是說創業者一定要避開正在超漲的產業，也不是說只因為自己的新創企業進入相關產業已經晚一步，就得要放棄計畫。畢竟，Google 很晚才進入搜尋領域，而 Dropbox 也是文件管理軟體的後起之秀，但因為他們的產品都非常出色，自然能從現有企業手中搶下市占率。所以，創業者一開始該問的是：如果要面對早就站穩腳步的競爭對手，我這間新創企業的競爭優勢在哪裡？以及，如果資金市場枯竭，我的早期投資人有沒有能力或意願提供過橋資金？

　　領導著創業晚期新創企業的創業者，如果覺得可能遇上募資風險，也可以預先採取一些防範措施。[4] 第一，募資的時候雖然會根據財務預測做判斷，衡量達到下一個重要里程碑需要多少資金，但此時可以試著募資超過財務預測認定所需的資金金額。有一筆額外的現金作為緩衝，就可能成為新創企業生與死的差別。舉例來說，亞馬遜完成首次公開募股後沒多久，就發行了 20 億美元的公司債；雖然接下來幾年間網路泡沫破滅、資金市場凍結，但這筆款項讓亞馬遜得以應付當時的巨額虧損。相較之下，原本大家認為可與亞馬遜相提並論的 eToys 公司，卻在公開募股不久就碰上網路公司估值崩潰，再也無法募得更多資金，最後破產收場。

　　對創業者來說，是否要準備緩衝資金需要一番天人交戰，因為這代表要在恐懼與貪婪之間做出選擇。如果害怕資金短缺，就會需要募集更多資金，但這樣一來也就代表，創業者的股權將會進一步被稀釋。要是短期內並不需要這筆錢，搞不好大約 18 個月後才會有需求，為什麼不再等一等呢？只要這間新創企業以穩定的步調前進，到時候應該已經達成一些關鍵的里程碑；只要屆時資金市場仍然對企業開放，就能用更高的股價進行新一輪募資，進而減少管理階層與以往投資人股權遭到稀釋的情形。

　　而且，就算創業者想要募集到比當下所需更多的資金，潛在投資人也可能不太願意同意這樣的做法；這對投資人來說同

樣是要在恐懼與貪婪之間拉扯。這些創投業者貪圖的是,要是這間新創企業能夠穩定經營,只要在 B 輪募資一舉大筆投入 4,000 萬美元就能取得更多股權;相較之下,如果在 B 輪只投入 1,500 萬美元,等到 C 輪想再投入 2,500 萬美元的時候,股價就已經飆得更高,能取得的股權也就少了。而創投業者恐懼的是,要是一舉投入 4,000 萬美元,但這間新創企業之後的表現卻荒腔走板,那麼相較於只投入 1,500 萬美元,他們就會損失更加慘重。

創業者想防範募資風險的第二項預防措施,也就是在尋找創投業者的時候,該找的是在新創企業生死關頭有能力與意願提供過橋資金的創投業者。在取得合理報酬的情況下,創投業者的每一批資金會慢慢用上大約三年,接著就會再去募集一批新的資金。而一般來說,創投業者投資某一間新創企業之後,通常不會用新一批的資金來進行後續追加投資。所以,如果創投業者原本用於投資某間新創企業的那一批資金已經用盡,一般來說就不用期望他們會對這間新創企業再做後續投資。雖然創投業者可能在這段時間募集到新的資金,但如果用新資金來投資原本的新創企業,新舊兩批資金的有限合夥人(limited partner)就可能產生利益衝突。

舉例來說,假設創投業者曾經用第三批資金投資某間新創企業,現在想用第四批資金進行後續投資。那麼,要是這間新創企業的新一輪募資估值高得不合理,就等於是過度稀釋第四

批資金的有限合夥人能拿到的股權，而使第三批資金的有限合夥人得利。為了避免這樣的衝突，創投業者每批資金都會預設一定的比例，用來投資首次進入投資組合的新創企業，並保留可以對這些新創企業做後續投資的餘額。但這就是一門並不精確的科學，因為有時候創投業者的投資速度超出預期，於是手頭的資金完全用光了。所以，創業者在簽下投資條件書之前，也應該先了解一下潛在投資人手中這批資金還剩多少餘額。

同樣的道理，如果某間創投業者目前這批資金的投資報酬差強人意，當他們看到投資中的企業在存亡關頭，會願意加碼相助的可能性也就比較低；畢竟創投業者還是得設法提高報酬率，並且對有限合夥人有點交代，在未來募集新資金的時候才比較有利。

至於要防範募資風險的第三種辦法，則是試著保留一些在必要時削減成本的彈性，只是創業者也有可能需要為此做出一些妥協。舉例來說，雖然簽下長期租約或許能夠省下一點租金，但如果新創企業考慮採用短租，儘管付出的租金比較高，卻可以換取隨時終止合約的彈性。

欠缺管理人才

在新創企業擴大規模的過程中，除了募資風險之外，其他資源的短缺也可能大大影響存活機率。特別是欠缺管理人才，

在關鍵部門缺少有能力的高階專責主管，就會讓正在擴大規模的新創企業營運表現受到影響，燒錢速率超過預期。

Dot&Bo 尋找第一批高階專責主管的時候，就十分不順利。當時公司需要一位營運領導人，而蘇胡找來的人選是一位通才而非專才，結果很不理想。蘇胡本來希望培養他成為營運長，合理的認為應該是具備通才的人選比較合適。但不幸的是，這表示他缺少某些專業經驗，反而無法處理當時嚴重影響公司的問題。所幸，後來接手的另一位營運副總具備相關經驗，也成功讓營運穩定下來。但是，蘇胡卻依然不滿意第二位副總的表現，最後同樣把他換了下來。蘇胡解釋說：「他是那種只會在大公司工作的人，你叫他處理什麼問題，他就只處理那個問題。儘管平均物流成本（fulfillment cost）等相關營運指標確實有改善，但他用的方法不見得對整體業務有利。他並沒有把自己當成企業主在思考營運問題。」Dot&Bo 共同創辦人暨採購主管班・帕薩也同意蘇胡的看法，並補充說：「他就像很多大公司的主管一樣，非常懂得怎麼混淆視聽；他知道如何操弄數字，讓一切看起來好像都沒問題。」

針對這些觀點，創投業者本・霍羅維茲所見略同，他提出警告，認為像這樣在大型組織磨練而成的管理風格，很有可能會被新創企業的領導者覺得「過於政治化」。[5] 霍羅維茲也指出，有一件事可能讓許多當過大企業高階主管的人難以適應：在新創企業裡，主管必須自己主動做事，否則什麼都不會發

生；但是在大公司裡，主管多半是接收別人提出的大量要求，
讓他提供意見或裁決。

　　要是 Dot&Bo 的管理團隊更早找到合適的營運副總，或許
就能留下足夠的現金，並且撐過電子商務投資的冰凍時期。此
外，蘇胡在聘用專才人員的決定上還犯了另一個錯誤是，他從
外面找來一位資深行銷人員，換掉原本一直負責行銷工作的年
輕通才員工。那位員工其實一直做得很好，只是過去並沒有管
理團隊的經驗。蘇胡說：「我本來以為外人可以教我們一些
事，但他就是災難一場，最後只撐了四個月。他做事太一板一
眼，拖慢大家成長與學習的步調。我們最後又讓年輕的通才人
員重回崗位，他也讓一切又重新步上正軌。我學到的教訓就
是，如果自己人已經快把事情搞清楚了，要找外人進來就該三
思而後行。」

　　所以，關於要不要請專才人員，Dot&Bo 是在某個部門請
得太早，但在另一個部門又請得太晚。這也凸顯出新創企業在
擴大規模時，又面臨聘用高階專責主管的問題會有多少挑戰。這
樣的困難有一部分在於，創辦人如果是某個特定部門出身，例
如工程部門，通常不會知道該怎樣聘請其他部門所需的專業人
員。創辦人可能根本就不了解某項職位的關鍵因素，例如需要
什麼技能？相較於強大的問題解決能力，專業技術知識有多重
要？而且，創業早期的新創企業通常沒有資料能進行嚴謹的分
析，該怎麼知道什麼時候能用過去的經驗作為行動指南？

　　關於招聘專才人員的難處，搜尋引擎最佳化（SEO）軟體供應商摩茲公司（Moz）創辦人暨前任執行長蘭德・費希金（Rand Fishkin）提出一種見解。他表示摩茲「從成立之後，一直很難打造出高品質軟體」的原因，就在於他沒有進階的技術與技能，因而很難吸引優秀的工程師。[6]他又補充道：「要是對某個部門了解不深，自然不太可能擁有相關的人脈，也就可能辨識不出那個領域優秀的員工人選。」

　　所以，我們究竟該怎麼做？有時候，就像 Dot&Bo 行銷部門的例子，正確的辦法就是讓那些能把事情搞清楚、逐漸成長為適任人選的通才員工繼續留任。但是，如果真的需要專才人員，創辦人可以考慮下列三種選擇。[7]

　　風險比較低的一種方法是，透過推薦或獵人頭公司，找一位相較資淺的專才人員。這種方法的優點在於，這位新員工也能做必要的第一線工作；他的薪水不會太高，所以就算請錯人，代價也不會太過昂貴；公司領導團隊也能得到一點關於招聘的經驗。至於缺點則在於，雇用資淺的專才人員後，並沒有其他人具備相關的專業知識能夠好好管理他，因此他有可能走偏。

　　另一種方法則是，創辦人可以一開始就聘請一位高階專責主管，由他打造整個部門，並且靠他招聘第一線員工、建置關鍵系統與流程。然而，如果他是確實有資格的人選，提出的薪酬條件可能會讓創辦人大感猶豫。舉例來說，有一次某位營運長人選具備家具運送物流的經驗，但他提的薪水足足是預算的

兩倍，蘇胡只能放棄。然而，就算創辦人既有慧眼、也有口袋能夠聘用高階專責主管，仍然還是必須承擔風險。像是如果應聘人選只在大公司工作過，文化契合度就有可能出現問題，難以適應新創企業的節奏；他也可能太執著於以前公司的做法，而沒發現這不適合新創企業。

至於最後一種做法，則是擷取前兩種做法的折衷，也就是聘請一位不要太一板一眼、又有求知慾的中階專才人員，他既有能力與意願做第一線的工作，但也會希望能夠迅速升職到管理階層。

在擴大規模的新創企業中，執行長進行這些關鍵招聘決策的時候，應該要多多聽取各方意見。像是董事會成員應該可以介紹員工人選並協助面試；創投業者則通常已經協助過投資組合裡許多公司尋找高階主管，對各項職位的要求或許也能提出寶貴的意見，特別是執行長缺乏相關部門經驗的時候，更需要他們的建議。

此外，如果能有一流的人資主管，也可能大大提升新創企業找來的高階主管品質。隨著新創企業擴大規模，人資部門的重點也會逐漸改變，很需要有一位能夠應付這種變化的人資主管。弗萊特隆學校（Flatiron School）是一間正在迅速成長的程式設計訓練機構，他們的營運長克麗絲緹‧麗歐丹（Kristi Riordan）提供了一個很好的例子，讓我們看到人資部門應該如何與時俱進。在第一階段，這間學校人資部門的首要任務是

招聘。麗歐丹表示：「一開始，新創企業只要靠著人脈推薦就能撐上一段時間，但最後還是該找一位全職的招聘專員。這個人選不好挑，因為市場上有太多招聘專員只抱持著完成工作的心態。但你需要的人選應該能夠擁抱你的使命與文化，而且在吸引人才的時候反映出你的價值觀。」[8]

到了第二階段，弗萊特隆學校的首要任務變成人才管理，也就是「訂定員工到職與離職的流程、制定福利計畫，以及在整個組織內由上而下一層又一層的傳遞目標」。

弗萊特隆學校的第三階段重點則在於人才發展，也就是為中階主管提供培訓與職涯發展的機會。當擴大規模的新創企業來到這個階段，人資部門主管還必須達成下列功能：一、確立組織設計，包括新增職位時重新調整階層關係；二、向執行長建議保存與強化企業文化的方法；三、為執行長與其他高階主管提供諮詢，幫助他們精進技能、調整管理風格以應對新的挑戰。如果人資主管有能力處理這些任務，對於如何補足企業所欠缺的管理人才，自然就能提供寶貴的見解。

欠缺適當的系統

處在創業早期的新創企業工作團隊比較小，員工可能只要在走廊聊聊天就能分享重要資訊，或是一起吃個披薩就可以決定關鍵的策略。但是，隨著員工人數增加，光靠臨時溝通根本

不夠；各個部門都需要新的系統與流程，來協助員工分享資訊與做決策。舉例來說，業務部門需要各種流程來判斷客戶名單的優先順序、掌握每位客戶的獲利貢獻程度，以及業務人員的獎金等。產品與工程部門也需要各種流程來追蹤團隊的工作效率，還要用路線圖來安排優先開發的功能等。

對於擴大規模的新創企業而言，某幾套系統的效果至關重要。像是 Dot&Bo 就因為 ERP 系統出問題，難以追蹤庫存與訂單狀態，進而損失營業額、也影響了客服。相較之下，他們的主管很能掌握各種行銷管道的獲利能力；尤其在這間公司把超過 40％的營收都用來招攬顧客的時候，這項能力可說是不可或缺。

新創企業在創業早期的決策流程通常並不正式，但是到了擴大規模的階段，各種決策就可能需要經過正式審查，並取得高階主管的批准。[9] 對於會重複出現的某些關鍵決策，高階主管應該釐清誰有權提案、誰應該提出意見、又要由誰來做出決定。要把種種決策流程正式定下來，或許會讓人覺得有點科層體制的作風，特別是早期就加入公司的員工，可能已經習慣擁有更多自主權與透明度。然而，要是無法正式訂定清楚明確的流程，就有可能會讓決策愈來愈停頓、不清楚負責歸屬，而且公司的策略也可能飄忽不定。此時，新創企業的挑戰在於，如何在「科層」和「混亂」之間找到適當的平衡。

因為各種管理系統都需要砸錢，而且創業者又天生不喜歡

科層體制的做法，所以正在擴大規模的新創企業多半是等到有必要時，才會開始採用管理系統。而且，很有可能正是因為缺乏自動化與標準流程，導致錯誤、混亂、不一致，以及工作負擔過重，新創企業才引進管理系統來解決問題。不過，也有些新創企業確實會早早就在管理系統投下大筆資金，特別是高階主管曾經在大公司裡用過這些系統，又或者創辦人是連續創業者，在先前的新創企業已經有過使用經驗。然而，如果太早投資，或是只想複製大公司使用的系統，而沒有仔細分析是否符合新創企業擴大規模時的需求，也可能會出錯。這些需求會迅速變化，如果太早把系統建構起來，就有可能漏掉某些重要功能，或是浪費心力在根本用不到的功能上。

　　好消息是，想解決「欠缺適當的系統」這種問題，基本上只要解決「欠缺管理人才」的問題就能迎刃而解。新創企業只需要找到資深的專才人員，確認他們熟悉正在擴大規模的新創企業、曾經面對類似的問題，也能做出聰明的決定，並且知道要在什麼時機、以哪一種方式帶入管理系統。想要通過 RAWI 測試中「有能力了嗎？」這個項目，就是要能找到有專才的領導者來掌舵。

09
登月計畫與一再發生的奇蹟

我們想要會飛的車，卻只得到了 140 個字元〔的推特〕。[1]

——彼得・提爾
創業家暨投資人

我們或許沒辦法有會飛的車，但在夏伊・阿格西夢想的世界裡，路上跑的都是電動車。2007 年，早在特斯拉以及日產汽車（Nissan）推出任何一個全電動車款之前，阿格西就成立新創企業樂土公司，並且訂定一個大膽的願景：他要打造一個龐大的電動車專用充電站網路。[2] 阿格西與父親都畢業於當地精英學校以色列理工學院（Technion），兩人還曾經共同創立一間公司，並且以 4 億美元的價格賣給德國企業軟體龍頭 SAP 公司。隨後，阿格西成為 SAP 的常務董事，也擔任產品與技

術部門總裁，還曾被看好總有一天會接下執行長的職務。³不過，他在 2005 年前往達沃斯參加全球青年領袖論壇（Forum of Young Global Leaders）後得到一項頓悟：為了減少人類依賴石油而造成的地緣政治不穩定與環境破壞，全球所有汽油車都得都換成電動車，並使用可再生能源運轉。

隔年，在布魯金斯研究院（Brookings Institution）的會議上，阿格西把這種想法分享給以色列前總理西蒙・佩雷斯（Shimon Peres）。佩雷斯對阿格西的雄心壯志印象深刻，表示願意協助將他引薦給相關的政府與企業領袖，但前提是他必須離開 SAP。他告訴阿格西：「這是一份更好的工作，因為你可以拯救世界。」⁴

2007 年 3 月，阿格西辭職離開了 SAP。在佩雷斯的幫助下，他說服以色列政府針對電動車只徵收 8% 的關稅；這可說是一大讓步，因為當時以色列對汽油車徵收的關稅高達 78%。⁵此外，先前與汽車製造商的會議，也讓他得到另一份大禮：雷諾日產聯盟（Renault-Nissan）的執行長卡洛斯・戈恩（Carlos Ghosn）同意生產能夠相容於電池交換站的電動車，而樂土公司則承諾向雷諾日產購買十萬輛車；電池交換站將成為樂土公司充電網路的關鍵要素，我們會在後文詳述。作為交易籌碼的電動車，設計原型是雷諾的汽油車 Fluence，這是一款經濟實惠的中型家用房車。

下一步，阿格西開始募資。⁶在 2007 年 6 月，由以色列最

大石油公司執行長暨億萬富豪伊丹・奧佛（Idan Ofer）領投的
A 輪募資募得 1 億 1,000 萬美元，在當時創下創投歷史上數一
數二的規模。加入這輪募資的成員包括摩根士丹利（Morgan
Stanley）、矽谷創投公司優勢資本公司（VantagePoint Capital），
以及一些著名天使投資人，後來又有一間丹麥能源公司與澳洲
創投公司加入，一共加碼 5,000 萬美元。

　　取得資金之後，阿格西開始招募團隊，並找上弟弟、妹
妹，以及 SAP 公司的前同事擔任幾項重要角色。[7] 其中，他的
弟弟負責全球基礎設施，妹妹擔任以色列行銷主管，SAP 的
幾位前同事則成為全球營運主管、汽車聯盟主管，以及財務
長。至於管理以色列業務的執行長關鍵角色，阿格西則是聘請
以色列國防軍隊的一位前任少將擔任。在一開始，整個高階主
管團隊沒有任何人擁有充電站這種實體產品的相關經驗，甚至
也沒有汽車產業的背景。

　　阿格西選擇祖國以色列作為樂土公司的出發點。[8] 以色列
占地狹小，而且幾乎沒有以色列人會跑出邊界拜訪敵對的鄰
居，所以是建置電動車充電網路的好選擇；此外，當時的電動
車每充飽一次電，大約可以跑 100 英里（約 161 公里）。而樂
土瞄準的第二個市場，正是有許多國民奉行綠色環保生活方式
的另一個小國丹麥。

　　2008 年，阿格西團隊做出的結論認為，樂土如果想達到
某個規模，每服務一輛車就必須至少建置兩個充電據點。充電

據點可以是在停車場、路邊,或是顧客自家的車庫;而且花上四到六個小時,就能把完全沒電的電池充飽。根據估計,每個充電據點包含安裝的成本約為 200 ～ 300 美元。全以色列有 200 萬輛汽車,而樂土團隊預想的狀況是將其中 10% 的駕駛變成客戶。也就是說,他們要建置 40 萬個充電據點,費用將超過 8,000 萬美元。

由於以色列從北到南國土超過 260 英里,如果車程超過 100 英里,樂土公司則需要建置電池交換站,採用機器人在 5 分鐘內把沒電的電池換成充滿電的電池,或者至少花費的時間要和汽油車加油的時間差不多。根據團隊在 2008 年做出的結論,當樂土公司達到一定規模的時候,每服務 2,000 輛電動車需要 1 座電池交換站。每座電池交換站的成本預計落在 30 ～ 50 萬美元,所以如果他們要拿下 10% 的以色列汽車市場,會需要建置 100 個交換站,成本則超過 3,000 萬美元。

樂土公司以以色列作為第一個市場還有另一項優勢:以色列有 70% 的家用房車其實是公司車隊的配車,用來作為一種員工福利。[9] 阿格西的團隊認為,如果能說服經營這些車隊的業者採用樂土的電動車,就能加速增加市場的接受度。最後,團隊說服 400 間以色列企業簽署不具法律約束力的意向書,表示他們在充電網路建置完成後,願意將車隊用車改成樂土的電動車。[10]

在 2008 年,還沒有什麼資料能看出消費者對全電動車的

需求有多高。當時市場上唯一的全電動車，就是特斯拉的雙門雙座跑車 Roadster，它不只才剛剛上市，而且售價更是令人咋舌，整整高達 11 萬美元。於是樂土委託人進行市場研究，發現有 20％的以色列家庭會考慮購買他們的電動車，而且願意支付比同等級汽油車高出 10％的價格。[11] 但是，調查也指出，受訪者希望能夠有更多車款選擇，而不要只有一款雷諾的中型房車。此外，他們也希望能夠每月分期付款，而不是一次支付全額才能使用產品。

雖然阿格西曾經保證，電動車的售價與行駛所需的費用都會遠低於汽油車，但後來發現，無論是車輛或是充電網路的基礎設施，成本都遠遠高於預期。不過，最後樂土的管理階層決定，給以色列消費者的 Fluence 電動車款售價為 35,000 美元，與同級的汽油車相當。[12] 而且這個價格還不包括電池；車主反而得向樂土租用電池，以年費計算，其中包括充電網路的使用費，以及為電池充電的電費。而年費依照里程數而異：每年 12,000 英里的方案費用為為 3,600 美元。相較之下，根據當時的油價，以色列消費者如果開汽油車行駛 12,000 英里，以每加侖汽油可以跑 30 英里計算，總油價大約是 3,000 美元。電動車行駛成本比較低的說法簡直不攻自破！

另外，樂土公司要向雷諾日產聯盟支付的 Fluence 車價為 31,000 美元，其中包括 8％的關稅與 16％的增值稅，而且不含電池。至於電池費用，最初的報價為 15,000 美元，比起團隊

在 2008 年估計的 8,000～11,000 美元實在高出許多。[13] 除了車輛與電池的費用，根據 2008 年的建置成本預測，樂土預計每輛車每年使用充電網路應該還會需要花費大約 1,000 美元的成本，其中包括電力、設備維護、充電據點以及電池交換站的折舊。[14] 透過這樣的商業模式，以樂土在以色列市場的營運而言，應該有望在四年後回收車輛與電池的成本，接著就能夠稍微開始賺錢。往後如果電池成本下降，或是公司能夠談到更好的車輛成本價，也許是和其他車廠達成協議，獲利能力將有可能會慢慢提高。

而樂土公司在以色列正式起跑之前，公司團隊已經迅速擴張版圖、進軍全球。他們將總部設於帕羅奧圖，另外在以色列、丹麥、法國、西班牙、奧地利與澳洲都設有辦事處。[15] 至於其他的試行計畫、甚至完整的網路建置規畫，他們也已經宣布將和澳洲、夏威夷、安大略、加州、荷蘭、中國與日本的夥伴合作。與此同時，樂土也開始和許多供應商合作，開發各種系統組件。充電據點經過客製化設計，不但會堅固耐用，還能透過無線數據機追蹤使用者的使用情形。其中，要打造在車輛上使用的軟體「OSCAR」（Operating System for the CAR，意思是「汽車作業系統」）格外具有挑戰性。[16] 在 OSCAR 的各種功能中，包括監控電量與電池的健康狀況、提醒駕駛人充電，並且引導他們到最近的充電站；管理充電速度以盡量減少電池的損耗；以及為了避免電網跳電，當夜間同時有太多用戶

在充電時，暫時限制某些車輛的充電速度。

　　科技記者布萊恩・布魯姆（Brian Blum）在《徹底報銷》（*Totaled*）書中詳述樂土公司的故事，是本章的重要參考來源。[17]根據他的說法，樂土總共在 OSCAR 軟體砸下 6,000 萬美元。另外，他們也建立一套顧客關係管理軟體（Customer Relationship Management software，簡稱 CRM 軟體），用來追蹤用戶的使用情形，以及處理帳單問題。而因為這套顧客關係管理軟體與其他系統組件一樣，都要面對幾百萬位用戶，情況也就和 OSCAR 軟體一樣複雜、而且要價不斐。隨著燒錢的速度飆升，顯然這間新創企業還需要更多資金。在 2010 年 1 月，阿格西很輕鬆的以 11 億美元的估值，在 B 輪募資取得 3 億5,000 萬美元。

　　雖然需求與成本都相當不確定，但阿格西之所以能成功完成這輪募資，大部分要歸功於他的個人魅力。他就是有辦法創造出一套令人既振奮又陶醉的願景，說服對方相信明天會更好。而且，他也幾乎成為一位商業名人，並在 2009 年得到《時代》雜誌（*Time*）評選為「百大影響力人物」；[18]至於他的TED 演講，不僅高呼眾人改開電動車，還評論這「在道德意義上可與廢除奴隸制度相提並論」，觀看次數也高達 130 萬次。

　　曾在樂土公司擔任溝通與政策主管的喬・帕魯斯卡（Joe Paluska）對這位創辦人的看法是：「他對自己講的事情，就是會有一份不得了的信心。」[19]SAP 軟體的高階主管尼米許・梅

塔（Nimish Mehta）也說：「我沒見過有誰像阿格西一樣，那麼懂得讓別人接受一些抽象的概念。」[20]《紐約時報》（*New York Times*）科技專欄作家克萊夫・湯普森（Clive Thompson）則說阿格西「是個天生的銷售員，能夠讀到人心、和對方心心相連」。[21] 但湯普森也感覺到黑暗的一面，補充說：「但他也有那種頑固執拗的特質，我在很多迷戀編寫電腦程式、做邏輯思考的人身上都看過。一旦阿格西說服自己，覺得已經找到解決問題的最佳方案，就會發展出一股近乎病態、非理性的狂熱。」

除了雷諾日產聯盟，樂土公司原本也打算找其他車廠合作，希望他們各自設計一款使用可交換式電池的車子，並使用能和樂土電池交換站相容的電池。雖然許多車廠都考慮過阿格西的提議，卻沒有一間公司決定簽署合作。更糟糕的是，他還把他們和某些車廠的關係搞得很差。像是在 2008 年的一次會議上，通用汽車（General Motors）正打算推出插電式混合動力車雪佛蘭 Volt，也建議要和樂土合作，為這款車打造充電站。[22] 但阿格西把這款車批得一文不值：「它有排氣管，根本就是一部蠢車。我們不做這種半調子的事，有排氣管的車我們就不幹，這沒什麼好說的了。」後來，阿格西還充滿自信的向同事宣稱：「等我們下次開會，地點會是在我們的總部，而且我們的市值會超過他們。」

與此同時，樂土與雷諾日產聯盟的關係也惡化了。[23] 原本支持他們的高階主管離職，換上一位對樂土有所懷疑的人。雷

諾日產聯盟電動車營運部門這位新負責人認為，面對消費者的
「里程焦慮」（range anxiety），也就是擔心電池撐不到下一個充
電站，與其設置電池交換站，不如採用快速充電技術，只要
30～40分鐘，就能把沒電的電池充到80%。因為比起電池交
換站，建置快速充電站網路的成本要低得多了。此外，這位和
阿格西從未謀面的新負責人也是日產Leaf車款的強烈支持者；
這是一款全電動的小型房車，沒有可交換電池的設計。Leaf
於2010年底上市，未計入租稅優惠的價格為33,000美元。[24]

　　雷諾的經理為了省錢，也和樂土在Fluence的設計上有所
爭執。根據布魯姆的說法，其中一項爭執就是要不要使用「智
慧螺絲」；當車子抵達電池交換站，智慧螺絲會在收到命令之
後鬆開，將電池放到一片可伸縮的金屬板上。而雷諾想要採用
對他們來說比較便宜的替代方案，他們想讓車子用一般螺絲，
再由交換站使用機械手臂來鬆開螺絲。樂土公司最後讓步了，
但這項設計改動不但會增加電池交換站的硬體成本，而且一旦
其他電動車的可交換電池螺絲設計不同，電池交換站的設計還
有可能無法相容。

　　隨著樂土公司準備開始在以色列銷售汽車，關鍵網路組件
的成本卻顯然遠遠超出預期。每個充電據點的最終成本達到大
約2,500美元，比起2008年預計的200～300美元足足是將
近十倍。[25]不過，2,500美元這個數字其實很符合當時業界的
實際狀況。因為在2011年，奇異（General Electric）開始銷售

家用的充電座，設備本身售價 1,000 美元，標準安裝所需的零件與人工費用大概還需要讓消費者再多花個 1,000 美元。[26] 如果以每個充電據點 2,500 美元來計算，要在以色列建置 40 萬個充電據點，總成本將高達 10 億美元，而不是 2008 年預測的 8,000 萬美元。

同樣的，樂土公司最後在以色列建置 21 座電池交換站，每座成本超過 200 萬美元，而不是當初預計的 30 ～ 50 萬美元。[27] 在開發過程早期，確實曾經有一位顧問估計，因為建造太複雜，電池交換站的成本有可能更高，搞不好每座要花 300 萬美元。[28] 但樂土的經理不相信這個數字，而是根據歐洲工程龍頭西門子公司（Siemens）與 ABB 公司的資料，認為自己預測的 50 萬美元成本才正確。

在設備成本這麼高的情況下，短期內樂土不可能在以色列獲利。如果未來能達到規模經濟，而且前提是必須提高以色列、丹麥與其他市場的銷量，這些成本或許能降低；但這件事完全說不準。儘管如此，阿格西還是埋頭向前衝。

隨著準備開始營運的壓力愈來愈大，公司內部的緊張情緒也愈來愈高。在 2010 年 6 月的一次會議上，董事會與阿格西起了衝突，他們認為他太過揮霍無度。[29] 在阿格西抗議的時候，董事長奧佛曾經威脅要將他解雇，但最後還是打退堂鼓。此外，阿格西與高階主管的關係也出現裂痕。他不只會嚴厲斥責部屬績效不佳，而且根據《快公司》雜誌（*Fast Company*）

報導，他還逼走全球營運主管，就只是因為這位主管未向他請示就和某位董事談話。[30]

　　同時，雷諾日產聯盟 Fluence 的出貨時間延誤，而且充電據點與電池交換站的建置作業也被以色列政府各種官僚的簽核手續拖慢。[31] 根據布魯姆的說法，許多地點很難取得建築許可，因為他們得先確保開挖不會傷害到任何古文物。[32] 至於在路邊設置充電據點的計畫，則是直接遭到禁止；但這對於沒有自家車庫或車道的車主來說絕對是必要的設施。另外，雖然加油站應該會是設置充電據點與電池交換站的理想地點，但根據當地法規，每座加油站只能有 200 平方公尺的面積用於加油設備以外的設施。[33] 而多數加油站都已經把這些面積用來開設便利商店賺錢，於是樂土被迫只能把新充電站設置在一些偏遠的地點。此外，阿格西對 Fluence 的銷售預測太過誇張，不難理解雷諾在以色列的經銷商為何有所懷疑，不願意備貨。[34] 於是樂土又得再耗費一筆現金成立部門、自行處理車輛的進口與銷售。

　　有鑑於種種這些波折，也就難怪樂土公司無法依目標在 2011 年初開始在以色列提供服務。同年稍晚，樂土需要更多資金，阿格西以 22 億 5,000 萬美元的企業估值在 C 輪募資又募得 2 億 5,000 萬美元。然而這些錢主要來自現有投資人，而且原本的目標是募得 3 億 5,000 萬美元，資金壓力其實非常沉重。[35]

　　到了 2012 年 1 月，樂土在以色列終於開始交車，但每營
運一天就得燒掉 50 萬美元，而且銷售一直疲弱不振。[36] 除此
之外，就連他們合作公司的員工，都不太想被分配到樂土的電
動車，因為這些車得常常充電，還得擔心剩餘電力能夠開多
遠。由於公司車的租賃與燃料費用是由雇主負擔，不論油錢或
樂土的年費都一樣，因此員工只有使用稅要自掏腰包，計算的
基準則是，在收入之外、雇主支付的其他津貼有多少價值。由
於擁有與駕駛樂土電動車的成本和汽油車不相上下，所以改開
樂土的電動車也無法減少使用稅。換句話說，電動車對員工來
說既不方便，又沒有比較便宜，實在不是個有吸引力的提案。

　　此外，有鑑於定價高昂，企業能省下的錢完全不足以讓他
們說服員工改開電動車；先前簽署的意向書也發揮不了什麼作
用。此外，就連租車公司也因為不確定樂土電動車的售後維修
市場有多大潛力，所以不會推薦企業車隊採用。[37] 為了獲得租
車公司支持，樂土只好提出保證，如果售後維修市場的價格不
夠理想，他們將回購車輛、確保轉售價值；但這項承諾也將這
間新創企業的財務風險推得更高。

　　隨著樂土公司開始營運但市場反應冷淡之後，內部的緊張
氣氛愈演愈烈。布魯姆表示，阿格西在 2012 年初與高階主管
團隊的九名成員開會時，對他們說：「信任是任何一間公司裡
最重要的事。但是，信任要靠自己爭取，努力贏得別人的信
任。在這個房間裡，我信任的人只有兩個。」[38] 而作為這番話

的回應，阿格西的朋友暨董事會成員安德烈・查魯爾（Andrey Zarur）收集大部分團隊成員的意見，讓阿格西知道他們對他也有同感。阿格西最初在達沃斯提出樂土公司的願景時，其實查魯爾也在背後幫了一把。然而，當查魯爾警告阿格西，到了10月現金就會被燒完的時候，阿格西怒不可扼，還發了一篇推文寫道：「朋友如果不真心，就算不上朋友。」

　　一般來說，如果現金流出現問題，財務長應該會發出警告，但自從原本的財務長在前一年離職之後，這個位置已經懸缺至今。[39] 不過要補到人並不容易，特別是董事會要求繼任者除了要向阿格西報告，也必須同時向董事會報告，這讓阿格西極為不滿，一直不願找人繼任。

　　8月下旬，阿格西希望再找到新的投資人，但未能如願。[40]儘管他確實從隸屬歐盟的融資機構歐洲投資銀行（European Investment Bank）取得 5,000 萬美元貸款，但這還不夠。到了9月，樂土公司的現金即將見底，於是他又找上持有股權的投資人，希望他們提供過橋貸款。然而，這些投資人已經投入 7億 5,000 萬美元，就連奧佛也終於覺得受夠了，拒絕阿格西的請求，並建議他辭去執行長職務，轉任董事長。阿格西拒絕建議，選擇辭職離開。最後一輪募資由奧佛領投，總共募得 1 億美元，他還迅速先後找來兩位執行長繼任。第一位執行長曾經是樂土在澳洲的營運主管，但只上任四個月，奧佛就已經對他失去信心。他不只在任內解雇 500 名員工，也說服雷諾的高層

不要立刻停產 Fluence。至於第二位執行長，則是估計他們需要再募得 5 億美元才能達到收支平衡，但這個數字似乎實在太遙不可及。最終，樂土於 2013 年 5 月宣告破產，在以色列與丹麥的電動車銷量合計還不到 1,500 輛。

必須一再創造奇蹟

　　樂土公司的創業理念會不會就是個爛構想，或者根本是高達 9 億美元的誤判，從一開始就注定失敗？這很難說，但這項計畫的難度不下於登月。樂土把目標設得太高，有諸多要求都必須達成，否則就會崩潰。這種情況下，如果真的能把所有挑戰都一一解決，肯定是了不起的成就。

　　簡單說來，樂土落入創業晚期的一項失敗模式，我稱為「必須一再創造奇蹟」。在這種模式裡，追求大膽創新的新創企業會面對許多重大挑戰，只要有任何一項無法達成，都有可能會半途夭折。這間新創企業如果想成功，就是必須一再創造奇蹟。讓我們來看看，要達成阿格西的雄心壯志需要符合哪些條件：

1. 消費者必須對電動車有強勁的需求

　　如果要實現阿格西的願景，就必須有大量的消費者願意熱情擁抱全電動車，無視行駛距離有限、充電手續複雜的缺點。雖然確實有一個中等規模、深具環保意識的客群，願意多花一點

錢購買環保解決方案，但是肯定要等到擁有與駕駛電動車的成本低於同級汽油車之後，主流市場才會考慮換開電動車。在一些燃油稅極高的地區，像是以色列與歐洲，在一定距離內，電動車充電所需的電費確實會比汽油車所需的汽油售價便宜得多。但因為電動車售價比較高，這項優勢也就跟著抵消了。

樂土開始營運時，如果不計入任何租稅優惠，電動車加上電池的售價要比同級汽油車高出 50％。所以，能否讓電動車售價落在消費者可接受的範圍內，有很大程度取決於他們能否得到政府的大筆補貼。

2. 消費者必須對可交換的電池有強勁的需求

就算消費者願意無視售價問題而購入電動車，面對每次充電的行駛里程有限，樂土又要如何讓消費者滿意？理論而言，車主可以打定主意，電動車只開短程，當成每日通勤或日常辦事的交通工具。但長程交通又要怎麼辦？就實際而言，家裡得要夠有錢，才負擔得起再另外買一輛汽油車作為長程交通使用；但對於可行駛里程短、無法交換電池的電動車款來說，需求就會下降。

直流快速充電技術會是另一種解決方案。雖然頻繁快速充電會對電池造成損害，但這項技術的擁護者估計，多數消費者只有開長程的時候才有這種需求，一年應該只會用個幾次。在長程交通的時候，駕駛或許會願意每兩、三個小時休息 30 ～

40 分鐘,剛好可以充電。至於平常就可以使用交流充電座,
用一整夜的時間為車輛充電,雖然速度比較慢,對電池的損害
也比較小。然而,根據樂土電動車早期採用者的實際使用情形
而言,車主開長途車程的頻率不低,遠比快充技術擁護者的預
期還要高很多,平均每週都會用到一次電池交換站。[41] 由於消
費者的行為與偏好難以掌握,在樂土開始營運的時候,快充技
術的優勢實在並不明顯。

　　特斯拉不像樂土,反而是把所有選項都試了一遍。特斯拉
的 Model S 房車於 2012 年推出,鎖定富人階級,續航里程
160 英里的車款價格為 57,400 美元,續航里程 300 英里的價格
則是 77,400 美元。Model S 的車體比較大,能夠放下更大的電
池,續航里程也得以增加。另外,Model S 也像樂土的 Fluence
一樣裝有可交換電池。2015 年,特斯拉在舊金山與洛杉磯之
間建置一座電池交換站,但使用人數並不多。[42] 消費者反而更
喜歡使用特斯拉的「超級充電站」(Supercharger),也就是
2012 年推出的快速充電站,設置於城市之間的戰略地點。

3. 需要和許多車廠建立合作夥伴關係

　　樂土如果想要密集建置充電據點與電池交換站,就必須達
到一定的市占率才能負擔成本。要是充電據點與電池交換站不
夠密集,駕駛樂土的電動車就不會那麼方便,也更有可能開到
一半沒電。

想達到市占門檻值，樂土就必須與許多車廠合作。然而，各廠牌如果要使用樂土的電池交換站，自然就得採用樂土的可交換電池設計。但是，車廠很難答應這樣的要求，因為他們總是對車輛設計毫釐必究，才能既讓自家產品與眾不同、又將成本控制在一定範圍。此外，車廠還必須考量，相容樂土充電網路的車輛究竟會有多少市場需求；而這又得取決於樂土打算同時進入多少個市場（參見條件4）。

在樂土逐漸邁向終局的時候，管理階層終於開始考慮，即使某些車廠的電動車並未使用樂土的可交換電池，應該也可以讓他們使用樂土的充電據點；早在2008年，通用汽車的高層就已經提出這項建議。但等到2012年7月，通用汽車澳洲分公司宣布，樂土將成為旗下雪佛蘭Volt首選的家用與經銷商充電據點供應商時，卻是為時已晚。

4. 同時滲透多個市場

由於設計新車的成本極高，工廠生產時需要極大的量才能達到效率規模（efficient scale），所以車廠接觸的市場必須夠大。因此，如果想讓車廠同意合作，樂土必須提出保證，當車廠一旦推出與樂土充電網路相容的車款，就能在合理的時間內銷售至許多國家。但要達到這項期望會是營運上的巨大挑戰，而且也需要投入大量資金。

5. 投資人的堅定支持

樂土的商業模式需要在前期投入大量資金，也就是說，投資人必須在還不知道這套商業模式能否順利運作的時候，就抱持著堅定的信心。樂土還沒賣出半輛車，就得開始建置大量的充電據點與電池交換站，而且一開始就得向廠商支付電動車與電池的全部費用，再等著後續向消費者收取訂閱制的年費慢慢取得現金。此外，樂土還得同時在許多市場上完成這些工作。

6. 有效執行

就算上述所有條件都能夠順利達成，樂土的管理者還得讓工程、行銷、客服等所有部門都順利上線。而且同樣的，這件事也得在許多國家同時進行。事實證明，這可說是難上加難，樂土管理階層所構思的啟動計畫，可說是新創企業史上最複雜、營運最困難的計畫。

簡單來說，如果這項計畫要成功，阿格西就需要一再創造奇蹟，而某些奇蹟也確實發生了。舉例來說，主流消費者確實在 2012 年左右開始接受全電動車（條件 1）；樂土也成功同時在以色列與丹麥啟動營運，其他許多市場也已經談好交易（條件 4）；最後，樂土總共募到 9 億美元（條件 5），大半多虧了阿格西高超的銷售技巧。

然而，奇蹟也就到此為止。樂土雖然和雷諾日產聯盟建立合夥關係，後來卻逐漸交惡，他們還一直無法和其他車廠達成

協議（條件 3）。此外，企業的業務執行並不穩定（條件 6）。工作團隊在以色列遇到許多障礙，但是如果當初有更好的規劃應該就能避免；工作團隊有多項期程未能達成；成本控制問題嚴重，而且財務長一職自 2012 年起懸缺，更是雪上加霜。但是，最大的問題還是，消費者對於使用可交換電池的電動車需求不足（條件 2）。由於充電據點與電池交換站的建置費用遠高於預期，樂土電動車的售價完全無法低到足以產生吸引力。而且到頭來，換電池並不是里程焦慮的最佳解決方法，特斯拉的解決方案反而才是主流，也就是用更大的車體裝上更大的電池，偶而才使用到快速充電功能。就企業核心而言，樂土就是一場豪賭，賭的是可交換電池比快速充電更優越。而結果又得取決於消費者的行為，像是消費者開長途車程的頻率有多高？能夠只用 5 分鐘、而不用花 30 ～ 40 分鐘才充好電有多重要？

　　那麼，當樂土的管理階層選定可交換電池的方案之後，是不是就代表這間企業注定失敗？並不盡然。新創企業就算選用了有問題的商業模式，常常還是可以轉向調整，而且樂土內部與外部都有不少聲音，建議管理階層考慮不同的策略。舉例來說，樂土可以和通用汽車等車廠合作，成為各品牌電動車首選的充電據點與快速充電站供應商。又或者，如果已經明確發現以色列消費者與企業的反應冷淡，也知道當地法規會使得充電設施的建置成本上升，樂土也可以毅然決然終止在以色列的業務，集中精力發展其他更有希望的市場。

　　只不過，像這樣難如登月的艱鉅創業計畫一旦啟動，不但聲勢驚人，也很難改變方向。樂土前期就得砸下數億美元，而這些無法回收的沉沒成本自然會令人壓力沉重。而且，當極具魅力的領導者已經鼓吹一套美好願景多年，特別是像阿格西這樣幾乎變成一種偏執的狀況，即使面對愈來愈多證據顯示策略有誤，他們也可能因為出於自我保衛，而形成社會學家巴瑞・史托（Barry Staw）所謂的「承諾升級」（escalation of commitment）[43]，繼續死鴨子嘴硬不願認錯。

　　像這樣艱鉅的創業計畫，非常容易落入「必須一再創造奇蹟」的失敗模式。因為這些計畫常常需要大膽創新，運用尖端科技或是全新的商業模式，有時候可能得兩者兼備。然而，大膽創新就代表著顧客的需求強弱難以預料，產品開發需要的時間也可能得太長。許多艱鉅創業計畫背後的商業模式都具備強大的網路效應、高昂的顧客轉換成本，有時還有龐大的規模經濟，會在產品上市之後推動企業迅速擴大規模。然而，漫長的開發週期與迅速擴大規模都需要大筆資金。為了應付這些挑戰，艱鉅的創業計畫常常會找上成熟的大企業作為策略夥伴，但這些大企業做事的優先順序可能和新創企業不盡相同。此外，如果和解決方案相關的法規一時還不明確，新創企業也會需要得到政府支持協助。想讓這一切的奇蹟全部發生，最好要有一位能達成各種了不起的任務、對自己的大膽願景近乎偏執的創業者。

　　第 323 頁圖顯示出上述各項要求如何互相影響，以及「必須一再創造奇蹟」的失敗模式會如何展開。造成失敗最直接的原因，常常是遭到兩記連續重擊：消費者對企業的產品需求不振，而投資人已經投入大筆資金，此時卻拒絕再伸援手。然而，這場戰鬥常常是過了好幾輪，才會真正來到擊倒的場面。

　　從下圖的複雜程度就能知道，一項難如登月的艱鉅創業計畫需要做對多少事，同時還得避開多少可能出錯的地方，才能得到最後的成功。讓我們從左到右來看這張表，首先，推動如此艱鉅計畫的大膽願景常常是來自一位幾近偏執的創辦人，例如阿格西（箭頭 1）。而由於創新的規模龐大，產品開發階段常常需要漫長的時間（箭頭 2），事先預想的商業模式也常常會像樂土的充電網路一樣，具備某些結構特性，特別是強大的網路效應與規模經濟，並且在產品上市之後推動企業迅速擴大規模（箭頭 3）。

　　想要創新，可能就需要締結策略合夥關係（箭頭 4），以確保取得關鍵技術或系統組件，像是雷諾的 Fluence；夥伴或許會提供配銷管道，方便企業擴大規模（箭頭 5）。要是這項創新需要推動新法律與法規，或許還需要取得政府許可，或是完成各種行政作業流程，就像樂土以色列分公司遇到的情形（箭頭 6）。由於產品開發階段漫長，又有推力逼迫企業迅速擴大規模，新創企業也就必須募集大量資金（箭頭 7 與箭頭 8）。於是，企業自然會想將某些工作外包，免得內部處理反而需要

砸下更多資金（箭頭9）。

　　有幾項因素可能導致正式營運的時程延誤。舉例來說，設計技術最先進產品的難度可能高於預期（箭頭10）。合作夥伴可能無法及時履行承諾（箭頭11），和監管機構協商也可能曠日費時（箭頭12）。時程延誤之後，也就推高了資金需求（箭頭13），而使現有與潛在投資人開始懷疑企業前景。

　　隨著正式營運的日期逼近，可能會有幾項因素交互作用，使得產品脫離預期且成本提高、品質下降。例如合作夥伴的表現可能讓人失望，像是雷諾的 Fluence 不但要價更高，續航里程又比預期更短（箭頭14）。此外，產品開發也可能出現種種挫折與意外，使得某些部份高於預期，像是樂土的電池交換站。此外，因為有追趕時程的壓力，也可能讓團隊不得不放棄某些已經計畫好的產品功能，像是用來解開 Fluence 電池的智慧螺絲（箭頭15）。政府法規也可能使成本增加，像是樂土要在以色列建置電池交換站之前，還得先取得考古上「可開挖」的核准（箭頭16）。

　　與此同時，管理階層可能高估消費者的需求。當創辦人對願景抱持執著的熱情，就有可能對顧客會買單的意願太有自信，也對企業可能遇到的障礙視而不見，就像阿格西一心相信樂土絕對能達到那些誇張的銷售業績與成本目標（箭頭17）。創新的規模太過龐大，就代表顧客需求的強弱難以預料；也因為前無古人，所以無法根據其他企業的經驗來預測（箭頭18）。

一旦產品發行延遲，顧客需求就會開始浮動。特別是如果競爭
對手正積極試圖開發類似的替代解決方案，顧客就會開始做比
較，要是他們看到對手做得好的地方，自然會推高對解決方案
的期許，企業也就更難達到最初的銷售預期（箭頭 19）。

　　如果對顧客需求的期許高到不切實際，而產品又比預期的
更貴、品質又低（箭頭 21），等到產品正式推出，銷售必然疲
軟（箭頭 20）。而隨著新創企業現金短缺，投資人也會認為大
勢已去，不願再提供更多資金（箭頭 22）。

　　我在先前的章節已經談過，追求艱鉅創業計畫的新創企業
創辦人很容易遇上某些挑戰。舉例來說，新創企業如果充滿雄

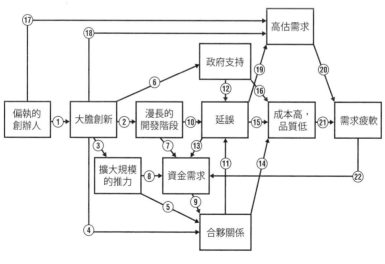

必須一再創造奇蹟

心壯志，商業模式就很容易具備一些特性，會逼迫新創企業迅速擴大規模（第 6 章），因此而遇上追求成長速度時常見的問題（第 7 章）。此外，這些艱鉅的創業計畫也特別容易遇上第 8 章討論到的募資風險，因為從創業到開業需要很久的時間，也就更容易受到投資人對整個產業情緒波動的影響。像是對樂土來說，非但受到其他因素的影響，更因為潔淨科技相關創投資金從 2010 年開始急凍，因而求助無門。

接下來，我會再談談「必須一再創造奇蹟」這條路上的另外三項挑戰，並討論創業者應該如何應對。這三項挑戰分別是：一、準確估計需求；二、應對時程延誤；三、控制偏執的創辦人。

挑戰 1　準確估計需求

創業者夢想著改變世界，卻會面臨一項重大的風險：想做的改變太過驚天動地，把顧客都給嚇跑了。所以，挑戰在於要設法得知怎樣的創新程度才算是剛剛好。在這個情境下，市場研究之所以不能盡信，有幾個原因。第一，許多艱鉅創業計畫的產品開發時間漫長，無法在設計的早期就請顧客根據工作階段的非正式版本提供意見。許多創業者會以顧客調查來取代，但後來卻後悔做了這個選擇。像是樂土在 2008 年就曾調查 1,000 名以色列車主，當時結果顯示有 20％受訪者考慮購買樂

土的電動車,由此推斷潛在市場應該高達 40 萬輛。但在樂土倒閉時,實際銷售量只有 1,000 輛。

銥衛星公司(Iridium)也是一個嚴重錯估需求的艱鉅創業計畫範例。[44] 這間公司成立於 1998 年,宗旨是要為全球所有地點提供衛星電話服務,技術基礎來自主要贊助人摩托羅拉(Motorola)多年的研發成果。在銥衛星將 66 顆衛星發射到太空之前,摩托羅拉曾委託許多間顧問公司,研究衛星電話服務的市場潛力。這些公司的調查顯示,潛在市場應該高達 4,200 萬人,都是一些「無線成癮」、四處出差的專業人士,據說許多人都極為渴望擁有一部衛星電話。根據這項資料數據,銥衛星應該輕輕鬆鬆就能讓註冊用戶迅速達到損益兩平的 100 萬人。但是直到 1999 年這間新創企業破產前,雖然已經靠著發行股票與債券募得 64 億美元資金,打破當時新創企業募資史上最高紀錄,卻只吸引到 2 萬名用戶,遠遠不及預期中應該有的數百萬顧客。

市場研究專業人士一般認為,民眾受訪的時候,本來就會誇大真實的購買意願,而研究人員也有各種複雜的方法,能夠把調查的預測結果向下調整,以修正這種傾向。然而,如果調查的是某種全新的產品,修正效果會大打折扣,因為如果是從來沒有直接接觸過的產品,受訪者就很難真正表達出偏好。有一句據稱是亨利・福特(Henry Ford)講過的話,很能表達這項風險:「要是我當時去問民眾他們想要什麼,他們會說想要

跑得更快的馬。」[45]

　　所以，既然不能直接問顧客想不想購買某種史無前例的全新產品，創業者還能怎麼辦？第 4 章提過一些可行的辦法，例如冒煙測試，就是先針對某項尚未上市的產品，做出詳細、準確的描述，再請顧客承諾將預購這項產品。以特斯拉為例，他們了解顧客想法的方式，就是要求顧客支付一筆可退還的訂金，保留購買資格，例如 Model 3 車款的訂金為 1,000 美元。吉寶則是透過群眾募資平台 Indiegogo 了解顧客；只不過就本質而言，群眾募資比較能看到的是早期採用者、而不是主流顧客的需求。此外，第 4 章也提過，除了冒煙測試，創業者也可以再用外觀類似的產品原型作為補充；像是吉寶團隊就打造了一個綠野仙踪產品原型測試，實際上透過真人躲在背後操縱，以此了解消費者會怎樣和社交機器人互動。

　　評估顧客需求的時候，另一項障礙可能是創業者的偏執心態。有些創辦人就是堅持要盡可能保密到家、愈久愈好，深怕競爭對手竊取他們的想法。像是史帝夫・賈伯斯（Steve Jobs）為人津津樂道的堅持，就是對新產品事前保密到家，然後再大動作的推出市場。還有像是賽格威（Segway）的發明者暨公司創辦人迪恩・卡門（Dean Kamen），他在 2001 年底推出這種兩輪、能夠靠著陀螺儀穩定自動平衡的「個人交通工具」；但在產品上市前，他十分擔心本田（Honda）或索尼（Sony）會抄襲他的概念，多年間都不願意讓行銷團隊直接詢

問顧客對產品的意見。[46] 雖然賽格威確實請了理特管理顧問公司（Arthur D.Little，簡稱 ADL）來預估消費者需求，卻又不允許他們向任何一位顧客描述賽格威的概念。最後，理特管理顧問公司估計在開賣 10 ～ 15 年間，賽格威的銷量應該可以達到 3,100 萬台，而且多半不是賣給美國人，而是銷往海外市場。他們會這麼估計是因為，許多歐亞城市裡都有大片區域不允許汽車通行，購車成本又相對昂貴。但是等到 2000 年底，賽格威的行銷人員終於獲准，能夠讓某些受試者試乘賽格威的產品原型時，卻發現有興趣購買的人不到四分之一。這項結果讓他們灰頭土臉，困窘的是，這也準確預測到主流市場的需求疲軟。賽格威開賣 6 年只賣出 3 萬台，早期投資人投入的 9,000 萬美元損失慘重。[47] 後來，儘管賽格威進軍各個利基市場，像是郵件投遞、倉庫作業，也在《百貨戰警》（*Paul Blart: Mall Cop*）電影裡大出風頭，但旗艦產品還是在 2020 年 6 月黯然停產。[48]

　　第 4 章也談到顧客研究的最後一個問題，也就是這種研究常常被用來向投資人推銷某項理念。由於艱鉅的創業計畫總是需要龐大的資金，創業者也就很可能竭盡全力將預估的需求膨風灌水。

挑戰 2　應對時程延誤

　　我在挑戰 1 提到的所有新創企業，產品開發時程都出現了重大延誤。而 GO 公司（GO Corp.）也是如此，這間公司在 1987 年開始設計與製造一款由觸控筆控制的平板電腦，還附帶自己的一套作業系統。[49] 但後來工程師發現，許多軟硬體組件都必須量身打造，問題也開始一一浮現。當時現成的平板顯示器無法處理筆尖書寫的壓力，而且用來管理資料輸入與輸出的作業系統軟體反應太慢，當筆尖「輸入」之後，會經過一段相當長的延遲時間，筆跡才會「輸出」顯示在螢幕上。

　　同時，業界對觸控筆卻是愈來愈有興趣，微軟、蘋果、IBM 與 AT&T 都虎視眈眈。所以，雖然 GO 公司已經在設計上投入許多時間，最後卻還是決定將硬體部門拆分出去，認為平板電腦總有一天會像個人電腦一樣，成為一種低利潤的商品。與此同時，GO 公司負責開發「PenPoint」作業系統的團隊半途改用另一款耗電較少、更適合用在行動設備上的微處理器，全力改進差強人意的手寫辨識軟體，並努力降低記憶體需求，以免成本節節上升。光是為了解決這些工程設計問題，就讓產品上市延後了一年多。等到他們終於在 1992 年推出 PenPoint 作業系統，市場反應卻是一片冷淡。最後，在燒光 7,500 萬美元的創投資金後，GO 公司被 AT&T 買下，並在 1994 年結束這項計畫。

　　GO 公司的悲慘遭遇，正是各種大膽創新的計畫在開發時程漫長的時候，都必須面對的挑戰，因為工程團隊瞄準的是一個正不斷往後退的目標。產品開發時程拖得愈長，目標就會往後退得愈遠，延誤的情況也會因為下列兩個原因而變得更嚴重。第一，開發過程可能出現新的技術，像是 GO 公司後來採用的低功耗晶片，或是在吉寶的案例中則是出現雲端服務，可以降低設備本身的資訊處理需求。因此，工程團隊必須決定是否多花時間加以整合，又或者是放棄這些技術能帶來的好處。

　　第二，如果競爭對手發表解決方案相似的計畫，工程團隊就必須決定是否要多花時間打造出足以匹敵的功能，又或者是冒險在功能上差人一截。舉例來說，銥衛星公司的衛星電話服務概念是在 1980 年代後期成形，當時透過基地台通訊的行動電話服務價格昂貴，覆蓋範圍也很有限。[50] 但是等到銥衛星的服務在 1998 年正式推出，基地台行動通訊服務的建置已經更為普及，銥衛星鎖定的客群多半都落在基地台行動通訊服務的範圍之內。而且，另一項阻礙是，銥衛星的電話和某顆軌道衛星之間必須暢通無阻，才能發送與接收訊號。也就是說，衛星電話和手機不同，無法在建築物內使用，而且如果身處高樓林立的都市峽谷，訊號也可能斷斷續續。為了應付這項缺點，銥衛星的工程團隊還將手機重新設計，讓使用者能在有需要時切換為一般手機的頻率。然而，重新設計非常耗時，更讓銥衛星本來就很昂貴的成本變得更高。

　　產品開發進度落後的時候，如果創業者希望大膽創新能怎麼辦？他有四種選擇：

1. **接受延誤，堅持下去。** 要是新創企業有明顯的領先優勢，像是樂土與賽格威，能夠判斷對手後來居上的風險不高，這會是個合理的策略。

2. **人海戰術。** 就算公司負擔得起，招進更多工程師也不見得是個好主意。布魯克斯定律（Brooks's law）告訴我們，工程專案已經延誤的時候，再增加人手只會把進度拖得更慢。因為新加入的工程師得先了解狀況、跟上進度，而更大的團隊就需要更多的協調時間。此外，很多工作並不是人多就能做得更快；針對這一點，佛雷德・布魯克斯（Fred Brooks）在軟體開發專案管理經典著作《人月神話》（*The Mythical Man Month*）就提過，就算有九個女人，也沒辦法一個月就生出小孩。[51]

3. **不再增加功能。** 工程師就是喜歡產品好還要更好，希望產品連各種極端的邊緣案例（edge case）都能解決。在這種工程設計導向的公司裡，要請工程團隊別再增加功能並不是件簡單的事。但是賽格威工程主管道格・菲爾德（Doug Field）就說過：「每項專案都會有個時間點，你就是得叫工程師住手，並且開始生產。」[52]

4. **能省則省。** 如果此時的優先考量是上市時間，而且不論

這項考量是出於競爭因素或現金短缺，或許就該精簡掉某些功能，或是別管某些小錯還沒修正，先讓產品上市再說。以吉寶來說，由於距離原先在 Indiegogo 承諾的上市時間已經晚了將近兩年，讓贊助者火冒三丈，只好先這樣處理；執行長錢伯斯也承認，吉寶剛推出的時候，功能「少得讓人震驚」。銥衛星公司也是在軟體還沒準備好的時候就匆匆讓產品上市，而在最初幾週，使用者頻頻遇上訊號干擾、通話中斷，或是沒有撥號音等嚴重的問題。[53]

然而，創業者也應該思考，是否要為了趕著上市就犧牲初始版本的性能，而冒險在早期採用者心中留下不好的第一印象。如果新創企業勾勒的是改變世界的願景，常常周邊新聞宣傳也會炒得火熱，一旦備受期待的產品令人失望，記者或網友可不會手下留情。像是吉寶就被批得灰頭土臉，說它是「售價900 美元的派對道具」；賽格威被說「騎起來超蠢；比較像『摩登原始人』而不是『傑森一家』」；銥衛星則被說是「比磚塊還大的手機」；樂土也被批評「說話不算話，根本沒比汽油車便宜」。

挑戰 3　控制偏執的創辦人

對於艱鉅的創業計畫來說，在將產品推到上市階段的過程中，一位偏執的創辦人或許會是新創企業最寶貴的一項資產。他會對自己大膽的願景抱持熾熱的信念，而且永不懈怠的努力讓理念成真。然而，隨著時間流逝，如果奇蹟就是無法實現，這樣的創辦人也可能成為最龐大的累贅。

當創辦人既有無比熱情、又有超凡魅力的時候，將成為新創企業爭取資源的一大優勢。偏執與魅力不一定會共存，但如果領導者兩者兼具，就能成就非凡。

「現實扭曲力場」是在 1960 年代《星際爭霸戰》（*Star Trek*）影集中所創造的詞，後來被挪用於描述賈伯斯那種令人難以置信的能力。他就是能讓一群電腦工程師死心塌地，連續好幾個月每週工作 80 小時，最終打造出最早的麥金塔電腦（Macintosh）。賈伯斯激勵眾人：「我們活著，就該在這個宇宙留下一點印記。否則活著還有什麼意義？」[54] 在現實扭曲力場的魔力下，潛在的員工、投資人與策略夥伴都落入一種迷幻現實，覺得雖然有重重阻礙，但只要願意為公司付出，就能幫助創辦人實現那個偉大的夢。

夏伊·阿格西創造現實扭曲力場的能力與賈伯斯不相上下，而賽格威的迪恩·卡門也是這種魅力非凡的創辦人。卡門也像阿格西一樣，相信自己可以拯救地球，讓採用電力驅動的

賽格威取代全球各個城市的汽車。而且,他同樣認為公司市值很快就會超越通用汽車,並且堅信賽格威「對車輛的影響,就像個人電腦對大型主機的影響那樣深遠」[55],所以他們一定會成為全球發展最快的公司。他的創業提案得到的評語是「引人注目,難以抗拒」,而且大為成功。許多優秀的工程師不但被吸引到卡門的公司任職,更心甘情願接受低於市場行情的工資,就只為了有機會和這位充滿活力的發明家合作。面對卡門耀眼的光芒,投資人也如飛蛾撲火,例如凱鵬華盈(Kleiner Perkins)的創投超級巨星約翰・杜爾(John Doerr)、瑞士信貸第一波士頓(Credit Suisse First Boston),再加上一群位居執行長的天使投資人,都迫不及待掏出錢來。

然而,足以推動現實扭曲力場的魅力儘管不總是源於自戀心態,但通常正是自戀的一種表現形式。自戀者常常會給人正面積極的第一印象,因為他們通常是風采翩翩、舌粲蓮花,知道如何讀懂人心、讓人為之著迷。然而,自戀也有黑暗面。

自戀者會膨脹自我價值,而且還會一心加強這種想法。他們渴望控制、權力與名聲;不只相信自己的理念,也相信自己能力過人,因而覺得自己值得擁有一切;但是他們對批評極度敏感,一旦出現不符合世界觀的資訊,常常會直接無視。為了保衛膨脹但又脆弱的自我,他們不願意承認自己犯下的錯,反而會更加堅持錯誤的策略。因為上述諸般原由,自戀者不但常常令人覺得狂妄傲慢、自大浮誇,還特別容易犯下本章先前提

過的「承諾升級」錯誤。

　　此外，最極端的自戀者可能會缺乏同理心，攬功委過毫不內疚。他們要求別人對自己付出無條件的忠誠，卻會同時利用他人遂行自己的目的，並且過河拆橋。

　　其實自戀是每個人多少會有的一種人格特質，我們都在一個自戀的光譜上，只是偏向「少」或「多」因人而異。而根據我在本章引用關於樂土與賽格威的各種文獻看來，阿格西與卡門是比較偏向「多」的那一端。

　　就算說阿格西與卡門是自戀者，他們也並不孤單。心理分析師麥可‧麥考比（Michael Maccoby）在《哈佛商業評論》（*Harvard Business Review*）上的重要大作〈自戀型領袖：不可思議的優點，無法避免的缺點〉（Narcissistic Leaders: The Incredible Pros, the Inevitable Cons）[56]，就把比爾‧蓋茲、史帝夫‧賈伯斯、賴瑞‧艾利森（Larry Ellison）與安迪‧葛洛夫（Andy Grove）都歸類為同一群人。研究顯示，相較於一般大眾，創業者就是比較自戀。然而，麥考比繼續將自戀者加以細分，一種是「具生產力的自戀者」，這種領導者能夠運用自己的願景、動力與魅力來達成突破；至於不具生產力的自戀者，則只會去抹除異議的聲音，讓身邊只剩下唯唯諾諾的人、一律聽命行事，最後也必然失敗。

　　雖然各式各樣的新創企業都會因為創辦人有多自戀、是否具有生產力而受到影響，但是艱鉅的創業計畫受影響的程度特

別大。[57] 究其本質，艱鉅的創業計畫就是有著巨大的不確定性，需要投入大量資源，如果能有一位深具領袖魅力又永不懈怠的創業者，自然最能激發投資人、員工與策略夥伴的信心。然而，這樣的創業計畫也需要能在長時間內一次又一次創造奇蹟。過程中有太多地方可能出錯，而在這種難以避免的事發生時，創辦人／執行長或許就得重新思考公司的策略。但要是創辦人／執行長臉皮太薄、太過自我中心，不願意承認錯誤，也只願意接受鏡子裡那個人的建議，公司策略就很難得到縝密的調整。

如果艱鉅創業計畫的領導者是麥考比所謂「不具生產力」的自戀者，又或是正往那個方向發展，這時有兩種因應方式。第一，說服創辦人去找一位企業主管教練。第二，參考最佳實務的做法來組織與管理這間新創企業的董事會。

企業主管教練。如果有專業企業主管教練的協助，創辦人或許能夠意識到自己的管理風格與不當之處，進而有所改正。但問題在於，自戀型的領導者通常不希望別人出意見。他們堅信自己走在正確的路上，沒有任何改變的必要。所以，如果領導者不打算尋求協助，就必須由其他人出手。如果有哪位顧問深受領導者信任，由他出面勸說或許有效；然而，自戀型的領導者通常不會和任何一位顧問或導師建立深厚的情誼。除此之外，或許也可以由董事會成員來播下這顆種子，但各種衝突都可能引起防衛以及抗拒的心理。一旦走到這一步時，好好維護

創辦人的自尊、激發他的雄心壯志，就可能讓阻力減輕。

　　如果想得到最好的效果，教練也應該協助公司裡其他成員，包括還在任的共同創辦人、高階主管或是董事等，讓他們了解哪些因素會觸發那位自戀型創辦人／執行長的不當行為，以及應該如何應對。婚姻諮商師都知道，有些容易造成傷害的關係模式在專業人士眼中再明顯不過，但一般人可能就是無法察覺。當然，走上這條路之前，企業主管教練必須能夠先和創辦人建立高度信任才行。

　　董事會最佳實務。如果能有一個架構與運作良好的董事會，對任何新創企業的運作表現都會大大加分；特別是在挑戰艱鉅創業計畫的企業中，創辦人又很自戀的時候，董事會的角色將會格外重要。在創辦人／執行長開始變得不具生產力時，常常會開始趕走高階主管團隊裡面有獨立思考能力的人，於是，在各種策略選項上，最後再也沒有人能夠進行有建設性的討論。伊莉莎白・霍姆斯（Elizabeth Holmes）就是一個例子；在 Theranos 公司，主管如果對她提出質疑，常常會落得遭到開除的下場。[58] 當管理團隊人才不濟、開始出現集體錯覺的時候，董事會正是最後一道防線。

　　董事會的組成至關重要。一般說來，新一輪募資的領投人通常都會因為出資而協調在董事會中取得一席，所以這個部分的選擇餘地並不多。不過好消息是，創投夥伴通常都是很好的董事人選，因為他們主要都是透過這樣的方式為手中投資組合

的公司帶來價值。創投夥伴有可能同時在十個董事會擔任董事，而且過去也有擔任董事的深厚資歷，所以他們多半都經驗豐富，很了解擴大規模的新創企業會遇到什麼策略問題、創辦人有哪些領導風格，以及新創企業的董事會有哪些最佳實務做法。賽格威的董事會只有一位創投夥伴；樂土則有兩位，一位是投資人，另一位則是阿格西的朋友安德烈・查魯爾。查魯爾並非投資人，但是他不只曾經在達沃斯的願景出過意見，又能提供身為創投業者的經驗，而且還曾經在三間生技新創企業擔任共同創辦人、執行長、董事等角色。

　　要談董事的遴選標準時，指的是像查魯爾這樣的獨立董事；他們既不是新創企業的投資人，也不是管理團隊的專職成員。獨立董事的理想人選，最好曾經擔任執行長並領導過正在擴大規模的新創企業，而且又知道怎麼應對自戀型的創辦人／執行長；不論這樣的見識來自他曾經應付過這樣的人，又或者他過去就是這樣的人因而培養出獨到的見解。查魯爾理論上就很適合在樂土擔任這種角色，因為他身為阿格西的朋友，很了解阿格西的長處與短處，而且至少在一開始也得到阿格西的信任。至於賽格威的董事會，顯然沒有任何獨立董事；董事當中除了兩名專業投資人，就是兩名天使投資人，而且他們過去只當過大公司的執行長，在管理擴大規模的新創企業方面並沒有豐富的經驗。

　　當新創企業的野心太大，特別是公司裡又有個偏執但富有

領袖魅力的自戀型領導人時，如果董事會的運作能夠遵守最佳實務，或許會有所幫助。其中一項重要做法，就是在每次董事會的議程中都排入一場閉門會議，與會者只有外部董事，而執行長與其他隸屬公司高層的董事一律離席。在 2010 年 6 月，阿格西針對閉門會議的強烈反應就差點讓他被趕下台。要是樂土當初讓閉門會議成為每次董事會的例行議程，阿格西或許就不會那麼疑神疑鬼。

還有另外兩項治理上的最佳實務做法也值得一提。第一，董事會每年審查創辦人／執行長表現的時候，很適合用來進行有建設性的對話，討論創辦人／執行長需要改善的部分，以及又該如何改善。第二，董事會也應該安排一套流程，審查自己作為審議機構的效果，頻率或許也是每年一次即可。董事之間需要達成共識的部分除了應該如何引導麻煩的創辦人／執行長之外，也包括衡量這間新創企業應該承受多大的風險。由於艱鉅的創業計畫總是得面對很長的產品開發週期，還需要經過許多輪募資，而且相對於晚期投資人，有些早期投資人買進股權時的價格其實非常低。於是，在權衡各種策略潛在的風險與報酬時，可能各個投資人都只把重點放在自身創投公司的狹隘利益上，而沒有真正承擔起董事會應盡的責任，疏於考量全體股東的利益。要是董事會被各方狹隘的利益主導，可能就無法在策略上達到共識。為了正面解決這個問題，回歸路徑公司（Return Path）的創辦人／執行長麥特・布倫伯格（Matt

Blumberg）的做法是，給每位董事發下一黑一白兩頂棒球帽，分別代表他們作為投資人與受託人的角色。[59] 討論策略的時候，布倫伯格會要求董事輪流換帽子，用另一方的觀點來表達想法。

本章強調的重點在於，當新創企業胸懷如登月般高遠的目標，在擴大規模的過程可能遇上哪些風險以及可以採用什麼應對策略。但我並不是要讓讀者覺得這樣的新創企業失敗風險太高，創業者應該別再抱著大膽創新的理想。確實，要一再創造奇蹟並不容易，許多人夢想登月最後卻都墜回地面了。但這些計畫之所以在我們腦海留下深刻印象，是因為他們在升空的過程中那種壯闊的願景令我們著迷；而他們墜毀之後留下的巨大坑洞冒著熱氣，也同樣使我們嘆息。

不過，確實有某些艱鉅的創業計畫成功到達目的地，例如聯邦快遞就做到了；創辦人佛雷德・史密斯在 1970 年代早期成立公司的時候，正是當時史上最大的一筆創投賭注。[60] 至於晚近的案例，我們也會想到伊隆・馬斯克的特斯拉與SpaceX；當我撰寫本書的時候，這兩間公司的估值都還在飛快飆升。

所以，敬請期待看到更多難如登月的創業計畫；事實上，是我們更需要這些計畫，才能應對像是氣候變遷這樣的重大社

會挑戰。全球各地懷抱著願景的創業者，正在研究超迴路列車（hyperloop）、自駕車、基因編輯，以及量子運算。總有一天，我們將能夠和吉寶的孫子聊天。甚至，還能買到一台會飛的車呢。

第三部

不受傷創業

10
引擎空轉

失敗還不是最糟的事；最糟的是經過多年努力，卻一直看不到
盡頭。[1]

——李天駒

Esper 共同創辦人

　　妮爾森與華萊絲共同創立昆西服飾的時候，曾經矢言絕不
讓公司影響兩人親密的友誼。雖然她們在昆西的策略上常常有
不同的想法，甚至根本是正面對撞，但還是成功化解各種分
歧，友誼依然堅定。但好景不長，一切就到她們開始爭執是否
要收掉公司為止。在這場爭執過後，兩人再也不曾交談。

　　多年來，已經有幾十位創辦人來問我：「我的新創企業該
收掉嗎？」而這個問題也困擾了妮爾森與華萊絲。雖然我可以

幫忙列出利弊得失，卻從來無法真的滿懷信心，告訴他們最後計算的結果。為什麼這項決定如此困難，創辦人又該如何處理？

我和更多創業失敗的創辦人談過，討論他們決定收掉公司的原因與處理方式後，發現我不斷重複聽到兩件事。第一，這項決定總是揉雜著強烈的情感，正如我在昆西服飾兩位共同創辦人身上觀察到的情況。但這並不令人意外，既然創辦人身分與他所創的新創企業密不可分，收掉公司也就等於否定自己的一部分，承認這一生大部分都會有個無法彌補的缺陷。第二，許多人覺得自己拖了太久，恨不得當初早點面對這個艱難的決定。

結果發現，這兩種反應互有關連：看著新創企業命懸一線苟延殘喘，創辦人心中情感翻騰、苦苦掙扎或是逃避退縮，於是有些公司明明早該停業，卻拖了又拖。他們處在一種「引擎空轉」的狀態，而所有人都會因此受傷。空轉的時間拖得愈久，就是讓員工無法走到下一個人生階段，只是繼續浪費在已經沒有意義的事情上。而創辦人抱著不切實際幻想的時間愈久，期望出現新的投資人，或是有人會提出優渥的收購條件，就是花了更多時間虛耗著原本可以歸還給投資人的資金。

在接下來兩章中，本書將轉變觀點，不再討論新創企業失敗的原因，而是探討失敗的後果以及處理方式。本章會先談應對停業的相關事宜，像是創業者如何下定決心叫停；在決定叫

停之後會面臨的策略選擇；以及停業過程的最佳實務做法。而下一章則會討論創業者如何面對停業帶來的情緒餘波。

失敗前的序曲

　　對創辦人來說，失敗很少是來得無聲無息，通常是一連串的選擇都未能奏效所導致；有些失敗就像是在美式足球賽最後一刻出現的萬福瑪麗亞長傳（Hail Mary pass），是創辦人不顧一切使出的最後手段，只可惜距離目標還是差了一點。一旦出現這些選擇，可以說就是創業失敗前的序曲。不過，在徹底放棄之前，創業者很有可能會想至少試試下列某些方法：

- 轉向新的商業模式。
- 向新投資人募資。
- 將公司出售。
- 向現有投資人募集過橋資金。
- 裁員。

　　有時候創辦人的最後一搏確實能夠奏效，並扭轉新創企業遭遇的困境。但比較常見的狀況是他們仍然無力回天；而且更糟的是，一旦試過其中某一項方法卻未能成功，再試其他選項的失敗率也會變高。舉例來說，如果創辦人試著想出售公司，

但各方提出的價碼都令人難以接受，現有投資人就更加不願意
再投入資金了。

　　當然，要有機會做這些選擇，前提是創辦人還在執行長的
位子上。前面已經提過，新創企業來到創業晚期，已經經過幾
輪募資，董事會常常是由投資人占多數。[2] 此時他們看到公司
營運不利，常常會判定創辦人並無力扭轉局面，於是另請高明
來擔任執行長。但不論是誰擔任執行長，都還是必須考慮上面
列出的選項。

　　調整轉向。新創企業如果一直無法邁上正軌，領導者就該
定期想想，該不該轉向至另一項新商業模式。轉向這件事本身
並不一定代表新創企業即將失敗。事實上，許多傑出的企業都
曾經走過轉向這一步。像是 PayPal，一開始只是用來在
PalmPilots 掌上型電腦之間轉帳，但是當發現這個市場太小之
後，工作團隊就帶進電子郵件轉帳的功能，而且剛好就在
eBay 起飛的時候。[3] 同樣的，YouTube 一開始的服務，只是讓
人在網路交友的時候方便上傳個人影片。[4]

　　然而，成功轉向的案例常常有一項共通點：在發展早期就
已經轉向。本書介紹的一些新創企業失敗案例，其實也曾經在
早期轉向。像是三角測量公司，本來是希望將配對引擎授權給
已經成熟的交友服務公司使用；巴魯公司原本是希望在企業大
樓內提供狗狗的日托服務；至於 Fab.com，則是從男同志社群
網路 Fabulis 拆分出來。遺憾的是，在這些案例裡，就算新創

企業已經轉向，還是無法躲過失敗模式導致滅亡的結局。

　　不過，新創企業來到創業晚期，卻發現原本的計畫無以為繼而改用其他的商業模式，也可能有一些優勢。第一，工作團隊已經運作了一陣子，應該很了解顧客有哪些需求尚未滿足。最重要的是，事業經營幾個月或數年之後，他們應該已經做過完整的顧客探索研究，在考量新的解決方案時，不太會落入起跑失誤與假陽性的陷阱當中。第二，這樣的新創企業通常手上會有足夠的資源，包括資金、經驗豐富的工程師與行銷人員等，在領導者決定轉向時都能派上用場。相較之下，如果是處於創業早期的創辦人，通常都還在尋找正確的商業模式，所以手上的資源也還在逐步到位，要在這個時候轉向就有可能左支右絀。

　　然而，創業晚期的轉向確實也有兩項潛在缺點。第一，由於企業已經發展得比較完整，轉向就需要耗費更多精力。管理階層現在必須協調的員工人數多出許多，而且也得向現有的供應商與顧客說明種種改變；特別是供應商與顧客，可能會對公司的轉向感到不解，甚至覺得被拋棄。到了創業晚期才轉向，就像是讓一艘大貨輪改變航向一樣，再怎樣也得移動個幾海里才轉得過來。

　　Fab.com 正是碰上這樣的問題；當時傑森‧戈德堡決定放棄早期著重由廠商出貨的閃購商業模式，改為提供更多樣的商品選擇，因此需要準備自家的商品庫存。就策略上，這項轉向

是個合理的選擇。因為在隔年，Fab 的競爭對手 Wayfair 就是
靠著類似模式成功上市。然而，這次轉向花了 Fab 好幾個月，
因為工程師得重新設計網站，營運人員得設計訂單裝箱與運送
的流程，銷售團隊也得和現有與新加入的供應商討論合作條件
等。要是當時戈德堡可以同時放慢公司成長的步調，讓團隊有
更多的時間改善選品與行銷計畫，或許就能成功轉向。然而，
他當時希望在轉向過程中以及轉向之後依然維持高速成長，於
是砸下重金招攬用戶，結果嚴重壓縮到 LTV/CAC 比，燒光手
頭的資金。

　　創業後期才轉向的第二個缺點是，新創企業剩下的生命週
期可能已經不足以完成轉向。[5] 讓我們複習一下艾瑞克・萊斯
對「生命週期」的定義：新創企業在燒光現金之前能夠轉向的
次數。要是新創企業的現金只夠啟動轉向，但無法得到新資金
的注入，生命週期有可能就是「零」，也就是無法撐到證明轉
向是否成功。

　　基本上，昆西服飾就遇上這種情形。當時，共同創辦人妮
爾森接手執行長一職後，減少服裝尺寸的選擇，以降低營運與
倉儲的複雜度。雖然這可能是一步好棋，但轉向已經來得太晚
了，所以我們永遠無法確定轉向是否有效。類似的情況也發生
在三角測量公司的現金愈來愈不足的時候，而納賈拉吉又從
Wings 轉向 DateBuzz。同樣的，這次轉向也很合理。他們先請
用戶對各項個人檔案的適當資訊量進行投票，再顯示個人照

片；這種做法確實能夠讓會員在交友時注意到其他項目，滿足一些尚未滿足的顧客需求。然而三角測量公司已經沒有資金能夠讓大家注意到這項創新，而納賈拉吉也無法再募到更多資金。

總而言之，創業晚期要轉向會需要更久的時間。而且由於工作團隊的規模更大，企業燒錢的速度也更快。結果就是企業或許還需要更多現金注入，才能知道轉向結果能否發揮預期的效益。但投資人，特別是新投資人，又常常會說「我們先等等看」，而不願立刻投入資金。

尋求新的投資人。本書中談到的每一間失敗的新創企業，都曾經試著找尋新的投資人來募集資金，卻都功敗垂成。吉寶、昆西、三角測量、巴魯、Fab、Dot&Bo，以及樂土想找新投資人的時候，公司都已經來到轉折點，再過幾個月就會燒光最近一輪募得的資金。雖然創辦人都能提出已經達成的一些成就，但就是還沒有什麼證據能讓人相信公司繼續走下去可以實現長期的獲利。樂觀的新投資人或許會看到眼前有個半滿的杯子；但多數投資人則會抱持懷疑與悲觀的態度，看著眼前的杯子已經半空。

新創企業要進行新一輪募資的時候，創辦人一般都會讓新投資人來領投，而不是由現有的投資人來主導。新的投資人能帶來更多專業知識與人脈；此外，因為創投業者之間會互相競標，新投資人必須出價夠高，才能獲得領投的權利。新投資人

出價愈高，也就代表現有股東（包括創辦人）手上股權被稀釋的比例愈少。而且，每一輪募資的規模往往都會比上一輪大得多，所以就算現有投資人想領投，或許手頭的資金也不夠。

當新創企業表現不如預期，工作團隊也正在討論應該如何修正時，現有投資人或許就會因為其他的打算，鼓勵創辦人向新的投資人募資。現有投資人一方面是因為新創企業的前景籠罩著一股不確定性，或許正在檢討這項投資究竟是對或錯。另一方面則是現有投資人可能會因為面子問題，在判斷新創企業前景時受到自我防衛心態的影響，認定「我投資的一定都是贏家，這間企業怎麼可能表現不好！」不過，不論哪種情況，如果執行長能夠說服某位公正的新投資人相信這間企業的前景樂觀，絕對是現有投資者所樂見的情形。

然而，這招也可能惹火上身。潛在的新投資人進行盡職調查的時候，一定會問：現有投資人會不會在新一輪繼續按比例跟投？[6] 各輪募資的條件中，常常會賦予那一輪投資人有權利（但不是義務）在隨後各輪募資時投入足夠的資本，以維持與當初投資時相同的股權比例。如果新創企業表現良好，這會是一項非常有價值的權利，各個創投業者通常也會繼續按比例跟投，前提是他們手上這批資金仍有餘款。因此，如果現有投資人被問到這個問題，態度卻是躲躲閃閃，像是表示「我們還在考慮」等，潛在的新投資人就會覺得情況不妙。琳賽・海德遇到的狀況更糟，當初天使投資人對她不滿，在盡職調查會議上

大肆批評巴魯公司的領導階層，直接嚇跑可能的新投資人。

出售公司。[7] 如果新創企業無法從新投資人取得資金，下一步通常就是努力將公司出售。對於身兼董事的投資人來說，他們很清楚如果要進行新一輪募資，就代表自己也得再掏出更多的錢，所以或許不排斥各種併購方案。

一般來說，當創業者放出公司要出售的消息，都會有人想來了解狀況，而找上門的人通常也是同領域的對手或大公司。這些人就算並不是真心想買下公司，也可能會故意裝出有興趣，以此刺探公司在策略、財務表現、智慧財產，以及員工薪酬等方面的資訊。

本書介紹的大多數新創企業都見過這樣的把戲。像是Dot&Bo 的安東尼・蘇胡，當初請了一間投資銀行來處理出售作業，卻發現這些人的表現不如預期。他也深切的感受到，當那些有可能收購的人透過盡職調查了解 Dot&Bo 現金吃緊之後，就會把這種事拿來當作談判籌碼。他說：「他們就是要把我們拖到垮掉。」[8] Dot&Bo 最後確實有收到一些出價提案，包括其中一個出價高達 5,000 萬美元；有鑑於公司截至當時為止的募資總額僅有 1,950 萬美元，這本來會是個完美的結果。但很不幸，競爭對手 One Kings Lane 公司在此時遭到賤價出售，Dot&Bo 的收購案也就此告吹。

同樣的，琳賽・海德也曾經提案出售巴魯公司，並且收到兩份報價。董事會接受其中一份出價，但經過雙方商定的 30

天盡職調查期後，收購方卻因為不明原因而決定放棄。等到海德再回頭找上另一間報價的公司，對方執行長簡單回答：「不了，謝謝。我當初要競標的時候，跟董事會鬧得很不愉快才得到許可，現在可不想再來一次。」[9] 接下來又出現第三間公司報價 100 萬美元要收購公司，但一樣要經過 30 天的盡職調查期。一旦談成功，對於已經投下 450 萬美元的投資人來說雖然還是虧本，但至少還能拿回一點錢。只不過，這最後的希望同樣破滅了。

　　新創企業如果想用收購作為最後逃生手段，可以先從海德的經驗看到這一切會帶來怎樣的挑戰：要先兜售公司、度過盡職調查、最後再完成合併，所有過程都需要花時間。海德估計，當初第三間報價的企業就算經過收購前盡職調查的 30 天，也有可能會要求再給他們 90 天，才能結束各項法律作業並完成交易。

　　另一項潛在的挑戰在於，公司遭到併購之後，創辦人之後的日子會處於情緒上的矛盾。[10] 將公司出售或許能把錢還給投資人，也讓員工在失業後得到緩衝。然而，收購合約通常會要求某些高階主管承諾繼續受雇於新公司，而通常這段「閉鎖期」將長達 18 ～ 24 個月。要是公司被併購對創辦人而言幾乎或完全沒有個人財務上的好處，就像海德那樣，合併之後不只要當別人的員工，還不能立刻去創新的公司，出售公司的選項也就沒什麼吸引力；特別是對有些人來說，本來創業就是為了自己

當老闆，而不想為人作嫁，這時出售公司就更沒吸引力了。

　　還有一個問題是，可能根本就沒有任何買家出價。第 2 章提過一間根據需求提供育兒服務的 Poppy 公司，他們的創辦人雅芙妮・帕特爾・湯普遜（Avni Patel Thompson）就有這種經驗。她回憶當初向競爭對手提議出售 Poppy 時：「才發現大家都在為獲利苦撐，沒有人手上有現金能收購公司。就連有興趣的公司，動作也不可能快到在六個月內完成交易，但是在這段時間我們就必須扛著沉重壓力硬撐，以免核心業務動搖。」[11]

　　而且，正如創投業者佛雷德・戴斯汀（Fred Destin）所言，如果收購不成功，新創企業就會變成「瑕疵品」。他清楚描述這種情況：「併購進展就是不如人意。或許是報價太低，或許是追求者一路把你帶到聖壇前，卻又突然要毀婚。你會聽到很多人說『現在賣還太早啦，你應該先把這個和那個都處理好』，儘管你早就知道那些應該處理了。現在你的『資產』變成市場上的燙手山芋，而你可能需要一、兩年才能重寫你的故事。你還記得有句格言是『好企業會是別人來買，而不是自己要賣』，而你現在的體會就更深刻了。」[12]

　　過橋募資。[13] 如果執行長無法從新投資人手中募到更多資金，也無法談成併購，下一步就是請現有投資人提供過橋資金。不過，有時候現有投資人就是沒有意願或沒有能力，無法提供更多資金。例如，昆西服飾的創辦人請求現有投資人提供過橋貸款，但投資人拒絕她們的要求，只說可以幫忙介紹有興

趣的天使投資人。最後的討論依然不了了之。

　　過橋募資的協商過程很有可能不太愉快，因為當中可能動用到「強制接受」（cram down）的機制，使得所有決定不參與募資的現有投資人股權遭到嚴重稀釋。雖然條款各有不同，但基本上，面對陷入困境的新創企業，此時會出手提供資金的人通常都只肯開出極低的股價。這樣一來，在過橋募資時就會發行大量新股；在這之後，在前幾輪投資中取得優先股的投資人，所持有的公司股權比例就會嚴重縮水。至於持有普通股的創辦人以及員工也一樣。為了讓主管在股權遭到稀釋後維持士氣，公司重組時也可以精心安排，讓他們得到新的股票或認股選擇權。每次展開新一輪募資都需要經過董事會批准，所以如果有些投資人既不想投入更多資金、又不願意讓股權遭到稀釋，董事會就可能陷入僵局。

　　海德也同樣遇到這種狀況。當初她請求董事會考慮提供 50 萬美元的過橋貸款，以協助巴魯公司可以營運到完成前文提到的 100 萬美元收購案。但這項請求在投資人之間引爆白熱化的討論。某位董事願意提供過橋貸款，但開出一項條件：他與願意加入的所有投資人投入這筆資金之後，在這筆資金賺回 6 倍之前，退場收益要 100％歸他們所有。實際上，這就意味著，收購案得到的 100 萬美元將完全被這些過橋投資者瓜分，相對於他們投入的這筆 50 萬美元資金，這可說是極為豐厚的報酬。然而，其他股東既不想承擔風險，也不打算批准這項貸款案。

　　裁員。[14] 新創企業表現令人失望的時候，許多創業者會認為必須裁員以減緩燒錢速率，並爭取更多時間來安排募資、併購或是轉向。而講到裁員，會牽涉到四項決定。

　　第一，在員工面前，公司的狀況應該要多透明？就邏輯而言，這項決定應該比下列三項決定還要優先考量。蘭德・費希金是搜尋引擎最佳化軟體供應商摩茲公司的創辦人，他在《創業者不能只做喜歡的事》（*Lost and Founder*）中提到，他在某一次大規模裁員之前沒有讓員工更了解公司狀況，後來因此非常後悔。摩茲當時花了好幾年時間砸下重本擴充產品線，希望能提供完整的工具，功能涵蓋所有數位行銷領域，像是社群媒體追蹤、部落格內容監控等。而當新產品業績疲軟無力時，210名員工當中有59名遭到辭退。費希金談到那次裁員的後果：

　　　員工不只傷心，更是憤怒；部落格、評論網站以及社
　　群媒體上出現許多對公司的惡評，我們失去了友誼、
　　失去了信任，也失去了名聲。而最糟的是，對我們管
　　理團隊來說，這件事完全始料未及。在我們犯下的所
　　有錯誤以及做出的糟糕決定中，最讓我後悔的正是當
　　初在事情發生前的幾個月裡，我們的領導團隊（包括
　　我在內）做事不夠透明……要是我們真的打算投資這
　　麼多種產品，也很清楚結果可能得讓團隊裡大部分人
　　離開，應該在事前就要說清楚……一旦像這樣失去別

人的信任，就很難再爭取回來。[15]

第二，裁員應該做到什麼地步？傳統做法認為，要裁員就必須一次到位，以免需要第二輪裁員。當這種事情發生第二次，可能會讓士氣重挫，就算是有才能、公司有意留下的員工，也可能因為不再信任管理階層，或是對公司能否存活失去信心，而乾脆選擇離職。不過一次裁掉太多人也會有問題。傑森・戈德堡事後分析 Fab 的失敗時，就很後悔當時在歐洲大規模裁員，又把美國的員工總數從 400 人砍到只剩 85 人。他回憶說：

> 老實說，事情變成一個死亡螺旋。我們唯一做到的就是降低燒錢速率，但這卻讓公司本業陷入困境、喪失價值。我根本是在加速前進的火箭上猛踩煞車，這實在太難，而且我完全搞砸了。我太急著削減成本、縮減產品範疇，而沒有先退一步，和董事會一起討論如何為股東保留價值。每個人總是說：「裁員要做得又快又狠。」但我現在反對這種說法，反而覺得：「裁員要做得聰明、有計畫，最好是有人幫忙」。[16]

第三，該裁掉誰？高階主管的薪酬高，會是讓人很想動刀的目標。但是從他們下手很容易引來不必要的關注，讓人發現

公司陷入困境。舉例來說，戈德堡解雇許多手下的直屬大將後，就在商業媒體引發軒然大波。他回憶說：

> 高階主管離職的事在媒體上被大作文章，還說他們是因為對我的管理風格失望才離開。但新聞報導只呈現出單方面的觀點，因為我當時已經下定決心，Fab的任何問題都不怪罪任何人，只怪我自己就好。我從不後悔把那些人請走，因為公司裡有太多人坐領高薪，而且許多人的表現更是差強人意。在大部分的情況下，我是開除掉那些主管，讓他們手下的第二號人物接棒。這是一項有計畫、眾人一致同意的決定，也得到董事會支持。那些二號人物一直是實際上做事的人，而且做得更好。[17]

　　有些執行長並未解雇高階主管，而是請他們接受減薪，這樣有助於讓新創企業不需要裁掉更多第一線的員工。當初海德就是這麼做，而且管理團隊也願意遞延領薪。但海德的律師後來告訴她，在麻州，如果公司的遞延薪資遲遲沒有支付，將由執行長個人負責，並且常常會產生高達三倍的強制性損害賠償。此外，雖然許多公司都會投保董監事與重要職員的責任保險，但這種狀況並不在理賠範圍內。於是，除了海德的薪資以外，巴魯公司立刻付清即將到期的所有遞延薪資，總額高達

25 萬美元，這幾乎掏空公司的帳戶，也成為最終導致停業的一項原因。

最後，究竟該給被解雇的員工多少遣散費？摩茲公司計畫大規模裁員的時候，費希金曾經和董事會成員針對這件事大吵一架。費希金認為，遭到遣散的員工如果已經在職超過四年，要是能給到至少六週的遣散費，將有助於提升在職員工的忠誠度與士氣。某位出身創投業的董事並不同意，他表示許多科技公司的遣散費只有兩週，而六週是他看過最高的補償金額。難道公司真的要浪費僅剩的現金，把其中 20％ 花在遣散費上？最後，費希金獲勝；但他表示先前花了好幾年才和董事建立起良好的關係，卻在爭論遣散費的過程中「燒掉那些橋樑」。[18]

拔掉插頭

如果上述策略都無法成功，創業者就會面臨一項殘酷的選擇：該認輸了嗎？我和創業者與投資人討論後發現，有幾項原因會讓許多創辦人苦撐著將引擎空轉，甚至是在事業已經幾乎不可能有轉機的時候也不放棄。

只有在創業早期，由於創辦人掌握董事會多數席次，或是根本沒有董事會，所以創辦人可以自行決定新創企業的生死。但當然，就算創辦人／執行長掌握董事會的多數席次，還是有義務讓董事會充分了解公司營運狀況，並徵求董事對公司發展

的意見。但是到了創業晚期，董事會多數席次都是外部董事，是否要停業就成為整個董事會才能下的決定。

當董事會判斷這間新創企業是否有足夠的潛力，或是值不值得投入更多心力的時候，創辦人肯定會希望能有足夠的時間，把上述一系列有機會拯救新創企業的選項都做過一次，像是轉向、找新投資人等。對於這股衝動，曾經創業失敗的李天駒（Andrew Lee）就說：「我發現，新創企業臨終前的決定，和病患臨終前的決定有一些明顯的相似之處……就像在醫學上的做法，我們可以選擇用一些辦法來『延長』新創企業的壽命。」[19]

除了這種想要窮盡一切追求救命方式的衝動，還有下列幾項原因，會讓創業者無視於成功的機會已經愈來愈渺茫，把停業的時間一拖再拖。[20]

一般而言，**新創企業的失敗會是個慢動作的過程**。因為公司的成長走走停停，而潛在投資人又總是拐彎抹角的回答：「我們還需要更多時間考慮。」這種說法太模糊，就會讓許多創辦人還抱著一絲、通常也是錯誤的希望，很難判斷是不是已經真的無力回天。

靠著某些維生設備，確實通常可以讓新創企業死撐下去，特別是處在創業早期的新創企業。如果想節省現金，團隊人數不多的時候就可以不要再租辦公室，大家都搬到創辦人家裡辦公就好。那些打從一開始就一起為了公司願景打拚的老員工也

很有可能願意減薪，並且表示：「等我們募到下一輪資金再說。」

還有，不斷有人說，偉大的創業者都是忍人所不能忍。於是**創辦人產生一種心態，覺得要是半途而廢，就絕不可能成為偉大的創業者**。為了維護自我形象，創業者常常會一心堅持下去。而且，創業者也常聽說堅持不懈就能得到回報，那些在最後一刻起死回生的故事更是令人感動。當他們已經在這間新創企業上投入太多心力，很容易就只看到自己想看到的東西。

在麥可・賈佐（Mike Gozzo）一系列糾心的部落格文章裡，就能清楚看到這種思維；當時還沒人知道這個匿名的部落格「我的新創企業只剩 30 天能活」（My Startup Has 30 Days to Live）就是出於他的手筆。賈佐記述自己建立的新創企業最後的那段日子，並承認：「我確實有看到各項指標數據，也會向『董事會』（就是種子輪階段的新創企業會有的那種『董事會』）與投資人報告我的擔憂。然而，等我再回顧這些報告時才發現，我已經太習慣編出一套正面積極、充滿希望的故事，就連在真的應該誠實面對狀況的時候，我還是繼續編著故事。當時，我永遠覺得只差一個案子、上個月的業績就會達標了。我拚盡全力想讓一切在正軌上，卻完全忘記這個軌道正通往一座懸崖。」[21]

許多創辦人沒有討論事情的對象；以賈佐的話來說，就是他們面對生存危機的時候卻「只有自己可以依靠」。[22] 創業者對自己的公司必須表現出堅定的信心，在團隊成員、合作夥伴

或顧客詢問事情進展的時候，總是會強調積極的面向。因為他們知道，如果做出比較平衡而誠實的評估，可能會讓團隊覺得不如歸去，於是加速企業滅亡。特別是創辦人打算募集更多資金的時候，就有可能隱瞞壞消息，不讓那些最能提供諮詢意見的人知道，而那些人正是現任投資人。於是，幾乎沒有人手上握有足夠的資訊，能夠好好建議創辦人是否應該停業、又該在什麼時候做出停業決定。

當公司情況不妙的時候，創辦人總是會基於衝動而隱瞞這些壞消息，但是如果他們真的向外求助，常常會發現其實人間充滿溫情。Esper 的創辦人李天駒就寫道：「不只是投資人，每個人都願意伸出援手。雖然我覺得難堪、愧疚，但在我向外求助之後，才發現自己碰上的情況有多麼普遍，以及其他人有多麼體貼。我真希望當初早點找人幫忙。」[23]

就算已經面對現實，**創辦人也可能覺得有道義責任必須堅持下去**，不能對不起那些得靠公司維生的員工、仰賴公司產品的顧客，還有那些相信創辦人願景的投資人。曾創立金融科技新創企業蛋糕金融公司（Cake Financial）卻失敗收場的創辦人史帝夫‧卡本特（Steve Carpenter）就告訴我的學生：「一旦拿了別人的錢，你就不能說走就走。」[24]

針對這樣的想法，賈佐也曾說過：「讓我在深夜最感到撕心裂肺的，就是我覺得對那些相信我的願景、一起打拚、一起建立一切的人，我必須負起責任。如果失敗，他們要怎麼辦？

他們為了這個夢想做出那麼多犧牲，他們的職涯真的還能回歸正軌嗎？企業失敗對友誼與各種關係的傷害，會不會就像是在宣讀遺囑的時候導致家族分崩離析？」[25]

賈佐後來向團隊坦誠企業陷入危機，而大家的反應讓他深受感動：「我召集大家開會，讓他們花了很長一段時間好好了解我們的財務狀況。但只有我的聲音透著傷心的顫抖。後來，我的團隊站出來，重新肯定並支持公司的願景，還跟著做出許多犧牲，就為了讓我們能夠繼續追求那個願景。這樣的熱情展現出身為精英分子的真正意義。」

新創企業教練傑瑞·科隆納在我的企管碩士課堂上演講時曾經提出警告，雖然對團隊忠誠是件令人欽佩的事，但如果這種死忠完全只是出於對他人的責任感，「就可能會是一種劇毒」。他表示：「領導者握有權力，但如果他們憎恨他人或厭惡自己的時候，就有可能會濫用那份權力。」[26]

創業失敗的時候，**創辦人的自尊將受到重大打擊**，而且如果他陷入惡性循環走不出來，痛苦還會更為加劇。要是失敗似乎已經難以避免，創辦人就必須決定是要現在就接受這一記對自尊的打擊，還是盡可能拖得愈久愈好。一旦知道自己的新創企業就要倒閉，創業者會感受到切身的痛。

賈佐就寫道：「我常常聽說，人在死前的最後時刻，人生會像跑馬燈一樣在眼前閃過。而在過去 24 天裡，隨著我體認到這間新創企業的命運，就彷彿經歷一生的磨難、失敗、成功

與情緒翻騰。過去這一個月的情感波濤洶湧，我歷經一連串的低谷，一波比一波更低，低到讓我縮進殼裡，完全不管自己的健康狀況，而且我們唯一得到的機會是一份策略性人才收購（acqui-hire）的提案，這表示對方收購公司只是為了雇用我們的團隊。然而，收購卻又在一場爛透了的 Skype 通話後告吹，對方說我們的能力還不配和同領域的矽谷成功新創企業合作。」[27]

　　然而，雖然受到上述諸多因素影響，創業早期的新創企業創辦人總是把停業的決策拖了再拖，還是會有一些反方向的力量發揮作用。特別是如果投資人覺得已經不太可能出現轉機，就有可能要求盡早停業，以免拖到耗盡所有資金，這樣他們多少還能拿回一點本錢。此外，在這間新創企業兼任董事的投資人，也覺得約時間討論的機會成本太高。一般來說，創業早期新創企業的董事會一年至少要開十次會，而且除了定期的會議之外，還需要另外投入大量時間；對創投業者來說，能夠同時擔任董事的新創企業數量有限。要是他們的「舞會」席次被某一間看來前途不妙的公司占據，就會拉低贏得獨角獸企業大獎的整體機率。

　　對於初次創業又正在為了是否停業而掙扎的創辦人來說，經驗豐富、曾經收掉企業的創業者能夠提供下列寶貴的建議：一、明確訂定必須達成的各項里程碑，而且要設下期限；二、徵詢信賴的顧問，他必須了解你、了解你的企業，而且知道創

業者想成功必須具備哪些條件,請詢問他堅持下去是否有意義;三、定期問自己是不是已經面臨下列情形。

- **你用盡招數了嗎?** 說得明白一點,你是否已經用盡本章開頭列出的選項?例如轉向、向新投資人募資、併購等。當初正是這個問題,終於讓賈佐決定收掉公司:「並不是因為某次轉向失敗,不是因為某一場仗,不是因為生活忽然有了改變,也不是因為我盲目遵從什麼壞建議。事實上,真的很難說究竟是什麼契機讓我意識到事情大概會如何發展,並且終於結束我的自我幻想。我在那一刻就知道,自己已經沒招了。我意識到,就算公司的生命週期更長,就算出現一筆可觀的過橋貸款,我接受的時候也一定會良心不安。」[28]

- **你覺得痛苦嗎?** 你是不是開始討厭自己的工作、共同創辦人、團隊、投資人?你對待家人的態度如何?這樣的態度已經持續好幾個禮拜了嗎?運動營養新創企業瑞威爾公司(Revere)最終功敗垂成之後,共同創辦人賈斯柏·戴蒙·納桑尼爾(Jasper Diamond Nathaniel)事後回顧停業前的那段時間:「我真的是他 X 的累爆,不管身體、心理或情緒上都是。我幾乎沒辦法睡,情緒大起大落,每一場投資人會議、每一次銷售起伏,都搞得我死去活來。我忽略朋友與家人,和另一半的關係也很

糟。而且我很孤獨，因為我覺得在人前得表現堅強，所以給自己築了一道心牆，不讓員工與投資人看見我心裡的翻騰，也不和這一行以外的人談我的問題，覺得他們肯定不會懂。我一直告訴自己，這樣很正常，創業路上都是這樣，但我忽然就撐不住了。我已經用盡全力試圖找點什麼讓我再撐一下，但就是找不到；所有曾經的熱情已經完全耗盡。」[29]

- **你是否仍然相信當初激勵你創業的願景？** 在巴魯公司的現金快燒光的時候，琳賽・海德正在準備向另一間創投業者提案募資，卻聽說有一隻得了糖尿病的老貓在接受巴魯的員工照護時過世；這是巴魯碰到的首例死亡案件。結果，她走進和創投業者約好的會議室時，內心根本就惴惴不安。儘管後來獸醫確定巴魯的員工並無過失，但這件事讓海德失去信心，提案也慘敗作收。投資人後來告訴她：「我認識妳，我也相信妳。但我覺得妳在那個時候並不相信自己說的話。」[30] 她說：「那個時候，我想我真的不覺得我們能成功。而一旦創業者失去了能量，沒有那點小小的狂傲，能讓你說：『等著看吧，24 個月後一定會大成功』，那你就完了。」

- **能夠「優雅」停業的最後時間點是不是即將來臨？** 這裡所謂的「優雅」，指的是停業時還能夠履行對顧客的承諾；能夠付清所有該付給供應商的錢；不但能付出員工

薪水，還能提供遣散費；而且投資人至少都還能夠收回部分資金。雖然創業失敗有損創辦人的名聲，至少不會毫無損傷，但是能夠優雅停業，就能多少有所挽回。不過這仍然是一種取捨，如果拖到超過能夠優雅停業的時間點，可以為創辦人爭取到更多時間，或許就有機會募到更多資金或談成合併。

為了準確計算最後停業的時間點，創辦人必須清楚掌握對哪些人有虧欠，以及資金燒得有多快。在華萊絲向昆西董事會提議停業的時候，就是因為心裡很清楚最後一刻已經到了；而她的共同創辦人妮爾森最後也抓緊了時間，在公司停業的時候仍然發給員工一小筆遣散費、還清所有債務，而且還能讓投資人取回一小部分的資金。[31]相較之下，海德則是錯過了時間點，無法履行巴魯公司所有的財務義務，雖然員工拿到全部的薪水，但公司欠了供應商約 10 萬美元無法清償。[32]

一旦創辦人決定壯士斷腕，並將這項決定告知工作團隊，對許多創辦人來說就會得到情感的巨大宣洩。海德說：「結束過橋貸款的紛擾真是種解脫。我當時心裡很清楚，在那個時間點上，我真的覺得我們已經為投資人試過每條路，我們投入全部的身心靈，希望他們能把錢拿回去。」[33]

判斷自己創立的企業已經不可能獨立存活下去之後，創辦

人還有一連串的選擇要做。像是他是不是應該辭職,讓別人來為公司收場?以及,團隊是不是該追求讓其他企業進行「人才收購」的可能性?也就是要不要接受其他公司並不打算繼續經營這間新創企業,但希望能夠雇用這支工作團隊?

直接離職,還是降職留任? 在極少數的情況下,創辦人／執行長就像一邊說「這車我不開了,剩下就交給你們吧」,然後一邊直接把車鑰匙扔到桌上,向董事會或共同創辦人宣布自己要離開這間新創企業了。會有這種想法也不難理解,畢竟創辦人必然是壓力沉重,而且到了最後一步,新創企業的結局也不會有改變,已經沒什麼希望賺到錢。也有些時候是上述某些因素讓創辦人不想留任,但他只是從執行長的位子退下來,還是繼續全職擔任公司裡的另一個職位。

出於兩個很好的理由,創業者可以不需要直接離開公司。第一,對創業者而言,伴隨公司走到痛苦的結局也會是一種學習經歷。第二,沒有哪個創辦人希望自己惡名在外,變成那種會拋棄沉船的船長。創投業者李愛玲(Aileen Lee)就跟我說過,有某位創辦人在新創企業搖搖欲墜的時候一走了之,因為他覺得既然留下來也賺不到什麼錢,沒有理由要多花幾個月收拾殘局。[34] 董事會與投資人大為光火。畢竟那位創辦人把大家拉進來投資他的願景,最後卻自己拍拍屁股走人,讓投資人來清理爛攤子。後來他們都有共識,絕不再和這位創辦人合作。

人才收購。 對於取得創投資金的新創企業來說,人才收購

是一種常見的退場方式。35 人才收購的好處在於，投資人通常還能得到一點正向的報酬，而且公司的一部分員工也能得到工作。而另一方面，進行人才收購的時候，創辦人也可能遇到賈佐碰到的狀況：「找上我們的那些人似乎無視於我們的掙扎，就只是打算玩弄獵物。不論是不請自來的人、或是我們去找的人，行事作風都很相似，我們已經倒在水裡流血，他們卻在旁邊打轉，大概就打算像個虐待狂一樣玩弄我們。他們很有可能就是在等一切結束，再來洗劫一空。」36

　　人才收購牽涉到收購方的權衡，也就是針對新創企業在工程與創業的人才，考慮要「自行培養」或「買下」的決策。另外，我必須提醒，收購方並不是對所有員工都感興趣，而是會進行面談，看看有哪些人符合要求。收購方基本上就是在考慮，是要買下一支已經有實績的完整團隊，又或是要從頭雇用、培訓一支能力類似的團隊？兩種做法的成本又有什麼不同？這些算計也就代表著，比起新創企業一路來的募資總額，人才收購時的出價不太會高出許多，否則相較於一般自己雇用並培訓工作團隊的方式，人才收購的成本就太高了。

　　根據創投業者協商的優先清算權，人才收購獲得的所有退場收益都會優先歸投資人所有，直到他們已經收回所有資金為止。有鑑於人才收購的價款並不高，等到身為優先股股東的創投業者回收完資金，並不會剩下多少錢能分配給普通股股東，也就是創辦人以及其他持有股票或認股選擇權的員工。

　　創辦人以及團隊成員能得到的獲利極低、甚至完全掛零，因此這也就可能讓情況變得更複雜，因為收購方進行人才收購就是想留住某些關鍵團隊成員。對收購方而言，最簡單的解決辦法就是和團隊成員訂立附帶協議，像是提供簽約獎金，或是分批發放收購方企業的股票。在收購方看來，只要不會大幅增加人才收購的總成本，附帶協議會是個好辦法。但當然，被收購方的投資人可不會希望這些附帶協議損及自己的利益。創辦人將面臨一大挑戰，他們不只要保住團隊裡的每個人、要推動交易順利、還得讓董事會滿意，才會批准收購。

　　創辦人如果對公司和同事情感深重，可能會非常難過，只能看著自己一手打造的團隊在冷血的審議過程被品頭論足，最後肢解拆離：「我們要留這兩個，但那兩個廢物就算了。」因此，李天駒就建議創辦人，在收購開始之前先要問清楚團隊真正的想法。他回憶起人才收購的過程時表示：「感覺就像是被偵訊；要我們團隊分開接受面談，那份不確定感讓人的情緒像雲霄飛車忽上忽下，留下很不愉快的記憶。」[37]

停業清理

　　你已經走到路的盡頭，沒有白騎士（white knight）在最後一刻提供資金或是出價收購。所以，你該用什麼方式負起責任，做好公司的停業清理？

找顧問

第一步，如果你還沒找律師和會計師，就應該先把人找來，協助你走過整個停業的流程。這些顧問應該要有經驗能夠處理複雜的法律與稅務問題，也了解如何謹慎的進行停業管理的實務做法；例如，當清算收益不足以支付應付款項時，該讓哪些人優先；如何使用代管帳戶（escrow account）保留儲備金，等待最終結算；該怎麼解雇員工，讓他們得以申請失業補助。顧問也能協助處理各種政府要求提供的停業文件，像是取消營業執照、取得解散證明。

你合作至今的律師事務所能處理公司註冊登記、雇傭與供應商合約、法規問題，以及專利申請等，但他們並不一定有熟悉停業事務的律師，不過至少也能為你介紹專業人士。受委託的律師通常會要求一筆定額的律師費，而且是事前收取。[38] 這筆錢請別拖欠，畢竟律師在這種時候會擔心請款問題再自然不過，而你也不會希望他中途忽然退出。要是付不出請律師的費用，也可以在 NOLO.com 和 Rocket Lawyer 之類的網站得到很好的建議。

選方法

在顧問協助下，第二步則是要從三種基本方法當中選定一種方法進行資產清算，並向債權人清償債務。[39] 開始這項過程之前，你需要先清點所有可出售的資產，以及應該清償的債

務。而且,你或顧問也該審閱牽涉到支付請求的合約,了解是否有某些債權人應該在你清算資產時優先受償。

無論你使用哪種方法向債權人清償,多半都必須依照各州法律規定。在大多數司法管轄區中,你都必須:一、支付所有應付稅款;二、支付員工薪資與福利;三、先退還顧客押金,再清償有擔保債權,例如以應收帳款或庫存作為擔保的銀行貸款。要是你無法償還貸款,銀行就會去收取你的應收款項、拍賣庫存,而且在你償還貸款之前保有一切價款。請務必確認自己要處分的資產不包括有擔保債權的擔保品,要是未經擔保品的債權人允許而賣出,則可能有法律責任。

接下來則是要處理無擔保債權;依據停業的方式不同,你或許還會有些自由能選擇要清償哪些債權。清償所有債權後,如果還有剩餘現金,就能分配給優先股股東。至於排在最後分配的,就是像你這位創辦人這樣的普通股股東。

新創企業的停業方式,基本上分為下列三種。

破產。聲請破產保護後,企業的所有債務都會一筆勾銷。破產法院會指派受託人清算資產,並清理債務。相較於一切自己動手或院外和解(於後文說明),聲請破產能減少創辦人的工作量。然而,聲請破產也有缺點。例如,處理的過程完全公開;處理時間可能曠日費時;清算後得到的價值往往比其他方法更少,特別是受託人拍賣資產後還會抽取佣金;以及最後一點是,創辦人無法選擇要清償哪些無擔保債權。

為債權人利益之轉讓（Assignment for the Benefit of Creditors，簡稱 ABC）。透過這種轉讓程序，新創企業將清算資產以及清理債務的合法權利讓予第三方，換取一定的費用。這種程序有幾項優點。第一，對創辦人而言，這會比院外和解省時許多。第二，這種程序通常比破產程序進展更快。第三，大多數這類公司具有清算資產、協商債權的產業專業知識，因此比起透過破產法院或和解，有可能取得更多的價值。最後，熟悉購買昂貴資產的買主通常比較願意和這類公司或破產法院交易，而不會找上自行出售資產的人。因為這些買主不希望買下的資產是另一項債權的擔保品，免得惹上法律麻煩；如果是這類轉讓公司或是破產法庭，都會注意確保避免發生這種狀況。

然而，採用這種轉讓程序也有缺點。第一，這類轉讓公司比較喜歡和有一定規模的新創企業合作，這樣才能徵收比較高的費用。第二，這類轉讓公司處理事情的優先考量可能和創辦人或股東不一致。例如 Dot&Bo 有一筆向某銀行申請的貸款，是以一大部分的公司資產作為擔保品；而後來要停業的時候，Dot&Bo 又拿出 25 萬美元，委託這間銀行旗下的公司處理轉讓程序。[40] 然而，安東尼‧蘇胡對結果十分失望。他說：「執行程序的那間公司，在回收的款項足以償還銀行貸款之後，就一副漫不經心的樣子。他們不在意要償還所有虧欠供應商的錢，也不管能不能讓股東拿回一些資金。」

和解。對於規模比較小的新創企業來說，自己動手在庭外

和解通常是比較好的辦法，可以避免另外兩種處理方式需要的費用與佣金。透過和解，創辦人可以親自處分資產，並且親自與債權人協商，杜絕將來的爭議。雖然和解的程序可能很耗時，但能讓創辦人更有空間規劃如何清償債務。根據線上法律資源網站 NOLO 的說法，債權人很清楚，等到你真的結束營業，想再收帳就難了，所以如果你能提出願意償還 30 ～ 70％ 的欠款，債權人通常會同意就這樣結清債務。[41] 創辦人進行和解協商之前，請務必以掛號寄出書面通知，向無擔保債權人告知你已準備停業，如果需要請求給付應該在期限內提出。收到書面通知的債權人如果逾期提出請求則無效，但如果債權人未得到書面通知，縱使逾期亦得合法請求賠償。此外，和債權人達成和解後，務必請對方簽署拋棄一切求償權的同意書。

溝通

決定停業後，創辦人必須決定怎麼把消息告訴所有利害關係人。如果是債權人，就可以用前文提到的其中一種程序。而其他重要的利害關係人還包括顧客、未兼任董事的投資人，以及員工。

要和顧客聯絡的時候，最好先把所有應收帳款都拿到手，再告知即將停業的消息，否則對方很有可能拖帳。顧客會希望能夠明確知道將在何時終止服務。如果想要停業停得真正優雅，可以協助顧客更順利過渡到新的服務供應商。以巴魯公司

為例，海德就安排他們的線上競爭對手 Rover 公司接手巴魯的溜狗員與顧客，並且為顧客提供 40 美元的新服務抵用金。[42]

有些創業者的資訊傳達做得比較好，投資人就算並沒有擔任董事職，也能掌握公司的營運情形。但在新創企業的發展開始跌跌撞撞之後，消息的更新頻率往往就會降低，畢竟講壞消息從來就不是有趣的事，因此某些投資人還是會對企業即將停業感到猝不及防。如果是投資過許多新創企業的投資人，會把失敗看成「生命循環」的一部分，多半不會滿懷怨恨。但他們還是應該對於發生的事得到完整的說明，而且創業者也應該感謝他們的支持。

而要通知員工公司即將停業的時候，創辦人應該傳達的內容有幾點。第一，員工是否能夠得到遣散費？金額有多少？第二，員工如何申請失業補助？第三，員工是否能夠延用公司的醫療計畫？例如透過自費的統一綜合預算協調法案 COBRA 計畫？第四，創辦人應該向員工保證，他會設法協助他們找到新工作，像是擔任推薦人，或是打電話給其他公司，告訴他們這裡有一批優秀的人才。最後，創辦人與高階主管應該告訴員工，自己有多欣賞他們的表現，公司失敗不是他們的錯，所有人都應該為大家曾經一起做過的事感到自豪。

本章帶著讀者討論停業過程中種種計畫與安排上的挑戰。

然而在這個過程中，創辦人也得面對情感上的考驗。在第一階段，也就是失敗前的序曲，創辦人的情緒會因為一次又一次想挽救這間公司而大幅波動，每次轉向似乎大有可為，但又頹然倒地，投資人提出投資條件書但又抽回，或是併購夥伴的態度反反覆覆，都讓創辦人的心情起起伏伏。

來到中場階段，創辦人開始掙扎思考生存的問題是「該喊停了嗎？」，而且他很可能是獨自一個人煩惱。這個問題會攪起各種複雜而強烈的情緒，他可能覺得內咎，對不起團隊與投資人；覺得憤怒，埋怨那些曾答應伸出援手卻轉身離去的白騎士；覺得自我懷疑，不確定自己是不是一開始就不該當個領導者；也覺得悲傷，看著自己想改變世界的夢想即將破碎。

最後，當創辦人的情感得到宣洩，就是到了終局階段，因為他終於向所有人宣布一切要結束了。在接下來的幾週，創辦人可能會因為停業相關事務太忙，沒有反思的時間。但等到塵埃落定，團隊已然解散、和債權人的協商完成、解散的文書也收進了檔案櫃，創業者就會有許多時間可以哀悼，並且搞清楚究竟一切怎麼了、本來可以有哪些不同的做法，接著開始思考自己的下一步。如何準備最後這個階段的策略，就是我們下一章要談的內容。

11
重整旗鼓

在昆西服飾的臨終階段被趕出公司，讓克里絲提娜·華萊絲心情十分低落。[1] 她在公寓裡待了三週，三餐都吃外送，還看完《白宮風雲》（*The West Wing*）全七季。華萊絲不敢和朋友談昆西最近的情形，雖然她和最好的朋友兼共同創辦人亞歷珊卓·妮爾森已經陷入冷戰，但對兩人攜手打造的這間新創企業還是抱著強烈的責任感。紐約市的創業圈很小，所以華萊絲還得躲開那種「最近怎樣啊？」的對話。要是關於昆西碰上困境的消息傳開，妮爾森就更難再變出把戲、找到更多資金。所以，在昆西垂死掙扎的那段時間，華萊絲只有踏出公寓一次。那是一場假日慈善晚會，她沒跟任何人交談，只在 Instagram 上發了幾張自拍，裝出一切正常的樣子。

華萊絲後來決定振作起來，完全是出於必要，因為她得處理迫在眉睫的個人財務危機。她把過去所有的積蓄都投進了昆西，生活開銷也讓她累積大批卡債，現在連學生貸款都要到期了。她沒有資格領失業補助；她沒有另一半可以依靠；她的家

人也沒錢能借給她。她必須找份工作，而且是愈快愈好。昆西失敗之後，她在 30 天內找上 70 位朋友與職場上認識的熟人喝咖啡，並且問每個人同一個問題：「你覺得我有什麼事情做得很好？」她從這些對話得到的結論是，她擅長講故事、包裝推銷企業的使命，而且她願意挑戰從無到有的創造過程。這把她帶到下一份工作：為新創學院（Startup Institute）開設紐約分校；這間學院為轉職者提供沉浸式的培訓。

　　多數創業失敗的創業者想要捲土重來的時候，都會經歷一個三階段的旅程，而華萊絲可說是全速飆過這幾個階段。第一階段「恢復」（recovery）是要從停業造成的情緒衝擊中恢復過來。任何個人的重大挫折，都可能帶來悲傷、沮喪、憤怒與罪惡感，而創辦人不但得面對這些情緒，同時也常常像華萊絲一樣，還得面對沒有收入或個人積蓄歸零的殘酷現實。第二階段則是「反思」（reflection），理想而言也就是創辦人不再將失敗怪罪在他人或無法控制的外部事件上。透過反思，華萊絲更深入了解當時究竟出了什麼問題、自己在企業傾頹的過程扮演什麼角色、當時又可能有什麼不同的做法。而在這個階段中，她也更了解自己的動機，以及身為創業者、管理者與領導者的優缺點。最後的第三階段則是「重返戰場」（reentry），創辦人運用前兩個階段得到的見解，決定是否要再創辦另一間新創企業，或是走上不同的職涯道路。

　　本章會談談這三個階段，並且為創業者提供忠告，建議他

們如何在新創企業失敗的時候好好面對、從中學習，最後捲土重來。

第一階段：恢復

創業失敗對創業者可能帶來三方面的重大打擊。第一，個人財務狀況陷入混亂。很多創業者就像華萊絲一樣，把所有積蓄投入自己創立的公司。有些人還把信用卡都刷爆了，只希望能讓公司撐下去。而且，為了延長公司的生命週期，許多創業者只領很少的薪水，或是像巴魯公司的琳賽·海德那樣延後領薪。

第二，創業者的個人人際關係可能受到拖累。創業者有可能連續好幾個月每週工作 80 個小時，完全冷落了朋友、家人與另一半。就算想說「對不起，但我現在很需要你給我一點情感上的支持」，創業者也可能一時找不到會同情他們的對象。因為擔心被拒絕，也對曾經發生的事感到難堪，他們可能因此避免嘗試重啟或修復人際關係。他們身上常見的反應是自我隔離，特別是在剛停業後。

BrightWork 公司是一間已停業的程式開發者服務公司，創辦人喬許·卡特（Josh Carter）就這麼描述那段痛苦的時期：「晨間新聞微弱的聲音，被各種『我們本來可以做得更好』的想法淹沒……我枯坐在家裡，找不到宣洩情緒的方法，只能陷入深

深的失敗感，覺得它像病毒一樣吞噬著我。這種感覺讓我無法動彈，只能眼神空洞的盯著螢幕，一直想找到一點點的使命感。我讓那些依賴我的人失望了，而我還得想想到底有什麼辦法，才能在家人與朋友面前擺出一副沒事的表情。但今天我幾乎不可能辦到。」[2]

到頭來，創業失敗會讓創辦人陷入憂慮與痛苦，不斷對抗混雜著內疚、羞愧、後悔與失望的負面情緒。而不幸的是，內疚與羞愧、再加上想要躲藏或退縮的直覺，這種組合可能相當危險。要是創業者在社交上自我隔離，這些情緒就可能被放大，因而陷入惡性循環。妮淇・杜爾金（Nikki Durkin）在2014年收掉她的新創企業 99dresses，而她表示：「我的第一個直覺反應，就是要向共同創辦人瑪淇（Marcin）、我的工作團隊、我的投資人、還有我們建立起的忠實客群道歉。我覺得既羞愧又丟臉，就像是一個牧羊人本來應該好好保護羊群，卻把牠們都帶到摔下懸崖。我在理智上知道自己不應該有這些感覺，但情緒就是不一定合乎理性。事實上，我連自己該有什麼感覺都不知道了。我從高中以後就一直在為這間公司努力，99dresses 是我的一切，是我身分認同的一大部分，我就是那個『99dresses 女孩』。要是沒有這間公司，我會是誰？我完全不知道。」[3]

伊莉莎白・庫伯勒－羅斯（Elisabeth Kübler-Ross）提出「悲傷五階段」（Five Stages of Grief）的思考框架，很適合用來分

析創辦人在這個時期會有的感受，以及隨著時間推進，這些感受可能會有的演變。[4]庫伯勒－羅斯在這項著名的觀察中指出，人們碰到改變生命的重大失落之後，通常會經歷下列五種反應的循環，雖然反應的順序可能不同，其中某些反應也可能不會出現：

- **否認：**一開始受到震驚，典型的反應就是「不可能有這種事！」像是 Dot&Bo 必須停業的時候，安東尼‧蘇胡最初的反應是：「感覺不像是真的。」[5]
- **憤怒：**這個階段會有的感覺是「這不公平！」，也會想問「這是誰的錯？」創業者可能開始炮火四射，責怪共同創辦人沒接好球、投資人逼公司成長逼得太緊，又或是合作夥伴失約、沒有實現承諾。心理治療師建議要讓悲傷的患者把這種怒火充分宣洩出來，因為這種自然反應能夠幫助他們重新回歸現實；而這種做法對創業者也可能有所幫助。
- **討價還價：**為了因應各種脆弱無助的感覺，在這個階段的人會給自己的損失編出一套說法，藉此重新掌握控制權。於是，創辦人會開始思考一連串的「如果……會怎樣？」；像是，如果早點轉向會怎樣？如果放慢成長速度會怎樣？如果我們當初不要進軍歐洲市場會怎樣？
- **沮喪：**在某個時刻，悲傷的人可能會徹底被絕望與空虛

的感覺淹沒，只想自己一個人待著。在這個階段，創辦
人的自我價值感低落，可能會覺得：「再開一間新公司
又有什麼意義？我顯然不是能夠成功創業的料。」

• **接受**：這是「恢復」階段的最終目標。此時，創辦人已
經能夠平靜接受所發生的事，並且真正感覺到「我會沒
事的」。

　　恢復階段往往是逐步推進的過程；時間總會讓傷口痊癒，
但有時候就是恢復得很慢。心理治療師會鼓勵悲傷的患者承認
痛苦，像是有時候寫日記會有幫助，他們也會讓患者知道，這
種處理失落的過程可能會起起伏伏，有時候甚至是進一步退兩
步。如果能建立一套日常規律，會有助於讓人覺得一切都在掌
握之中。另外，保持身體健康也會有些療癒的效果。像是在
Dot&Bo 公司停業後，安東尼・蘇胡就跑去朋友家待了兩週，
每天就只是冥想與運動。[6] 此外，找人聊聊自己的感受也有助
於讓創辦人繼續向前走。心理師可以扮演聆聽者的角色，只不
過創辦人在創業失敗後，或許一時不會有醫療保險，也付不起
專業諮詢的費用。
　　重新找回一些以前的興趣或活動，並且培養新的興趣或活
動等，也能讓人擺脫沒用的胡思亂想，協助創辦人重建自信。
此外，如果嘗試在專業上跨出第一步，例如開始找工作、接下
顧問工作，或是寫下一些創立新公司的初步想法，同樣能給人

帶來動力與希望。聖母大學的迪恩・謝普（Dean Shepherd）教授研究失敗創業者的心理狀態，他指出如果能交替進行消遣行為與對失敗的反思，應該能有助於恢復。[7]

在提供育兒服務的新創企業 Poppy 公司失敗之後，創辦人雅芙妮・帕特爾・湯普遜的經驗就證明了這一點，她回憶道：「和其他創業者與我先生談談 Poppy 的失敗對我非常有幫助。從某種意義而言，我覺得我好像消失了。但回頭來看，那段時間其實發生很多事。我們全家搬到溫哥華，我用了一整個夏天整天學習編寫程式，而且還花了很多時間和許多家長談話，足足有幾十位。我還是很有興趣想解決家務上的種種挑戰，還有那些不成比例、落在女性肩上的『無形工作』。接著，創業者的那種靈機一動又開始回來了。」[8]

愛迪・希萊爾（Adi Hillel）創立目前已經停業的新創企業 Hubitus 公司，當初這間公司為自由工作者提供虛擬聚會工作場地與相關網路架構；她把恢復的步驟總結成幾句話，提出明智的建議：「一心想抵抗不會有用，就放手吧。允許自己不要再對失敗這件事下任何批判了。什麼都別做。去看看電影，因為你可能已經六個月都沒看過什麼好電影了。去和一些朋友見個面，還有，當有人問你未來的計畫時，直接回答『我不知道』。對自己多點耐心。要記得，事情都是暫時的，你現在只是暫時感到沮喪。一般來說，在我們產生負面情緒的時候，真正讓我們無法前進的並不是情緒本身，而是我們對那些情緒先

入為主的想法。花點時間好好面對自己的失落；接受它，而且
要知道自己馬上就會再次變得堅強。」⁹

第二階段：反思

　　經歷過失落引發的強烈情緒循環之後，創辦人就已經準備
好要進入這段失敗後旅程的下一個階段：反思究竟發生什麼
事，並且從新創企業的倒閉當中吸取教訓。¹⁰ 要從創業失敗吸
取教訓並不容易，原因有二個。第一，事情出問題的時候，我
們的自我防衛心態常常會讓我們去責怪別人或是外在環境，而
不是檢討自己做錯的地方。第二，悲傷有礙學習，而創業失敗
所帶來的強烈情緒就有可能造成這樣的障礙。

　　出於以上原因，有些人會完全跳過反思的階段，又或者幾
乎沒有從中學到任何東西。這樣的創辦人在「這是誰的錯？」
這一題上，多半會有兩種極端的反應。其中一種反應是，創辦
人會認為都是自己的能力不行、犯下一連串大錯，才讓自己的
新創企業注定失敗。他們也認為自己無論是當時或往後，都完
全不適合帶領一間新創企業。在公司停業後失意消沉的人，常
常就會跟隨著這樣的感受，覺得自我價值感下降，同時陷入更
深的憂鬱。

　　而展現出另一種極端反應的創辦人，特別是那些自戀的創
辦人，則是深信自己一點錯都沒有；這種詮釋肯定能讓受傷的

自尊舒服一些。[11] 在他們這種觀點看來，公司之所以會失敗，要不是因為其他人不負責任或惡意作亂，而且創業者相信自己不可能預見或阻止；要不然就是因為創業者無法控制的某些不幸，像是法規突然改變，或是資金市場崩潰，才讓體質健全的新創企業也無法再取得資金。

　　確實，有一些創業者就是不適合當新創企業的領導者，根本應該另謀高就。然而，如我們所見，也確實有些時候，新創企業倒閉就只是因為運氣不好，而不是創業者犯了什麼錯，也不是錯誤與不幸加乘的結果。所以，在探討「這是誰的錯？」的光譜上，的確有些創業者處於光譜的兩個極端。不過，卻有太多人誤以為自己屬於這些極端，其實只是他們的自我分析做得不夠確實而已，而這對他們與社會來說都是遺憾。如果有些其實有能力、甚至是十分優秀的創業者，就這樣誤以為自己缺了什麼「必要條件」而決定放棄創業，世界就再也沒機會看到他們可能成就的偉大企業。而在光譜的另一端，則會有一群狂妄自大的創業者，他們一再騎上馬背，卻又一再犯下之前把他們甩下馬鞍的錯誤，帶著一群新的團隊與投資人，再次重重落地。

　　該如何避免這些極端的狀況，並且在創業失敗的時候學到正確的教訓呢？第一，讓時間發揮治癒能力。只要和停業時間拉出一點距離，情感的傷痛就會減輕，也就更容易看出究竟發生什麼問題、自己犯了什麼錯，以及當初可能有什麼別的選

擇。第二，把自己的事後分析動筆寫下來；書寫有助於理清事情的始末，會逼你提出論述，也就能找出邏輯上的漏洞或矛盾。最後，得到結論之後，請找一些認識你、也熟知你的失敗經歷的人共同檢視這項結論，問問他們：「你覺得這些結論聽起來正確嗎？」

前面章節提到的所有失敗創業者，都經歷這樣的過程，也都從中獲益良多。當然，這種深度自我反思的結論人人不同，但傑森・戈德堡對 Fab 公司創業失敗的事後分析，應該很值得提供給創業失敗者作為參考。[12] 他在部落格寫道：

> 創業失敗後，每位創辦人都應該來場心靈探索，問自己類似下列的問題：
>
> - 這次失敗是可以避免的嗎？我／我們當初是不是該多做什麼、或是有什麼其他做法，能夠為公司創造或保存價值？（你應該會自問這個問題長達多年，並且在腦海中、在和他人的對話裡，一次又一次重播相關事件。）
> - 我真的適合創業嗎？
> - 如果要再來一次，我願意嗎？
> - 我從這次經驗學到什麼？
> - 這次經驗告訴我，我擅長什麼？又有哪裡需要改進？

- 大家會願意再次跟著我往前衝嗎？他們應該這麼做嗎？
- 大家會願意再次投資我嗎？他們應該這麼做嗎？

就像克里絲提娜・華萊絲就找了 70 位朋友與職場上認識的熟人，問他們：「你覺得我有什麼事情做得很好？」而戈德堡則是在得出自我評估之後，找上他的「共同創辦人、董事會成員、團隊成員、企業主管教練、投資人，還有老公，確保沒漏掉任何東西」。他表示：「（我發現自己）非常適合擔任新創企業的創業執行長，但如果要避免未來再次失敗，就必須努力學習用更專業的方式來讓營運擴大規模，並學著授權他人來幫我做這件事。」

戈德堡最後捲土重來，和人共同創辦活力公司（Moxie）；這是一個連結消費者與健身／瑜伽教練的平台。而他建議創業失敗的人：「鎖定某一件你真的非常、非常擅長的事，重新從基本做起。向自己和別人證明你依然能力過人、能夠大有作為，不管是在成熟的企業裡任職、在另一間新創企業裡工作，又或是專心寫書、教書還是當志工都行。在失敗之後，只要能再找到那麼一件事，就能提醒自己，你還是很擅長某些有價值的事。」

第三階段：重返戰場

　　經過反思階段，創業者就會更有能力面對「接下來怎麼辦？」的問題。在創業失敗之後，創業者捲土重來、再次創業的比例其實高到令人意外。我隨機抽樣 50 名創業者，都是在 2015 年關掉曾經獲得創投資金的新創企業，結果發現經過 5 年後，這些創業者當中，曾經在 2015 年前至少創立過一間新創企業的連續創業者已經有 52％的人再次創業，而且首次創業者再次創業的比例也達到 48％。[13]

　　如果想要再次創業，但又擔心過去的失敗會不會已經留下不可磨滅的恥辱，這裡有個好消息：對大多數創業者來說，特別是那些能夠優雅停業，並且和工作團隊與投資人維持良好關係的人，這種問題似乎沒有想像中那麼嚴重。蘭開斯特大學（Lancaster University）已故學者傑森・科普（Jason Cope）所訪談過的新創企業創辦人，都在自己的公司倒閉之後又找到了很好的發展機會，而且其中某些人擔心的狀況並未發生，他們沒有遭到嚴重汙名化或排斥。[14]而且，本書介紹的創業者也是如此；請參見章末文章〈他們後來怎麼了呢？〉。

　　想要不被汙名化，最好的辦法就是承擔起失敗的責任，並且清楚解釋你從中學到的教訓，以及這些教訓未來又將如何有助於你調整管理與領導方式。琳賽・海德相信，應該要勇敢承認巴魯公司就是失敗了，而不是硬要把話說得多好聽，她指

出：「因為我們最後是把資產脫手出售，其實也可以硬說自己是成功退場、取得勝利。許多失敗的新創企業創辦人都會這麼做。但我就是想要公開擔起責任，對自己說的話負責。」

提出重返戰場的計畫時，創辦人如果能點出過去的失敗對這些新計畫有哪些影響，會更讓人願意接受。像是摩茲公司這間新創企業在擴大產品線的時候失敗，幾乎讓公司破產，並導致大規模裁員，而創辦人蘭德‧費希金就表示，他並不喜歡創投業者逼創業者「揮大棒」的做法。所以他很肯定，等到再次有機會創立一間新創企業：「我不會去找創投公司，對我來說那太綁手綁腳了。他們會逼得你只剩兩種結果，要不是大成功（非常稀有）、就是大失敗（非常常見）。如果是想把企業做到超大規模的人，去找創投公司絕對是正確的選擇，但是我希望能選擇比較緩慢而能夠獲利的成長之路，或許永遠別把公司賣掉，就只是成立一間公司，為員工帶來收益，並且為顧客提供可靠而高品質的產品。」[15]

琳賽‧海德的看法則正好相反。她反思巴魯公司的失敗，說自己已經「100％準備好」再次擔任新創企業創辦人，她說：「我學到關於自己的一件事，就是我喜歡讓事情快速成長。我喜歡這種要把事情帶出規模的挑戰。」[16]海德體認到，如果以此為目標，就必須找上創投資金，「給火上加個油」。

如果經過一段時間思考，你已經解決傑森‧戈德堡在前文「反思」階段提到的那些問題，應該已經很清楚自己是不是想

要再去成立另一間新創企業了。現在的你,已經更全面的了解
到成功創業所需的技能與態度,也知道自己是否擁有這些技能
與態度。根據上一次創業的經驗,你學到無數的規則與判斷,
像是究竟要不要找上創投業者等。最後,你也已經仔細審視自
己對創業有多積極。特別重要的問題是,你願意承擔多少風
險?對你來說,當自己的老闆、也就是「獨立性」有多重要?
累積個人財富有多重要?你是否喜歡領導一支大型團隊要面對
的挑戰?你是不是想讓世界變得更美好?

　　當你已經更清楚創業成功所需的條件,也有了更深刻的自
我了解與自我意識,你將能夠做好準備,決定是否要再次搭上
這趟創業的雲霄飛車。

他們後來怎麼了呢?

　　本書中介紹的創業者,在失敗後全部都已經重新
站了起來。

- 吉寶停業後,史蒂夫・錢伯斯擔任環保科技新
  創企業森思公司(Sense Labs)的行銷長,並得
  到南加州大學應用心理學碩士、哈佛大學教育

研究所教育科技碩士，現在是教育研究所的博士生。

- 昆西服飾失敗之後，克里絲提娜・華萊絲為新創學院開設了紐約分校。接著她成立橋接公司（BridgeUp）。這是一間教育科技新創企業，附屬於美國自然歷史博物館（American Museum of Natural History），主要理念是激勵年輕女性與少數族群追求 STEM 領域的大學學位與職涯；STEM 指的是科學（Science）、科技（Technology）、工程（Engineering）與數學（Mathematics）領域。華萊絲接著還擔任仿生顧問公司（Bionic）的成長副總裁，這間公司協助財星百大企業成立創新企業。而在 2020 年，她成為哈佛商學院的教師，教授創業精神課程。

- 昆西服飾失敗後，共同創辦人亞歷珊卓・妮爾森加入 Google 擔任產品經理。兩年後，她轉職至百威英博集團（Anheuser-Busch InBev）領導創投業務。

- 三角測量公司停業之後，蘇尼爾・納賈拉吉在柏尚投資公司（Bessemer Venture Partners）擔任創投業者六年，接著成立了自己的種子輪基金公司無所不在創投公司（Ubiquity Ventures）。

- 巴魯公司失敗之後，琳賽・海德在現代創投公司（Moderne Ventures）擔任兩年的創投業者後，加入野花基金會（Wildflower Foundation），主導建立由企業家經營、結合社區的蒙特梭利「微型學校」網路。

- 在 Fab 公司與 Hem 公司售出後，傑森・戈德堡在柏林共同創立四間新創企業，其中最新的是活力平台，連結線上健身／瑜伽課程的消費者與教練。

- Dot&Bo 停業之後，安東尼・蘇胡加入沃爾瑪（Walmart），擔任家用品部門的執行副總；這個部門的營收高達數十億美元。

- 夏伊・阿格西在樂土公司失敗之後，又成立另一間潔淨科技新創企業新星公司（Newrgy），雖然目前仍處於祕密模式（stealth mode）以避免商機外洩，但一般推測主要業務是提供大眾運輸解決方案。[17]

給初次創業者的一封信

親愛的創業者：

　　恭喜你終於下定決心，全職投入你總是想了又想的創業理念。你請我根據我在創業失敗方面做的研究，和你分享一些建議。希望本書至今的內容已經對你有所幫助。而在這裡，我想再多談幾句，聊聊你在創業早期會面臨的挑戰。相信我，如果是要領導一間創業晚期的新創企業，還會有一連串全新而麻煩的問題。但在遇到那些問題之前，總得先過得了創業早期的難關。要是你過了那個階段，我會再寫一封信給你的！

　　身為首次創業者，你或許已經聽過各種說法，告訴你偉大的創業家都是如何又如何。然而，雖然那些建議多半合理，但如果盲目聽從，有可能其實會讓失敗的機率向上飆升。如果你已經讀過一些書、或是看過幾個部落格鼓勵像你這樣的首次創業者，應該會發現那些內容當中反覆強調下列六項重點：

1. 做就對了！

　　偉大的創業者崇尚行動；他們不會光說不練，而是迅速行動、抓住機會；他們相信自己的直覺，不會想得太多。這一切再自然不過。畢竟創業者如果要跟大型企業競爭同樣的商機，卻又沒有相同的資源時，行事果斷且敏捷就會是他們少數但影響深遠的優勢。

　　然而，崇尚行動卻也可能讓你縮短探索的過程，也就是說，你面對某項急迫的問題並尋找有力的解決方案時花的時間不夠多；結果，你因此而太早開始擴張，跳入製造與銷售產品的階段。正如我們在前文所見，探索階段非常關鍵。創業者應該要在這個階段做足研究，真正發現尚未滿足的顧客需求，並想出與眾不同、能夠滿足這些需求的解決方案。要是你跳過這個階段，只是迫不及待的想要製造與銷售產品，就有可能陷在一個有問題的解決方案之中，也就是落入起跑失誤的陷阱。

2. 要鍥而不捨！

　　創業者將一次又一次遇到挫折。例如，產品會有一些小問題，或是一點點延誤；競爭對手與監管機關總是會搞出一些你不想要的驚喜；潛在顧客、投資人與員工一再的說：「不了，謝謝！」真正的創業者能夠無懼於這些阻礙、重新回到戰場；他必須鍥而不捨、深具韌性。

　　然而，如果這份鍥而不捨變成冥頑不靈，創業者就可能會

對起跑失誤視而不見。此外,他也可能在自己的解決方案顯然有問題的時候不願意轉向調整。而太晚轉向就會消耗寶貴的資金,減短新創企業的生命週期。

3. 帶上你的熱情!

如果能有熱情、有那種想要改變世界的強烈欲望,就能像前一項所說的鍥而不捨精神一樣,為創業者帶來動力,克服最可怕的挑戰。熱情也能激勵員工、投資人與合作夥伴,讓他們協助你實現夢想。

可是如果熱情走到極端,就會變成過度自信,一心自認為已經為問題找到正確的解決方案,不用再做任何前期研究了。於是,這會增加起跑失誤的風險。同樣的,熱情也可能令你盲目,看不到自己的產品無法滿足顧客需求,於是在需要轉向的時候一拖再拖。最後,或許會有些早期採用者急著解決問題,也感受到你想幫他們解決問題的熱誠,但如果你設計的解決方案只能吸引這些死忠支持者,卻沒有真正符合主流顧客的需求,就有可能出現假陽性的問題。

4. 成長!擴大規模!

Y Combinator 的保羅・葛蘭姆說:「新創企業就是要追求快速成長……只要能成長,其他一切都會水到渠成。也就是說,你可以用成長作為指標來決定幾乎所有事情。」[1] 例如,

該在行銷上花多少錢、該雇用哪些員工等。快速的成長能夠像磁鐵一樣吸引投資者與人才，也能大大激勵團隊士氣。

但在另一方面，如果面臨必須不斷成長的壓力，就有可能讓人在顧客探索研究上便宜行事，於是推出不夠成熟的產品，造成起跑失誤。而且也請不要忘記，追求快速成長時，需要很優秀的團隊成員與合作夥伴。要是你只有豬隊友，追求成長就可能使品質惡化、降低淨利率。

5. 要專注重點！

在創業早期，創業者資源有限，不能什麼都做，所以應該要專注在最重要的事情上。你應該要鎖定目標客群，打造出令他們眼睛為之一亮的產品。而除此之外，別管任何會讓你分心的事，所以不要想用空閒時間處理其他專案，也不要受邀去做什麼大會演講。

然而，太過專注也會有風險。要是你把所有精力都鎖定在某個客群，邏輯上也就是鎖定了早期採用者。一旦只鎖定這些人，卻忽略主流顧客的需求，就可能產生假陽性的問題。同樣的，如果你從沒試過要把產品銷售給其他客群，又或者只用過同一種行銷手法，要是之後必須轉向調整，就有可能根本不知道還能採用哪些選項。

6. 要有爭鬥的衝勁！

　　由於資源有限，創業者得節省一點，並且設法用更少的資源做更多的事。

　　雖然這些重點不可或缺，但如果新創企業團隊缺少某些關鍵技能，就有可能無法穩定提供價值主張，創業者也就必須決定是否該雇用具備這些技能的新員工。要是這些人選要求高薪，有衝勁但又想要節省的創辦人可能會覺得：「既然請不到他們，就想想別的辦法吧」，但這可能讓自己落入豬隊友的陷阱。

　　所以，我們確實應該聽從這些傳統原則，但別忘了只有大部分時候要遵從。你的確應該鍥而不捨、充滿熱情，而且有衝勁，但別忘了只有大部分時候要堅持。你應該處事果斷、專注在最重要的事情上，包括追求成長，但別忘了只有大部分時候要這樣做。

　　換句話說，別把這些原則當成絕對的真理，而要當作在沒有重大利害關係時的決策工具；又或者是在少數情況下，必須瞬間對高風險的事項做出決定，而沒有時間進行全面的權衡考量時，就可以參考這些原則。

　　有些複雜的決策一旦出錯，就可能增加最後失敗的機率，這時候就不該遵循那些簡單的原則。像是決定停止探索、開始擴大規模的時機；如何在早期採用者與主流顧客的需求之間達到平衡；關於轉向的決策；是否聘用專才人員等。針對這些事項，創業者應該仔細權衡手中的選項與各種妥協做法。此時特

別要注意的重點在於，很多人都認為創業者應該要信任、遵循自己的直覺。但是在賭上整個公司的壓力之下，強烈的情緒可能會影響你的直覺，讓你看不到正確的決定。所以，先把這些決定放著，睡個一晚、甚至兩晚再說。接著，把你針對各種選項與種種妥協的分析寫下來，和團隊成員與投資人分享。我真心相信，如果是要面對關鍵的決策，使用諾貝爾經濟學獎得主丹尼爾・康納曼（Daniel Kahneman）所謂的「慢想」（slow thinking），就能提高生存機率。[2]

你既然走上這條創業之路，必定清楚了解失敗的機率並不小，我也就認定你已經接受這種可能性。你很有可能知道，失敗或許痛苦，但對許多人而言，創業之路仍然有著難以抗拒的吸引力，是畢生職涯的使命。而你也很有可能就是這種人。

幾年前，新創企業估值迅速成長，我很擔心學生一窩蜂創辦新創企業，因為 1990 年代末網路泡沫破滅的時候他們還在上中學，可能沒有意識到會有另一波的產業泡沫破滅。我很害怕他們會一股腦向前衝，就像一群動物亂竄，把自己撞得鼻青臉腫。於是，我寫信給以前那群學生，他們都在 1999 ～ 2000 年左右創業，也在新創產業的寒冬幾乎全數倒地。我問他們：你後悔成立自己的公司嗎？[3]

令我意外的是，除了其中一位校友創業者，其他所有人都強調完全沒有一絲後悔，反而說到他們對於當初打造產品、團隊與整間公司這件事有多麼自豪。他們對自己學到的一切如數

家珍，也表示能夠掌管一切、負責一間公司所有方面的事務，是一份極其珍貴的經驗，因為那種責任感絕對是在別人的公司當員工無法相比的感受。有兩位學生還補充道：「幸好以後我不用跟孫子孫女說，在網際網路產業狂飆的時候，我是在投資銀行當員工，沒有親自下場參與。」

　　所以，各位創業者，我希望你在讀完這本書之後，已經準備好要下場一搏了。這會是一趟神奇的旅程，讓你從無到有創造一切。為此，請記得不但要快思、也要慢想。而且永遠不要忘記自己一開始是為什麼要坐到駕駛座上。這個世界需要像你一樣的創業家，能夠創造就業機會、帶來解決社會問題所必要的創新。請你起身動手，打造一個偉大的未來！

在此致上最誠摯的祝福

湯姆・艾森曼

致謝

　　要成立一間新的公司，需要有一整個團隊的合作，而寫書也是如此。在本書的背後，就有一支非常傑出的團隊。對於數百位提供見解、協助研究的人，我深表感激。

　　首先要感謝許多業界人士提供知識見解，各位先進對新創企業的管理提供開創性的想法，深深影響了我的觀念。其中最重要的是史蒂夫・布蘭克、保羅・葛蘭姆、雷德・霍夫曼、本・霍羅維茲、傑佛瑞・墨爾（Geoffrey Moore）、艾瑞克・萊斯、彼得・提爾，以及佛雷德・威爾森。

　　同樣的，對於提供本書骨幹故事的幾位創辦人，我也深深感謝：史蒂夫・錢伯斯、傑森・戈德堡、琳賽・海德、蘇尼爾・納賈拉吉、亞歷珊卓・妮爾森、安東尼・蘇胡，以及克里絲提娜・華萊絲；這些創辦人大方坦誠的向我的企管所學生講述自己的經歷。同樣慷慨分享經驗的創辦人還有凱蒂婭・畢尚（Katia Beauchamp）、史帝夫・卡本特（Steve Carpenter）、傑瑞・科隆納（Jerry Colonna）、蘭德・費希金、麥可・賈佐、

賈斯丁・賈非（Justin Joffe）、切特・卡諾吉亞（Chet Kanojia）、雅芙妮・帕特爾・湯普遜，以及泰德・威利（Ted Wiley）。要來到課堂上歌頌自己的成功很容易，但要公開、深思談論自己的挫敗，需要更大的勇氣。這些創辦人送給下一代創業者相當珍貴的禮物。為此、也為了他們對我的信任、以及我從他們身上得到的見解，我深表感謝。

進行本書研究時，我採訪許多創業家與投資人，其中特別感謝詹姆士・庫里爾（James Currier）、艾比・菲莉克（Abby Falik）、亞當・肯納（Adam Kanner）、薩米爾・考爾、李愛玲、麥克・梅博思（Mike Maples），以及迪皮什・萊伊（Dipish Rai）提供對新創企業失敗的想法。我也要感謝保羅・貝爾（Paul Baier）、艾倫・綺莎（Ellen Chisa）與凱希・韓恩（Cathy Han）為本書初稿提供寶貴的意見。還要感謝數百位創辦人，協助我完成針對創業早期新創企業績效推動因素的調查，以及下列四位創業者更協助我為調查問卷除錯：凱希・韓恩、琳賽・海德、麥可・史拉德（Michael Schrader）、雅芙妮・帕特爾・湯普遜。

在過去 27 年間，哈佛商學院一直是我在專業上的依歸。我必須感謝這個社群的許多成員提供各種想法與鼓勵，也要感謝哈佛商學院的研究部門，為這項長達多年的研究計畫慷慨提供經費。

最重要的是，能夠教到哈佛商學院幾千名才華耀眼的學

生，並在他們畢業後還保持聯絡，不但令人激動、更是收穫滿滿；我一直都在向所有的學生與校友虛心學習。特別也要感謝那些冒險選修我的企管碩士課程「創業失敗」（Entrepreneurial Failure）1.0 版的學生。當時在課堂上的討論就像是經過一番戰場洗禮，大大改進最後在本書所傳達的概念。

針對新創企業，我在過去與現在都曾經與許多同事合開課程、共同寫作案例；他們令我獲益良多，也為我帶來莫大樂趣。我與這些同事也合作開發並改進本書中使用的各種概念框架，包括菱形加方框思考框架、關於擴大規模的 6S 思考框架，以及 RAWI 測試。感謝這些人提供的豐富見解、寶貴意見：Julia Austin、Joe Fuller、Shikhar Ghosh、Felda Hardymon、Scott Kominers、Josh Krieger、Joe Lassiter、Stig Leschly、Alan MacCormack、Jim Matheson、Ramana Nanda、Jeffrey Rayport、Mark Roberge、Toby Stuart、Noam Wasserman，以及 Russ Wilcox。特別感謝 Jeff Bussgang、Frank Cespedes 與 Mitch Weiss，不只是因為我們多年來合作愉快，我也要感謝他們對本書初稿提供意見，並為出版過程提供指導。

非常感謝兩位資深同仁比爾·薩爾曼以及霍華·史蒂文森（Howard Stevenson），他們是我的人生導師，深深影響我的研究與教學。他們共同打造出哈佛商學院的創業管理系所（Entrepreneurial Management Unit），薩爾曼教授開設企管碩士

選修課程「創業財務」（Entrepreneurial Finance）超過 30 年，而且哈佛商學院企管碩士第一年必修的「創業經理人課程」（The Entrepreneurial Manager）也是由他所開創。我也非常榮幸能夠擁有本院霍華・史蒂文森講座教授的頭銜，正是史蒂文森教授定義了我們在哈佛商學院幾十年來所謂的創業精神：超越手中有限資源，勇敢追求機會實現。他們兩人激勵無數學生勇敢創業，也招聘並培訓了幾十位在創業這門學問上的學者與教育家。

　　在過去幾年間，我得到許多優秀的哈佛商學院研究人員支持，他們協助收集與分析失敗新創企業的資料數據，並且共同撰寫我在本書及企管碩士課堂上所用的教學案例。這些人包括：Halah AlQahtani、Sarah Dillard、Alex Godden、Olivia Graham、David Kiron、Ann Leamon、Susie Ma、Lisa Mazzanti、Chris Payton、Jasper Rollmann、Stephan Rollmann、Jacey Taft，以及 Michael Zarian。而我在哈佛商學院加州研究中心過去與現在的同事，同樣為本書的案例撰寫與訪談安排提供大量協助：Lauren Barley、Allison Ciechanover、George Gonzalez、Jeff Huizinga、Nicole Keller、Liz Kind，以及 Alison Wagonfeld。還要特別感謝 Miltos Stefanidis，處理本書中作為參考資訊的創業早期新創企業調查，並且協助分析調查數據。

　　我要感謝我的版權代理 Rafe Sagalyn，早從本書的出書計畫開始，他對本書的熱情就感染著所有人，而且在我寫作的路

上提供各種明智的建議。

　　作者如果能遇上一位優秀的編輯已是萬幸，而我居然能有三位優秀的編輯！特別要感謝了不起的編輯顧問 Phyllis Strong，她為這本書帶來深刻的見解、精闢的問題，以及講故事的才能。同樣也要感謝王冠出版集團（Crown Publishing Group）的編輯 Talia Krohn 提供全面、完整的指導，她有敏銳的雙眼，非常善於梳理重組手稿內容，找出邏輯的缺陷與缺少證據的段落。她不但讓書變得更好，還能讓作家更有自信，而且與她合作過程輕鬆有趣。最後要感謝退休前任職於王冠出版集團的編輯 Roger Scholl，他對我最初的構想滿懷信心，本書的出版計畫最早也是由他掌舵。是他建議本書的英文書名、鼓勵我進行創辦人調查，還與我一起思考各章主題，並協助我選擇研究案例。

　　在本文撰寫時，我還沒和王冠出版集團的行銷宣傳團隊見到面，但已經從 Talia 那裡得知他們非常優秀，我也迫不及待想與他們合作。

　　好酒沉甕底，最後我要感謝我的家人！我的兒子傑克是一位軟體工程師，任職於一間處於創業晚期的新創企業；他幫我抓出本書案例裡的一些錯誤，在我們一起溜我家的狗史丹（Stan）的時候，他用小黃鴨除錯法（rubber ducking）向我一一耐心解釋。我的女兒卡羅琳則是我的祕密武器；她是一位版權代理人員，並以她在這方面的專業，在整個出版過程的關鍵

決策上提供精闢的指引。最後，深深感謝太太姬兒總是充滿耐心，鼓勵我終於完成這項出書計畫。我是從 2014 年開始勾勒這本書的樣貌，有很長一段時間，英文書名都是取為「False Start」（起跑失誤）。姬兒點出這個書名有多諷刺：本書的寫作過程寫寫停停，還真不愧對這個書名。到了 2018 年，她說：「夠了！要寫就寫出來！」就是這股推力，再加上專心閉關六個月，讓我終於能夠完成本書。我帶著我所有的愛，將這本書獻給傑克、卡羅琳與姬兒。

附錄

創業早期新創企業調查

　　為了探討造成新創企業成敗的因素，我在 2020 年春季針對創業早期新創企業的創辦人／執行長進行調查。本調查採用市場研究公司 PitchBook 的資料，鎖定的企業皆符合下列兩項條件：一、在 2013 年或之後成立的美國新創企業；二、在 2015 年 1 月 1 日至 2018 年 4 月 30 日之間進行第一輪重大募資，募得資金介於 50 萬美元至 300 萬美元之間，且先前募資金額不得超過 25 萬美元。會訂出這樣的區間，是希望新創企業完成第一輪募資後至少經營了兩年，可以在經營表現上看出差異。此外，生物科技、能源、材料科學相關產業的新創企業會有不同的績效驅動因素（performance driver），故不列入取樣。符合條件的新創企業共有 3,263 間，而 Pitchbook 擁有其中 2,822 間公司的聯絡方式，不過我們只找當時在第一輪重大募資期間擔任執行長的人。我們聯絡過這些人後，共有 470 位創辦人／執行長完成調查，受訪率達到 17%。

　　在接受調查的 470 位受訪者中，89% 的新創企業當時仍在

獨立營運，8％已經售出，3％已經停業。相較之下，在所有受邀接受調查的 2,822 間新創企業中，售出與停業的比例分別為 8％與 7％。因此，以已經停業的企業而言，可以說我們的樣本代表性不足，但仍然已經可以針對較成功與較失敗的企業，在統計上對兩者的差異做出有效推論。

評估企業表現

　　我在評估企業表現時，看的是「經過第一輪重大募資後，新創企業的股權估值變化」是增加、大致相同、減少，或是變成最極端的「歸零」狀態呢？具體而言，這份調查會詢問仍在營運的新創企業創辦人／執行長：截至 2019 年 12 月 31 日，也就是新冠病毒疫情消息傳播開來之前，如果有人意圖購買貴公司第一輪發行的股權／可轉債（convertible notes），可能的出價是多少錢？而我們提供的選項分別是：一、大於原本募資價的 150％；二、介於原本募資價的 50 ～ 150％；三、不到原本募資價的 50％。同時，我們也告知受訪者：「我們知道，第一輪股權與可轉債通常不得出售，但請暫時假設可以出售，而如果是一位經驗豐富、投資組合多元的投資者，在 2019 年 12 月 31 日前，他會願意向你最主要的第一輪投資人開價多少錢，以便接手他的部位？請假設股權或可轉債的轉換將不會改變任何條件，例如優先清算權、折扣與上限等。」

　　而針對新創企業已經出售或停業的受訪者,我們也同樣會詢問分配給早期投資人的收益估值,除非他們的收益為零。具體而言,我們探討的是,相較於這些投資人最初投資的金額,他們所獲得的收益是大於 150%、介於 50 ～ 150%,或是小於 50%?

　　在接下來的分析中,大於 150% 的結果將標記為「高估值」;小於 50% 的結果則標記為「低估值」。在所有受訪者中,有 63% 表示自己的企業屬於高估值。低估值占整體受訪者的 10%,不過已停業的新創企業有 64% 都是低估值,而仍然在營運的新創企業只有 7% 屬於這一類。

　　為了探討導致新創企業失敗的因素,我的方法是比較低估值公司與高估值公司,而不是比較已經停業的公司與營運中的公司。我會做出這項決定有兩個原因。第一,如果要針對已經停業的公司取得足夠的樣本數來進行統計分析,我就必須要把抽樣時間再往前拉。但是一旦時間拉得太長,受訪者的記憶有可能就不太可靠。

　　第二項原因比較重要,根據本書對失敗的定義,「在早期投資人投資某間新創企業後,無法在現在或未來回收比當初投入更多的錢」,就算某間新創企業目前仍然還在營運,要是股權估值已經不及原本募得資金的一半,未來似乎就難以避免失敗。當然,有些低估值的公司也有可能起死回生,最後取得成功,而許多高估值的公司也可能最後走向失敗。但由於我們無法準確預測這些結果,因此我們當初的目標還是先根據本書的

定義，比較「趨勢偏向失敗」與「趨勢偏向成功」的兩種創業早期新創企業。

由於評估企業表現時是由受訪者自陳（self-reported），雖然我已經承諾調查結果不會透露身分，但受訪者還是有可能出於自我膨脹而誇大估值。但即使如此，我相信下列提到的各項發現依然成立。原因在於，如果有部分受訪者誇大估值，在高估值的答覆中就會包括「確實擁有高估值」與「誇大高估值」這兩種新創企業。而如果某項因素確實對新創企業的估值有強烈而正面的影響，在這種情況下，統計顯示出的影響力應該會比較弱。因此可以推測，就算有人誇大估值，如果調查發現某項因素具有強大的影響力，實際的影響力只會更高。

分析調查數據

以下使用雙變項（bivariate）與多變項（multivariate）分析，探討估值結果與各種因素的關係。

- 「雙變項分析」研究的是在忽略其他變項的影響下，兩個變項（假設是 A 與 B）之間在統計上是否顯著相關。
- 但如果還有另外一個或多個變項，同時和 A 與 B 都相關，那麼在我們要說由 A 可以預測到 B 之前，就得更謹慎。

- 舉例來說，後文的雙變項分析顯示，「創辦人年齡」與「創辦人在新創企業所屬產業的工作年資」都與估值結果達到顯著正相關；也就是說，比較年長、經驗較豐富的創辦人，就更有可能帶出高估值的新創企業。然而，年齡與經驗兩者之間也互有正相關，因為經驗比較多的人常常年齡也比較大。所以，光靠雙變項分析並沒有辦法可靠預測年齡或經驗對估值結果的影響。這時候就得用多變項分析，研究兩者共同的影響。

- 「多變項分析」研究的是有哪些「自變項」（independent variable）能夠可靠的預測某個「應變項」（dependent variable，也就是結果）的變化。透過檢視多個自變項共同造成的影響，多變項分析就能了解某個自變項與結果之間的關係是否為「唯一」（unique），也就是說，這個自變項不受其他預測變項的影響。

接下來，我會先檢視新創企業創辦人年齡、地點、產業類別與估值結果之間的相關性。接著，則是針對第 2 章介紹的「菱形加方框思考框架」各項因素，例如顧客價值主張、行銷、創辦人與投資人等，報告下列結果：一、雙變項分析結果；二、在多變項分析當中在統計上達到顯著性的預測變項結果；三、創辦人如何回答「關於管理與領導自家新創企業，如果能夠讓時間倒轉，讓你挑一件最重要的事來重新改正，你會挑哪

件事？」對結果產生哪些影響。

　　在後面幾個雙變項分析結果的表格中，我會先列出針對各個提問，低估值新創企業創辦人／執行長所回答的選項各自占了多少比例，再與高估值新創企業創辦人／執行長的答案做比較。為了方便詮釋，中等估值（50～150％）的結果將不予列出。估值結果與大多數因素都屬於類別變項（categorical variable），也就是答案會被分為不同的類別，例如估值的答案是低、中、高。因此，我使用卡方獨立性檢定（chi square test of independence）來判斷某項因素與估值結果之間相關性的高低。在下列各表當中，粗體數字代表達到統計顯著、信心水準至少95％。

　　而我的多變項分析則採用多元羅吉斯迴歸（multinomial logistic regression）。[1] 對於類別型應變項，多元迴歸會針對每個結果類別，預估一組自變項整體將如何影響觀察到該結果的機率。在下列敘述中，如果迴歸模型中的某個變項能夠預測新創企業受到某個變項影響，而成為低估值公司的機率、信心水準至少90％且達統計顯著，則這個機率數字就會標示為粗體；其中，這個變項的數值介於本調查可能回應的最高到最低值之間，而其他所有自變項則取樣本平均值設定為常數。要評估各個變項的影響時，請注意預測為低估值公司的基準（也就是所有變項處於樣本平均值）為10％。

　　要詮釋結果的時候，請記得相關性並不一定代表因果關

係。要是強大的公司文化等某項因素與高估值公司的相關性比低估值公司高，有可能是強大的文化的確會帶來強勁的業績，但也有可能剛好相反。我在這裡使用的統計方法並無法確認因果關係。

成立年數、地點、產業類別

在調查中，樣本的低估值與高估值新創企業，平均成立年數分別為 5.1 年與 4.9 年，這項差異在統計上並未達到顯著性。相較於總部位於其他地方的新創企業，位於加州的新創企業（占樣本 32％），一方面更有可能成為低估值公司（加州 13％ vs. 其他地方 9％），但另一方面也更有可能成為高估值公司（65％ vs. 62％）。雖然這些差異並不大、統計上也未達顯著性，但趨勢顯示，加州的創業者或許是受矽谷文化典範影響，可能更喜歡「揮大棒」，於是使失敗與成功的機率都提高。

根據多變項分析，資訊科技產業的新創企業（占樣本 53％）成為低估值公司的機率為 8％，而其他產業的新創企業則為 12％，相差並不大，但已達統計顯著性。

顧客價值主張

相較於高估值新創企業，低估值新創企業的創辦人／執行

長在推出產品前的顧客研究遠遠更少，比較不會完成嚴謹的最小可行產品測試，而且也比較不可能對顧客需求以及競爭對手有深入了解。相較於高估值新創企業，有更多低估值新創企業的創辦人／執行長承認他們完成的轉向調整次數過多或過少。在多變項分析中，轉向次數過多常常造成很大的影響，成為低估值公司的機率會提升到 19％；而轉向次數比較理想的新創企業，成為低估值公司的機率只有 6％）。同樣的，如果轉向次數過少，成為低估值公司的機率則會提升至 22％。

創業者回答「讓你挑一件最重要的事來重新改正」這一題的時候，也會提到顧客價值主張的相關主題。有 14％的受訪者表示他們想要更深入了解顧客需求，並進行更多前期研究與最小可行產品測試，以驗證顧客對解決方案的需求。這些受訪者當中也有許多人表示，希望能更著重產品功能、產品線廣度，以及服務客群的範圍。對某些創辦人而言，想「重新改正」的重點包括早點推出產品／服務，以便更快取得早期顧客的意見、更快進行調整轉向。

這些調查結果呼應著第 4 章描述的起跑失誤模式：創業者如果跳過前期研究，就更有可能因為解決方案從一開始就有問題而需要轉向。此外，起跑失誤也會虛耗資金，減少新創企業能夠轉向的次數。

此外，相較於高估值的新創企業，低估值的新創企業創辦人／執行長感受到的早期採用者與主流顧客需求落差較大，也

就更容易受到第 5 章的假陽性失敗模式影響。

　　至於其他與顧客價值主張相關的績效驅動因素則有：高估值的新創企業比較可能進軍新的產品類別、比較少面對直接的競爭對手；創辦人／執行長也比較可能認為自己的產品擁有獨特功能與性能優勢，大幅領先最大的競爭對手。然而，這些因素的影響在雙變項分析既不明顯，也未達統計顯著。也就是說，想要打造一家優秀的企業，不能只靠產品出色而已。

顧客價值主張因素

因素	標準	低估值	高估值
產品上市前的顧客研究	完成六個月以上的研究	38%	53%
使用最小可行產品	完成一項以上嚴謹的最小可行產品測試	29%	47%
轉向	太少／太多	40%／13%	15%／4%
早期採用者 vs. 主流顧客需求	需求不同／幾乎相同	33%／2%	25%／16%
在產品上市前就了解顧客需求	非常深入	15%	29%
產品類別成熟度	類別存在不到兩年	44%	53%
直接競爭對手數目	十個以上	35%	25%
在產品上市時對競爭的了解	非常深入	21%	32%
產品具有獨特功能與性能優勢	我們／競爭對手有很大的優勢	31%／23%	38%／9%

技術與營運

　　和技術與營運相關的因素，對估值結果的影響並未達統計顯著性。同樣的，也只有3%的受訪者會在「你最想改變的最重要事項是什麼？」提到技術與營運。如果是低估值的新創企業，就比較少用高度架構化的方法來管理工程部門；比較少依賴專利智慧財產權；也正如第3章提到的豬隊友失敗模式，比較會提到自己過於依賴、或太少依賴第三方供應商提供的技術與營運能力。

技術與營運因素

因素	標準	低估值	高估值
工程部門管理	採用高度架構化的方法	17%	21%
專利智慧財產	非常重要	8%	28%
依賴第三方技術與營運供應商	太少／太多	23%／25%	20%／16%

行銷

　　如果是低估值新創企業的創辦人／執行長，提到花了太多錢來創造需求的機率會高出許多。根據多變項分析，新創企業如果在創造需求方面嚴重超支，成為低估值公司的機率高達**26%**，

相較之下，如果相關支出處於理想水準，機率則只會有 **6%**。

　　在依賴通路合作夥伴招攬顧客的程度上，低估值與高估值的新創企業並無實質差異。而且在依賴通路合作夥伴的時候，低估值或高估值公司對於合作夥伴表現不滿的機率都一樣高。

　　在受訪者中，只有 4% 將行銷相關因素列為想要「重新改正」的最優先因素。這些多半是高估值新創企業的領導人，他們表示當初應該在行銷上投資更多、而且投資更早。

行銷因素

因素	標準	低估值	高估值
創造需求所用的支出	稍微或顯著超支	**47%**	**21%**
依靠通路合作夥伴招攬顧客	完全沒有	61%	65%
對通路合作夥伴的滿意度（如果有合作夥伴）	低或非常低	41%	41%

獲利公式

　　關於新創企業的獲利公式，無論是低估值或高估值公司的創辦人／執行長，都對公司的整體潛在市場（Total Addressable Market，簡稱 TAM）預測表現出高度信心。對這項預測的信心十分重要，因為在我們的多變項迴歸模型中，當新創企業對

整體潛在市場預測的信心由低到高，成為低估值公司的機率將會從 **15%** 降低到 **10%**。

　　相較之下，低估值公司的創辦人／執行長對單位經濟效益、LTV/CAC 比、六個月現金流預測的信心，遠不如高估值公司的創辦人／執行長。新創企業對 LTV/CAC 比的預測值的信心，特別能夠預測未來的估值表現。在多變項分析中，當新創企業對 LTV/CAC 比的預測由低到高，成為低估值公司的機率會從 **18%** 降低到只有 **2%**。

　　並不令人意外的是，低估值公司的創辦人／執行長更有可能反省當初燒錢速率偏高，對企業長期能夠獲利的方式也比較沒有信心。在多變項分析中，表示燒錢速率「太高」的企業，成為低估值公司的機率是 **32%**。對獲利方式信心很低的新創企業，成為低估值公司的機率為 **36%**，相較之下，如果信心非常高，機率則僅有 **2%**。

　　有趣的是，相較於高估值公司，仍在營運的低估值公司更有可能回報目前的營運現金流為正值。我們猜測，這些低估值公司或許有一些就是創投業者所謂的「殭屍企業」，儘管能產生足以生存的現金，但不可能為投資人帶來高報酬。

　　此外，受訪者有 10% 最想「重新改正」的工作在於改善財務管理；相關意見評論則主要著重在燒錢速率。表示希望當初燒錢速率不要那麼高，或是希望早期先專注賺取營收的創辦人，人數遠高於那些認為當初應該花錢花得更積極的人，人數

比約為 7 比 1。

獲利公式因素

因素	標準	低估值	高估值
對整體潛在市場預測值的信心	高	48%	50%
對單位經濟效益預測值的信心	高	21%	40%
對LTV/CAC比的預測值的信心	高	2%	23%
對六個月現金流預測值的信心	高	21%	39%
對長期獲利公式的信心	高或非常高	13%	53%
燒錢速率	遠遠太高	23%	4%
營運現金流 （適用於仍在營運的獨立新創企業）	目前為正值	35%	20%

創辦人

相較於高估值的新創企業，低估值的新創企業比較少是由一人單獨創辦，但比較有可能是執行長年紀較輕，而且他在創業之前的全職工作經驗不到兩年。

低估值新創企業的創辦人／執行長有一點與豬隊友失敗模式相同，他們過去在產業的經驗明顯比較少。這些人也更有可能提到共同創辦人之間的角色劃分不明確，共同創辦人之間或

是創辦人與其他高階主管之間也經常發生衝突。

　　相較於高估值的新創企業，低估值的新創企業創辦人是連續創業者的機率比較低；有博士學位的機率相似；有企管碩士學位的機率比較高；擁有全球前 50 強大學學位〔根據《美國新聞與世界報導》（US News & World Report）排名〕的機率比較高。然而，這些因素與估值表現的相關性在統計上並未達到顯著性。

　　由於問卷回覆率有偏差，在此並不分析性別與估值結果的相關性。在所有邀請參加調查的 2,822 家新創企業中，已經停業的企業有 12％是由女性創辦人／執行長所領導。相較之下，在 470 位受訪者當中，已經停業的企業則有 29％是由女性創辦人／執行長所領導。換句話說，比起失敗的男性創辦人，失敗的女性創辦人更願意接受我的調查邀請。由於失敗的女性創辦人在我的樣本所占比例過高，並無法推斷性別與估值表現有任何相關。

創辦人因素

因素	標準	低估值	高估值
創辦人人數	1人	15%	21%
連續創業者	過去曾創立另一間新創企業	48%	52%
擁有全球前50強大學學位	根據《美國新聞與世界報導》排名的前50名	54%	37%
擁有企管碩士或類似以管理為重點的碩士學位		44%	33%
擁有博士學位		8%	8%
執行長年齡	小於30歲	**21%**	**16%**
執行長在創業前的全職工作經驗	不到兩年	**13%**	**4%**
執行長在新創企業所屬產業的經驗	四年以上	**52%**	**63%**
高階主管團隊成員角色明確	不太清楚或完全不清楚	**17%**	**6%**
高階主管團隊成員發生衝突的頻率	頻繁或幾乎每天	**33%**	**18%**

相較於高估值公司，低估值公司的創辦人／執行長與前同事共同創業的機率比較低，而與前同學、家人或朋友（如同昆西服飾的情形）共同創業的機率較高。然而，這些結果在統計上並未達到顯著性。

執行長與共同創辦人的關係

	低估值	高估值
同事	27%	43%
同學	17%	12%
家人	10%	7%
朋友	46%	38%

　　無論是高估值或低估值的新創企業，創辦人／執行長創業的動機都相似，但低估值公司創辦人／執行長認為這些動機是「關鍵考量」的比例都比較低。

執行長的創業動機：「關鍵考量」

	低估值	高估值
獨立／做自己的老闆	33%	40%
打造某項全新、可長可久的重要事物	81%	90%
累積財富	17%	27%

　　無論低估值或高估值公司的創辦人／執行長，他們自陳的人格特質多半相似。兩組人都認為，在他人眼中「符合我的情形」或「非常符合我的情形」的前三項特質是「應變有韌性」、

「有願景」、「有個人魅力」。在此，有一些差異耐人尋味，只是並未達到統計顯著性：相較於高估值公司，低估值公司的創辦人更有可能認為自己「有個人魅力」與「過度自信」，而這正是偏執的創辦人常有的個人特質，常常就會落入第 9 章「必須一再創造奇蹟」的失敗模式。

執行長自我評估的人格特質：「符合／非常符合我的情形」

	低估值	高估值
有個人魅力	73%	68%
能建立共識	44%	52%
控制狂	19%	18%
任性固執	46%	48%
性格內向	17%	16%
愛批評批判	25%	22%
有條有理	**33%**	**51%**
過度自信	31%	21%
完美主義者	25%	37%
應變有韌性	88%	96%
規避風險	15%	9%
有願景	73%	81%

　　雖然以上列出的創辦人人格特質中，有一些特質在雙變項分析中都與估值結果相關、而且達到統計顯著性，但在多變項迴歸當中都不是達到統計顯著性的預測變項。換句話說，照這樣看來，各式各樣的創辦人類型應該都有成功的可能。在企業企圖取得成功的時候，挑一位有才華的「騎師」固然重要，但想要光憑年齡或性格類型這些容易觀察的特徵來挑選，其實並不容易。

　　有 20％的受訪者將創辦人問題列為想要「重新改正」的第一名，重要性僅次於團隊議題。而在相關意見評論中，約有一半談到的都是與共同創辦人的衝突。其中，受訪者很常提到，共同創辦人之間在技能或態度方面的契合度不佳，而且多半會在拆夥的時候吵得一團混亂。此外，也有許多創辦人表示，很希望在當初決定合作之前先進一步了解共同創辦人的能力、動機與領導風格。角色劃分不明、對目標缺乏共識，都是經常出現的問題。

　　創辦人也自行提出一些意見，分享各種可以改進自身領導風格的想法。這些建議十分多元，但多半都只有被提到一次。其中包括：一、要表現得更有自信；二、優先事項的順序要安排得更好；三、把更多事授權給別人去做；四、更相信自己的直覺，減少依賴投資人的指引或團隊共識；五、更重視策略；六、減少重視策略、更重視執行；七、從其他創辦人的經驗中學習；八、更了解相關技術；九、更了解財務金融知識；十、

學習如何應對擔任創辦人所帶來的個人壓力；十一、不要太害怕花錢；十二、加快發展速度；十三、減低發展速度，不要急；十四、預測建立新創企業所需的時間時要實際一點；十五、知道什麼時候該認輸。

　　上面列出的建議中有些根本互相矛盾，但在我看來，這不但顯示出各方建議莫衷一是、令人無所適從的問題，也讓人看到創辦人面臨的挑戰有多麼艱鉅。考量這些挑戰，就會知道其中一項意見寫得多有智慧：

> 去享受這趟旅程、多多慶祝自己達到的各個里程碑吧！要成為創業者，就代表要坐上一台腦中能想像到最瘋狂的雲霄飛車，既會上到天界、也會下到深淵。遇到每個挑戰的當下，都會覺得不可能克服。而每次勝利，都像是中了大獎。我永遠不會忘記我們第一次從一間地方銀行得到 25,000 美元信貸額度的時候，彷彿所有營業問題都煙消雲散！然而，那個標著「到這裡就成功了！」的球門似乎永遠都到不了。總之就是要珍惜你贏來的這些回憶，永遠別浪費生命！

團隊

　　關於團隊因素，低估值新創企業的創辦人／執行長比較常

認為公司缺乏正式的人力資源管理架構，例如招聘、培訓、晉升系統等。而不意外的，他們認為自己的企業有強大公司文化的機率也明顯比較低。在多變項分析的結果中，認為自身公司的公司文化相較於同行新創企業從「遠遠較弱」到「遠遠較強」，成為低估值公司的機率會從 **23%** 急劇降低到 6%。但也如前面所述，這種相關性不一定代表有因果關係。公司文化比較弱，有可能是新創企業其他問題的結果，而不是造成公司表現不佳的原因。

在人才招聘方面，低估值的新創企業比較會認為自己太過強調技能與態度。在多變項分析中，過度強調技能的影響雖然不大，但已經達到統計顯著性。對技能的強調程度從「接近理想」到「太過強調」，成為低估值公司的機率會從 **9%** 增加到 **14%**。

團隊因素

因素	標準	低估值	高估值
人力資源管理	幾乎沒有人資架構	35%	16%
公司文化	比同行新創企業強	42%	64%
招聘時以技能為重 vs. 以態度為重	太過強調或遠遠太過強調技能／態度	31%／23%	21%／21%

　　被問到各個部門主管的表現是否符合創辦人／執行長期望時，不論低估值或高估值公司的創辦人／執行長所提出的不滿意比例都相似。平均而言，大約四分之一的部門主管令人失望。而在這些令人失望的部門主管當中，已經遭到解雇或降職的比例略低於四分之一。值得一提的是，在各個部門中，低估值新創企業的解雇率都比較低，其中又以業務主管的差異最明顯。在多變項分析中，從未解雇業務主管的新創企業成為低估值公司的機率為 **13%**，相較之下，曾經解雇業務主管的新創企業成為低估值公司的機率只有 **5%**。

部門主管的表現：「低於預期／遭解雇或降職」

部門	低估值	高估值
工程	19%／17%	17%／21%
品管	29%／13%	21%／19%
營運	19%／13%	17%／16%
行銷	35%／19%	33%／22%
業務	29%／**15%**	33%／**31%**
財務	25%／6%	12%／／8%

　　面對「關於管理與領導自家新創企業，如果能夠讓時間倒轉，讓你挑一件最重要的事來重新改正，你會挑哪件事？」這

一題，回應當中關於團隊招聘與管理的議題就占了 28%，而且受訪者對這項主題的評論數也是所有主題之冠。足足有 5% 的創辦人都提到「招聘的動作要慢，開除的動作要快」。而建議要找 A 級而非 B 級的員工，並建議招聘時要更小心、更用心的比例則是略低於 5%；舉例來說，要更仔細詢問推薦人、堅持要有試用期才會提供正職職位，以及不雇用創辦人的朋友。

耐人尋味的是，只有極少數創辦人提到應該雇用更多具備相關產業專業知識的員工，反而有 7% 的受訪者提到缺乏特定部門的人才，包括業務、行銷、品管、工程與財務部門等等，各部門比例大致相同。另外，有 4% 的創辦人則是提到，應該更早招聘更強大的高階管理團隊。

還有許多與團隊相關的優先事項，則是只有一位或少數幾位創辦人提及，其中包括：一、要把更多心力放在公司文化上；二、早點招聘人資主管；三、讓創辦人先去擔任某些部門的主管，特別是業務部主管，才會更清楚招聘需求；四、早點引進 OKR 或其他目標設定流程，以提升員工當責的態度；五、使不同部門的招聘率更為平衡，像是工程與營運部門之間，或是行銷與業務部門之間；六、招聘時更重視多元性。

投資人

相較於高估值的新創企業，低估值新創企業的第一輪重大募資大多是由天使投資人領投，而非創投業者領投。同樣的，低估值新創企業的第一輪募資比較不會有「前百大投資人」參與；前百大投資人是依據受邀參加調查的 2,822 間新創企業中，投資人在第一輪募資時所投資的金額來排名。然而，投資人類型與估值表現在統計上並未達到顯著相關性。

和豬隊友失敗模式一致，相較於高估值公司，低估值公司更有可能在第一輪募資時未能達到募資目標。在多變項分析中，募資未達目標 75％的新創企業，成為低估值公司的機率為 18％，而如果是募資超過目標 125％以上的新創企業，機率就僅有 7％。但同樣的，這個變項的相關性並不一定代表因果關係。某些新創企業之所以無法達成募款目標，有可能是因為投資人覺得他們顯然團隊能力不足，或是創業理念不佳，又或是兩者皆是。這些新創企業最後可能會因為缺乏資金而被迫倒閉，但失敗的根本原因其實是「騎師／賽馬」的問題。

低估值新創企業的創辦人／執行長比較會對投資人提出的建議感到不滿，也比較會覺得他們和投資人在策略的優先順序上出現頻繁、嚴重、水火不容的衝突。

投資人因素

因素	標準	低估值	高估值
第一輪投資人類型	天使投資人領投	19%	12%
第一輪有前百大投資人參與		25%	29%
第一輪募資結果 vs. 目標	小於目標的75%	25%	11%
投資人所提建議的品質	遠低於預期	35%	22%
與投資人在優先順序的衝突	頻繁、嚴重、水火不容	10%	4%

在受訪者的意見評論中，有 17％ 都將募資列為想要「重新改正」的問題。而在這些意見中，又有一半以上集中於新創企業的種子輪募資；創辦人認為當初應該多募一點資金的人數高於認為該少募一點的人，人數比例約為 5 比 1。有幾位創辦人也說，他們當初應該繼續自主創業，根本不該找上創投業者。有 5％ 的受訪者也表示對投資人不滿，認為他們常常提出不好的建議，或是雙方在策略的優先順序上有衝突。

總結而言，本調查結果為本書第一部所提的創業早期失敗模式提出有力支持，也強烈顯示出，創業失敗並非出於單一因素，而是有多項因素造成。

注釋

引言

1. 我預估的新創企業失敗率參考幾個不同來源，其中所提到的失敗率高低各有不同。Robert Hall and Susan Woodward, "The Burden of the Non-Diversifiable Risk of Entrepreneurship," *American Economic Review* 100, no. 3 (2010): 1163–1194發現有四分之三取得創投資金的企業從未給創業者帶來任何股權收益。Deborah Gage, "The Venture Capital Secret: 3 Out of 4 Startups Fail," *Wall Street Journal,* Sept. 20, 2012中摘要介紹希哈爾・戈許（Shikhar Ghosh）未發表的研究，結論也與前一筆來源一致。戈許檢視2004～2010年間超過2,000家取得100萬美元以上創投資金的新創企業，發現其中75％並未讓投資人回本。William Kerr, Ramana Nanda, and Matthew Rhodes-Kropf, "Entrepreneurship as Experimentation," *Journal of Economic Perspectives* 28, no. 3 (2014): 25–48運用與戈許類似的研究方法，分析1985～2009年間取得第一輪創投資金的所有新創企業營收，發現失敗率為55％。這項估算之所以低於戈許的數字，部分原因在於Kerr等人假設所有被收購而未公布退場收益的新創企業（占收購案的大多數）為獲利退場，也就是收購價為所募資金的1.5倍以上。但事實上，許多新創企業的收購案對原投資人而言是賠錢作收。至於其他資料來源對於新創企業失敗率的預測，則多半介於50～90％之間。之所以會有這些落差，多半是由於研究者對「新創企業」與「失敗」的定義有所不同。如果對「失敗」的定義相較嚴格，僅限於因為財務困窘而必須停業，研究者看到的失敗率就會比較低。但這種定義就會排除

一些宛如「殭屍」的新創企業（雖然仍在營運，但無法為投資人帶來正報酬），以及收購價款低於募資總額的收購案。而如果研究者把新創企業定義為「追求創業商機的公司」，而不僅限於「募集到一定外部資金的公司」，計算出的死亡率往往則會更高，請參見：Grace Walsh and James Cunningham, "Business Failure and Entrepreneurship: Emergence, Evolution and Future Research," *Foundations and Trends in Entrepreneurship* 12, no. 3 (2016): 163–285，本文中歸納許多學術研究所預測的企業失敗率。針對「新創企業」與「失敗」的定義討論，請見本書第一章。

2. PitchBook Data, Inc., "PitchBook Universities: 2019," PitchBook website. PitchBook也是本段後面描述哈佛商學院「獨角獸企業」列表的資料來源。

3. 除了創業領域，也有許多文獻研究其他領域的失敗。提供簡要概述的包括：Megan McArdle, *The Up Side of Down: Why Failing Well Is the Key to Success* (New York: Viking, 2014)；Sarah Lewis, *The Rise: Creativity, the Gift of Failure, and the Search for Mastery* (New York: Simon & Schuster, 2014)。而 Scott Sandage, *Born Losers: A History of Failure in America* (Cambridge, MA: Harvard University Press, 2005)則是從歷史角度切入，探討社會上對於失敗的態度。Charles Perrow, *Normal Accidents: Living with High-Risk Technologies* (New York: Basic Books, 1984)分析複雜系統（例如核電廠）的失敗。Eliot Cohen and John Gooch, *Military Misfortunes: The Anatomy of Failure in War* (New York: Free Press, 1990)討論戰爭上的失敗。Richard Neustadt and Ernest May, *Thinking in Time: The Uses of History for Decision Makers* (New York: Free Press, 1989)則是比較外交與內政政策的成敗。至於 Atul Gawande, *The Checklist Manifesto: How to Get Things Right* (New York: Metropolitan Books, 2009)，則是討論醫學的失敗與避免方法。

4. Eric Ries, *The Lean Startup: How Today's Entrepreneurs Use Radical Innovation to Create Successful Businesses* (New York: Currency, 2011), p. 56.關於可否證性（falsifiability）在理論發展與測試的角色，相關討論參見：Karl Popper, *The Logic of Scientific Discovery* (London: Hutchison,

1959)。Sim Sitkin, "Learning through Failure: The Strategy of Small Losses," *Research in Organizational Behavior* 14 (1992): 231–266 也認為「失敗是學習的先決條件」，因為失敗會刺激人類進行實驗。Sitkin在文中探討組織情境下能夠促進學習的因素。

5.　A. Bandura, *Social Learning Theory* (Englewood Cliffs, NJ: Prentice Hall, 1977)討論各種觀察學習（vicarious learning）的過程，並比較觀察學習與親身體驗的成效差異。Jerker Denrell, "Vicarious Learning, Under-Sampling of Failure, and the Myths of Management," *Organization Science* 14, no. 3 (2003): 227–243 認為，個人在組織中靠著觀察學習時，很有可能會太過專注於成功而非失敗的案例。根據Denrell的說法，相較於比較安全的策略，如果高風險策略會讓成功與失敗的機率都同時提高，但觀察者又比較不會注意到失敗的案例，就可能會對高風險策略的評價高於應有水準。

6.　Hans Hansen, "Fallacies," *The Stanford Encyclopedia of Philosophy* (online; Summer 2020 ed.)討論John Stuart Mill對「單一因果謬誤」的分析；Mill認為這是一種「在此之後，故以此為因」（post hoc ergo propter hoc）的謬誤。

7.　Lee Ross, "The Intuitive Psychologist and His Shortcomings: Distortions in the Attribution Process," *Advances in Experimental Social Psychology* 10 (1977): 173–220首創「基本歸因謬誤」一詞。這裡關於BMW的例子取自：Patrick Enright, "Road Rage Can Churn the Calmest of Hearts," NBCNews. com, May 15, 2007。

8.　Dean Shepherd and Randall Tobias, eds., *Entrepreneurial Failure* (Northampton, MA: Edward Elgar, 2013)集結36篇討論創業失敗原因與後果的學術文章。

9.　Paul Gompers, Will Gornall, Steven Kaplan, and Ilya Strebulaev, "How Do Venture Capital Investors Make Decisions?" *Journal of Financial Economics* 135, no. 1 (2020): 169–190調查885位創投專業人士，詢問影響他們投資決策的因素。其中最重要的是管理團隊的素質，排名第一，得票率

47％；而整體而言，有37％將「賽馬」的四項因素之一（商業模式、產品、市場、產業）列為最重要的因素。一種具代表性的投資人觀點，正如IA創投公司（IA Ventures）投資合夥人羅傑・艾倫堡（Roger Ehrenberg）在2010年10月26日回答Quora網站「為什麼有這麼多新創企業都失敗了？」所言：「就是人有問題，就這麼簡單。其他都只是衍生出的問題。」同樣的，針對Seraf網站所提的「是騎師的問題還是賽馬的問題？」，Seraf的創辦人暨執行長克里斯多佛・米瑞比爾（Christopher Mirabile）簡短訪問九名重要的天使投資人，其中六位認為騎師比較重要，另外三位則認為騎師和賽馬都同樣重要。

10. CB Insights, "The Top 20 Reasons Startups Fail," Research Briefs, CB Insights website, Nov. 6, 2019.

11. Ries, *The Lean Startup*是奠基於Steve Blank, *Four Steps to the Epiphany: Successful Strategies for Products That Win* (Louisville, KY: Cafepress, 2005)，該書介紹顧客探索的關鍵概念。也請參見：Steve Blank, "Why the Lean Start-Up Changes Everything," *Harvard Business Review,* May 2013。

12. Hans Swildens and Eric Yee, "The Venture Capital Risk and Return Matrix," Industry Ventures blog, Feb. 7, 2017分析2006～2016年間在PitchBook上所有創投業者對創業晚期企業的投資資料，發現29％的投資只取得0～1倍的報酬，28％取得1～2倍的報酬。由於本書對失敗的定義是報酬未能「大於」1倍，因此在那28％當中應該也有某些屬於失敗的案例。

13. Alan Patricof, "VC: Too Many Entrepreneurs' Business Models Rely on a 'Cascade of Miracles,'" Business Insider website, Mar. 10, 2015。文中解釋「必須一再創造奇蹟」的概念，並表示這個表達方式是由已故的蒙特・夏皮羅（Monte Shapiro）所創；夏皮羅是數位機上盒製造商通用儀器（General Instruments）的前執行長。我第一次聽到「必須一再創造奇蹟」的概念，是來自自由媒體公司（Liberty Media）的執行長約翰・馬隆（John Malone），而他就曾在夏皮羅手下做事。

14. Roger Frock, *Changing How the World Does Business: FedEx's Incredible Journey to Success—The Inside Story* (San Francisco: Berrett-Koehler, 2006).

第1章　失敗的定義

1. Jeffrey Van Camp, "My Jibo Is Dying and It's Breaking My Heart," *Wired,* Mar. 8, 2019.

2. 接下來幾段談到吉寶與這間公司到2015年2月的歷史背景資訊，取自：Jeffrey Bussgang and Christine Snively, "Jibo: A Social Robot for the Home," HBS case 816003, Dec. 2015 (May 2016 rev.)。

3. 本處引自作者與吉寶前執行長史蒂夫・錢伯斯在2019年7月11日的訪談內容。

4. 接下來幾頁關於吉寶的募資、產品開發、早期市場接受度、以及最後停業，各種細節與錢伯斯的引文均出自於本書作者對錢伯斯的訪談。

5. 這項募資活動的結果報告請見：Bussgang and Snively, "Jibo: A Social Robot"。

6. Chris Welch, "Amazon Just Surprised Everyone with a Crazy Speaker That Talks to You," The Verge website, Nov. 6, 2014.

7. 總募資金額參考Crunchbase資訊。

8. 本節內容改寫自：Thomas Eisenmann, "Entrepreneurship: A Working Definition," Harvard Business Review blog, Jan. 10, 2013。

9. 哈佛商學院教授霍華・史蒂文森最早是在"A Perspective on Entrepreneurship," HBS working paper 384–131, 1983中將創業精神定義為「超越手中有限資源，勇敢追求機會實現」。

10. 參見：Walsh and Cunningham, "Business Failure and Entrepreneurship"，文中討論定義創業失敗的不同方式。

11. Tom Nicholas, *VC: An American History* (Cambridge, MA: Harvard University Press, 2019), Ch. 1.

12. Noam Wasserman, *The Founder's Dilemmas: Anticipating and Avoiding the Pitfalls That Can Sink a Startup* (Princeton, NJ: Princeton University Press, 2012), p. 299.

13. Jeffrey Van Camp, "Review: Jibo, Social Robot," *Wired,* Nov. 7, 2017；後續引文取自 Van Camp, "My Jibo Is Dying"。

14. Barry Sardis, "How Can Social Robots Benefit Seniors Aging in Place?" TechForAging website, Dec. 1, 2019描述作為老年照護用途的幾種社交機器人。

15. Jerry Kaplan, *Startup: A Silicon Valley Adventure* (Boston: Houghton Mifflin, 1994)書中介紹GO公司（GO Corp.）的歷史，作者正是這間公司的執行長。

16. Author's email correspondence with Jeff Bussgang, July 2019.

17. Welch, "Amazon Just Surprised."

18. 本段關於產品設計的決定，以及下一段關於科技長的聘用，相關細節均出於作者與錢伯斯的訪談。

19. J. P. Eggers and Lin Song, "Dealing with Failure: Serial Entrepreneurs and the Cost of Changing Industries Between Ventures," *Academy of Management Journal* 58, no. 6 (2015): 1785–1803.

20. Peter Thiel, *Zero to One: Notes on Startups, or How to Build the Future* (New York: Currency, 2014), p. 34.；關於支持「是賽馬的錯」這種觀點的學術研究，請參見：Steven Kaplan, Berk Sensoy, and Per Stromberg, "Should Investors Bet on the Jockey or the Horse? Evidence from the Evolution of Firms from Early Business Plans to Public Companies," *Journal of Finance* 64, no. 1 (2009): 75–115。

21. Paul Graham, "The 18 Mistakes That Kill Startups," Paul Graham blog, Oct. 2016.

22. Michael Gorman and William Sahlman, "What Do Venture Capitalists Do?" *Journal of Business Venturing* 4, no. 4 (1989): 231–248.

23. Ian Macmillan, Lauriann Zemann, and P. N. Subbanarasimha, "Criteria Distinguishing Successful from Unsuccessful Ventures in the Venture Screening Process," *Journal of Business Venturing* 2, no. 2 (1987): 123–137.

24. Paul Gompers, Anna Kovner, Josh Lerner, and David Scharfstein, "Performance Persistence in Entrepreneurship," *Journal of Financial Economics* 96, no. 1 (2010): 18–32.

25. Robert Baron and Gideon Markman, "Beyond Social Capital: The Role of Entrepreneurs' Social Competence in Their Financial Success," *Journal of Business Venturing* 18 (2003): 41–60指出，創業者的社會能力如適應力、說服力得分愈高，應該收入也會愈高。Sabrina Artinger and Thomas Powell, "Entrepreneurial Failure: Statistical and Psychological Explanations," *Strategic Management Journal* 37, no. 6 (2016): 1047–1064則指出，在實驗室實驗中，過度自信的創業者比較會進入已經人滿為患的市場。Hao Zhao, Scott Seibert, and G. T. Lumpkin, "The Relationship of Personality to Entrepreneurial Intentions and Performance: A Meta-Analytical Review," *Journal of Management* 36, no. 2 (2010): 381–404指出，「五大人格特質」當中較穩定的四項特質（勤勉審慎、對經驗有開放的態度、外向、情緒穩定），都與新創企業的成功有著正相關。相對的，M. Ciavarella, A. Bucholtz, C. Riordan, R. Gatewood, and G. Stokes, "The Big Five and Venture Survival," *Journal of Business Venturing* 19 (2004): 465–483則認為，五大人格特質作為企業存活的預測變項時，唯一有正相關且達到統計顯著的變項只有「勤勉審慎」。

26. 關於創業者在相關產業的經驗如何影響企業表現，相關學術研究請參見：Rajshree Agarwal, Raj Echambadi, April Franco, and M. B. Sarkar, "Knowledge Transfer through Inheritance: Spin-out Generation, Development, and Survival," *Academy of Management Journal* 47, no. 4 (2004): 501–522; Aaron Chatterji, "Spawned with a Silver Spoon? Entrepreneurial Performance and Innovation in the Medical Device Industry," *Strategic Management Journal* 30, no. 2 (2009): 185–206; Charles Eesley and Edward Roberts, "Are You Experienced or Are You Talented? When Does Innate Talent Versus Experience Explain Entrepreneurial Performance?" *Strategic Entrepreneurship Journal* 6 (2012): 207–219。此外Eggers and Song, "Dealing with Failure" 一文中指出，在連續創業者當中，相較於前一次創業成功的人，前一次創業失敗的人比較會把失敗的原因怪罪於外部環境，而非檢討自己能力不足，於是再次創業也就比較容易轉換產業。此外他們也指出，無

論前一次創業成敗，一旦轉換產業，都對下一次創業的企業表現有
害。這一點也就強烈支持「產業經驗有助於提升成功機率」的說法。

第2章　第22條軍規

1. Eisenmann, "Entrepreneurship: A Working Definition" 提出四項可以打破第
   22條軍規的策略。

2. Richard Hamermesh and Thomas Eisenmann, "The Entrepreneurial Manager,
   Course Overview: 2013 Winter Term," HBS course note 813155, Jan. 2013 文
   中簡要介紹這套思考框架。我是在2013年準備哈佛商學院企管碩士創
   業精神必修課程時發展出這套思考框架，並得到教學群組同事協助加
   以改進。關於其中菱形的元素，分析細節請見：Thomas Eisenmann,
   "Business Model Analysis for Entrepreneurs," HBS course note 812096, Dec.
   2011 (rev. Oct. 2014)。

3. Thiel, *Zero to One* 書中強調專利智慧財產權對於競爭的重要性，也討論
   該如何取得這樣的優勢。

4. Fiona Southey, "Rouqette 'Significantly Increases' Pea Protein Supply Deal
   with Beyond Meat," Food Navigator website, Jan. 16, 2020.

5. 關於網路效應如何影響顧客對於產品價值的觀感，參見：Thomas
   Eisenmann, Geoffrey Parker, and Marshall Van Alstyne, "Strategies for Two-
   Sided Markets," *Harvard Business Review,* Oct. 2006; Thomas Eisenmann,
   "Platform-Mediated Networks: Definitions and Core Concepts," HBS course
   note 807049, Sept. 2006 (Oct. 2007 rev.); Geoffrey Parker, Marshall Van
   Alstyne, and Sangeet Choudary, *Platform Revolution: How Networked Markets
   Are Transforming the Economy and How to Make Them Work for You* (New
   York: W. W. Norton, 2017); James Currier, "The Network Effects Manual: 13
   Different Network Effects (and Counting)," NfX blog; Anu Hariharan, "All
   about Network Effects," Andreessen Horowitz blog, Mar. 7, 2016。

6. Thomas Eisenmann and Jeff Huizinga, "Poppy: A Modern Village for
   Childcare," HBS case 820715, Nov. 2017; Thomas Eisenmann, Scott

Kominers, Jeff Huizinga, and Allison Ciechanover, "Poppy (B)," HBS case 820715, Mar. 2020.

7. Blake Masters, "Peter Thiel's CS183: Startup—Class 10 Notes Essay," Blake Masters blog, May 8, 2012.

8. Thomas Eisenmann, Michael Pao, and Lauren Barley, "Dropbox: It Just Works," HBS case 811065, Jan. 2011 (Oct. 2014 rev.).

9. Startup Genome Project, "A Deep Dive into the Anatomy of Premature Scaling," Startup Genome website, Sept. 2, 2011.

10. 如果想要更深入了解如何計算LTV與CAC，請參見：Tom Eisenmann, "Business Model Analysis, Part 6: LTV and CAC," Platforms & Networks blog, July 27, 2011; David Skok, "What's Your TRUE Customer Lifetime Value (LTV)—DCF Provides the Answer," for Entrepreneurs blog, Feb. 23, 2016; Eric Jorgenson, "The Simple Math Behind Every Profitable Business—Customer Lifetime Value," *Medium,* Mar. 16, 2015。

11. Wasserman, *Founder's Dilemmas* 書中提供對創業者以及各種選擇的深入分析。

12. 如欲了解關於企業表現與創業者產業經驗相關性的學術研究，請參見第一章參考資料。

13. 請參見：Arnold Cooper, Carolyn Woo, and William Dunkelberg, "Entrepreneurs' Perceived Chances for Success," *Journal of Business Venturing* 3, no. 2 (1988): 97–108; L. W. Busenitz and Jay Barney, "Differences between Entrepreneurs and Managers in Large Organizations: Biases and Heuristics in Strategic Decision-Making," *Journal of Business Venturing* 12, no. 1 (1997): 9–30; Antonio Bernardo and Ivo Welch, "On the Evolution of Overconfidence and Entrepreneurs," *Journal of Economics & Management Strategy* 10, no. 3 (2001): 301–330。Colin Camerer and Dan Lovallo, "Overconfidence and Excess Entry: An Experimental Approach," *American Economic Review* 89, no. 1 (1999): 306–318文中的實驗結果顯示，在一項模擬中，過度自信的人比較會在前景並不確定的市場中創業，於是踏入競爭激烈的市場並

造成財務損失。Mathew Hayward, Dean Shepherd, and Dale Griffin, "A Hubris Theory of Entrepreneurship," *Management Science* 52, no. 2 (2006): 160–172文中則分析可能增加創業者過度自信的企業屬性，並解釋為何過度自信的創業者更可能失敗。

14. 本節部分內容參考：Tom Eisenmann, "Head Games: Ego and Entrepreneurial Failure," O'Reilly Radar website, July 9, 2013。關於創業者過度自信對後續表現的影響，相關學術研究參見：Artinger and Powell, "Entrepreneurial Failure"; Robin Hogarth and Natalia Karelaia, "Entrepreneurial Success and Failure: Confidence and Fallible Judgment," *Organization Science* 23, no. 6 (2012): 1733–1747。

15. 關於創投業者支持應該在招聘時以態度為重，參見：Mark Suster, "Whom Should You Hire at a Startup (Attitude over Aptitude)?" *TechCrunch,* Mar. 17, 2011. Wasserman, *Founder's Dilemmas,* Ch. 8, also addresses hiring choices。

16. 關於創業早期的募資決策分析，參見：Brad Feld and Jason Mendelson, *Venture Deals: Be Smarter Than Your Lawyer and Venture Capitalist* (Hoboken, NJ: Wiley, 2011); Jeffrey Bussgang, *Mastering the VC Game: A Venture Capital Insider Reveals How to Get from Start-up to IPO on YOUR Terms* (New York: Portfolio, 2011); Jason Calacanis, *Angel: How to Invest in Technology Startups* (New York: Harper Business, 2017); Scott Kupor, *Secrets of Sand Hill Road: Venture Capital and How to Get It* (New York: Portfolio, 2019)。

17. Wasserman, *Founder's Dilemmas,* p. 291.

18. Marc Andreessen, "Part 6: How Much Funding Is Too Little? Too Much?" The Pmarca Guide to Startups website, July 3, 2007.

19. 參見：Marc Andreessen, "Part 5: The Moby Dick Theory of Big Companies," The Pmarca Guide to Startups website, June 27, 2007。Dharmesh Shah, "Advice for Partnering with the Big and Powerful: Don't," OnStartups blog, Oct. 7, 2008文中也探討同樣的議題。

20. Eisenmann et al., "Dropbox: It Just Works."

第3章　神點子，豬隊友

1. 所有關於昆西服飾的資訊與創辦人的引文，出自：Thomas Eisenmann and Lisa Mazzanti, "Quincy Apparel (A)," HBS case 815067, Feb. 2015 (Apr. 2016 rev.); Eisenmann and Mazzanti, "Quincy Apparel (B)," HBS case 815095, Feb. 2015 (Apr. 2016 rev.)。

2. 關於創業早期新創企業招聘員工的其他準則，參見：Julia Austin, "Hard to Do, and Easy to Screw Up: A Primer on Hiring for Startups," Being FA and Other Ponderings blog, Oct. 25, 2015; Dan Portillo, "Debugging Recruiting," Greylock Partners website, May 23, 2016; David Skok, "Recruiting—the 3rd Crucial Startup Skill," for Entrepreneurs blog; Sam Altman, "How to Hire," Sam Altman blog, Sept. 23, 2013; Fred Wilson, "MBA Mondays: Best Hiring Practices," AVC blog, June 11, 2012。

3. Wasserman, *Founder's Dilemmas,* Ch. 4.

4. Wasserman, *Founder's Dilemmas,* p. 131.

5. 關於如何選擇共同創辦人、如何處理與共同創辦人之間的衝突，進一步的指引請參見：Naval Ravikant, "How to Pick a CoFounder," Venture Hacks blog, Nov. 12, 2009; Simeon Simeonov, "When to Fire Your Co-Founders," Venture Hacks blog, Jan. 28, 2010; Jessica Alter, "Three Biggest Mistakes When Choosing a Cofounder," OnStartups website, Apr. 18, 2013；以及以下對Steve Blank的訪談出自："Looking for Love in All the Wrong Places—How to Find a Co-Founder," First Round Review website。

6. 除了上一章討論募資挑戰所引用的參考資料外，關於選擇創業早期投資人的準則，請參見：Geoff Ralston, "A Guide to Seed Fundraising," Y Combinator blog, Jan. 7, 2016; Chris Dixon, "What's the Right Amount of Seed Money to Raise?" cdixon blog, Jan. 28, 2009; Rob Go, "How a Seed VC Makes Investment Decisions," NextView blog, Apr. 8, 2015; Mark Suster, "How to Develop Your Fundraising Strategy," Both Sides blog, Jan. 17, 2012;

Roger Ehrenberg, "Thoughts on Taking VC Money," informationarbitrage blog, Dec. 5, 2009。

7.　關於如何與更有權力的合作夥伴進行協商，相關策略討論請參見：Peter Johnston, *Negotiating with Giants: Get What You Want Against the Odds* (Cambridge, MA: Negotiation Press, 2012)。

第4章　起跑失誤

1.　所有關於三角測量公司的資訊以及納賈拉吉的引文，出自：Nagaraj are Thomas Eisenmann and Lauren Barley, "Triangulate," HBS case 811055, Jan. 2011; Eisenmann and Barley, "Triangulate (B): Post Mortem," HBS case 819080, Nov. 2018; Eisenmann, Shikhar Ghosh, and Christopher Payton, "Triangulate: Stay, Pivot or Exit?" HBS case 817059, Oct. 2016。

2.　Ries, *The Lean Startup,* p. 160.

3.　關於網路交友新創企業挑戰的其他分析，參見：Andrew Chen, "Why Investors Don't Fund Dating," @andrewchen blog。

4.　Design Council, "What Is the Framework for Innovation? Design Council's Evolved Double Diamond," Design Council website.

5.　我將各項任務對應到雙菱形設計流程的想法，出自未發表的課程筆記：Tom Eisenmann, "Design Workshop," Nov. 2018。除了後文針對各種研究技巧所列出的參考文獻，也請參見：Bella Martin and Bruce Hanington, *Universal Methods of Design: 100 Ways to Research Complex Problems, Develop Innovative Ideas, and Design Effective Solutions* (Beverley, MA: Rockport, 2012); Jeanne Liedtka and Tim Ogilvie, *Designing for Growth: A Design Thinking Toolkit for Managers* (New York: Columbia Business School Publishing, 2011); Tom Kelley, *The Art of Innovation: Lessons in Creativity from IDEO, America's Leading Design Firm* (New York: Currency, 2001); Jake Knapp, *Sprint: How to Solve Big Problems and Test New Ideas in Just Five Days* (New York: Simon & Schuster, 2016); Laura Klein, *UX for Lean Startups: Faster, Smarter User Experience Research and Design*

(Beverley, MA: O'Reilly, 2013)。

6. 這項定位宣言修改自：Geoffrey Moore, *Crossing the Chasm: Marketing and Selling Disruptive Products to Mainstream Customers* (New York: Harper, 1991; 3rd ed. 2014), p. 186。

7. 關於顧客訪談的最佳實務，請參見：Frank Cespedes, "Customer Visits for Entrepreneurs," HBS course note 812098, Nov. 2011 (Aug. 2012 rev.); Elizabeth Goodman, Mike Kuniavsky, and Andrea Moed, *Observing the User Experience: A Practitioner's Guide to User Research* (Waltham, MA: Morgan Kaufmann, 2012), Ch. 6; Rob Fitzpatrick, *The Mom Test: How to Talk to Customers* (Scotts Valley, CA: CreateSpace, 2013); Cindy Alvarez, *Lean Product Development: Building Products Your Customers Will Buy* (Boston: O'Reilly, 2014)。

8. Blank, *Four Steps,* Ch. 3.

9. 參見：Moore, *Crossing the Chasm,* Ch. 2，書中分析早期採用者與主流顧客的差異。

10. 關於使用者測試的最佳實務，請參見：Goodman et al., *Observing the User Experience,* Ch. 11; Steve Krug, *Rocket Surgery Made Easy: The Do-It-Yourself Guide to Finding and Fixing Usability Problems* (Berkeley, CA: New Riders, 2010)。

11. 關於相關最佳實務，請參見：Goodman et al., *Observing the User Experience*，焦點團體在第七章、民族誌則在第九章。也請參見：Ellen Isaacs, "The Power of Observation: How Companies Can Have More 'Aha' Moments," GigaOm website, Sept. 15, 2012。

12. 關於使用旅程圖的方式及原因，請參見：Sarah Gibbons, "Journey Mapping 101," Nielsen Norman Group website, Dec. 9, 2018。

13. 關於競爭對手分析的最佳實務，請參見：Goodman et al., *Observing the User Experience,* Ch. 5。

14. 關於進行顧客調查的最佳實務，請參見：Goodman et al., *Observing the User Experience,* Ch. 12; SurveyMonkey, "Surveys 101," SurveyMonkey

website。

15. 關於發展人物誌的最佳實務，請參見：Goodman et al., *Observing the User Experience,* Ch. 17; Alan Cooper, *The Inmates Are Running the Asylum: Why High-Tech Products Drive Us Crazy and How to Restore the Sanity* (Carmel, IN: Sams-Pearson Education, 2004)。

16. 關於腦力激盪的最佳實務，請參見：Scott Berkun, "How to Run a Brainstorming Session," Scott Berkun blog; Tina Seelig, "Brainstorming—Why It Doesn't (Always) Work," *Medium,* Jan. 8, 2017。

17. Alberto Savoia, "The Palm Pilot Story," *Medium,* Mar. 2, 2019.

18. 設計界已經廣為接受這種「功能類似」與「外觀類似」的區分原則。關於這種區分的原則、以及設計師應該兩種都要使用的原因，請參見：Ben Einstein, "The Illustrated Guide to Product Development (Part 2: Design)," Bolt website, Oct. 20, 2015。

19. 關於為某項產品原型選擇擬真度高低時的權衡，請參見：John Willshire, "Want to Improve Your Design Process? Question Your Fidelity," Mind the Product website, Mar. 17, 2015; Lyndon Cerejo, "Design Better and Faster with Rapid Prototyping," Smashing Magazine website, June 16, 2010。

20. 以下問題改寫自 Danger Point Labs 創辦人暨執行長凱思・霍柏（Keith Hopper）在 2017 年 1 月的一場「企管碩士新創企業訓練營」課堂簡報。

21. 除了 Ries, *The Lean Startup* 之外，關於最小可行產品測試原理與最佳實務的進一步討論，請參見：Thomas Eisenmann, Eric Ries, and Sarah Dillard, "Hypothesis-Driven Entrepreneurship: The Lean Startup," HBS course note 812095, Dec. 2011 (July 2013 rev.); Steve Blank, "An MVP Is Not a Cheaper Product; It's about Smart Learning," Steve Blank blog, July 22, 2013。

22. Ries, *The Lean Startup,* p. 8.

23. 參見：Eisenmann et al., "Hypothesis-Driven Entrepreneurship," pp. 7–8，也請參見：Tristan Kromer, "Concierge versus Wizard of Oz Prototyping," Kromatic website。

第5章　假陽性

1. 本章所有關於巴魯公司的資訊以及海德的引文，出自：Thomas Eisenmann and Susie Ma, "Baroo: Pet Concierge," HBS case 820011, Aug. 2019; Eisenmann and Ma, "Baroo (B)," HBS case 820026, Aug. 2019。

2. Moore, *Crossing the Chasm* 書中詳細說明科技公司管理者難以看出早期採用者與主流顧客差異的方式及原因，也提到在發現這些差異後該以哪些策略來應對。

3. 關於鋰特汽車如何驗證需求，請參見：Thomas Eisenmann and Alex Godden, "Lit Motors," HBS case 813079, Dec. 2012 (Nov. 2014 rev.)。

4. Moore, *Crossing the Chasm* 書中認為，主流顧客會比早期採用者更可能想要「完整產品解決方案」（whole product solution），也就是把顧客自己動手的部分減到最少，並且提供所有能讓產品使用更方便的功能。此外，因為主流顧客與早期採用者之間的需求差異太大，主流顧客並不會覺得早期採用者的意見可靠。因此，作者建議在進入主流市場時採取「諾曼地登陸」的方式：重新設計一套完整產品解決方案，交付時要有盟軍提供所有必要支援，而且也要大力行銷、以彌補缺乏可靠顧客口碑的問題。

5. Eisenmann et al., "Dropbox: It Just Works."

第6章　才出油鍋，又入火坑

1. Swildens and Yee, "The Venture Capital Risk and Return Matrix."

2. Magdelena Petrova, "This Green Cement Company Says Its Product Can Cut Carbon Dioxide Emissions by Up to 70%," CNBC website, Sept. 28, 2019.

3. 我在2017年與 Jeffrey Rayport 共同發展出這套「6S思考框架」，以供哈佛商學院企管碩士選修課程「科技企業擴大規模」使用。本框架改編自麥肯錫的「7S」框架，請參見：Tom Peters and Robert Waterman, *In Search of Excellence: Lessons from America's Best-Run Companies* (New York: Harper & Row, 1982)。

4. 除了第2章討論網路效應時的相關參考文獻，關於能夠讓新創企業加速

顧客招攬的因素分析，請參見：Reid Hoffman and Chris Yeh, *Blitzscaling: The Lightning-Fast Path to Building Massively Valuable Companies* (New York: Currency, 2018); Albert Wenger, "Hard Choices: Growth vs. Profitability," Continuations blog, Oct. 12, 2015; Michael Skok, "Scaling Your Startup: The Deliberator's Dozen," LinkedIn blog, July 16, 2013; Thomas Eisenmann, "Scaling a Startup: Pacing Issues," HBS course note 812099, Nov. 2011 (Nov. 2014 rev.); Eisenmann, "Internet Companies' Growth Strategies: Determinants of Investment Intensity and Long-Term Performance," *Strategic Management Journal* 27, no. 12 (2006): 1183–1204。

5. John Gramlich, "10 Facts About Americans and Facebook," Pew Research Center website, May 16, 2019.

6. 關於新創企業擴展地域的方式與原因，請參見：John O'Farrell, "Building the Global Startup," Andreessen Horowitz blog, June 17, 2011，這是一系列五篇文章的第一篇；Steve Carpenter, "A Startup's Guide to International Expansion," *TechCrunch,* Dec. 23, 2015。

7. Olivia Solon, "How Uber Conquers a City in Seven Steps," The Guardian website, Apr. 12, 2017.

8. Thomas Eisenmann, Allison Ciechanover, and Jeff Huizinga, "thredUP: Think Secondhand First," HBS case 817083, Dec. 2016；關於thredUP進軍歐洲的策略，是由共同創辦人／執行長詹姆士・萊恩哈特在2017年2月來到哈佛商學院課堂時所描述。

9. J. Stewart Black and Tanya Spyridakis, "EuroDisneyland," Thunderbird case TB0195, June 15, 1999.

10. 關於這種產品演化的軌跡，相關討論請參見：Steve Sinofsky, "Everyone Starts with Simplicity; No-One Ends There (and That's Okay)," Learning by Shipping blog, May 13, 2014。

11. 關於企業收購所帶來的財務報酬，請參見：Jay Barney, "Returns to Bidding Firms in Mergers and Acquisitions: Reconsidering the Relatedness Hypothesis," *Strategic Management Journal* 9, no. S1 (1988): 71–78; Sara

Moeller, Frederik Schlingemann, and Rene Stulz, "Wealth Destruction on a Massive Scale? A Study of Acquiring-Firm Returns in the Recent Merger Wave," *Journal of Finance* 60, no. 2 (2005): 757–782。

12. 關於「贏家的詛咒」的描述，請參見：Richard Thaler, *The Winner's Curse: Paradoxes and Anomalies of Economic Life* (Princeton, NJ: Princeton University Press, 1994), Ch. 5。

13. Fred Wilson, "Why Early Stage Venture Investments Fail," Union Square Ventures blog, Nov. 30, 2007.

14. Fred Wilson, "The Finance to Value Framework," AVC blog, May 20, 2018.

15. 關於募資風險與對企業創新的影響，請參見：Ramana Nanda and Matthew Rhodes-Kropf, "Investment Cycles and Startup Innovation," *Journal of Financial Economics* 110 (2013): 403–418; Nanda and Rhodes-Kropf, "Financing Risk and Innovation," *Management Science* 63, no. 4 (2017): 901–918。

16. Wasserman, *Founder's Dilemmas,* Ch. 10討論新創企業執行長交棒的發生、軼事與後果。也請參見：Steve Blank, "I've Seen the Promised Land. And I Might Not Get There with You," Steve Blank blog, Jan. 21, 2010。

17. 關於新創企業董事會處理治理問題的進一步討論，請參見：Brad Feld and Mahendra Ramsinghani, *Startup Boards: Getting the Most Out of Your Board of Directors* (Hoboken, NJ: Wiley, 2013); Matt Blumberg, *Startup CEO: A Field Guide to Scaling Up Your Business* (Hoboken, NJ: Wiley, 2013), Part 4；弗萊德·威爾森（Fred Wilson）在2012年3月到4月間的一系列AVC部落格文章；塞斯·萊文（Seth Levine）在2018年10月到11月的一系列VC Adventure部落格文章，題為〈Designing the Ideal Board Meeting〉；以及Jeff Bussgang, "Board Meetings vs. Bored Meetings," *Business Insider,* Apr. 5, 2011。

18. 關於員工與結構的段落，部分改寫自：Thomas Eisenmann and Alison Wagonfeld, "Scaling a Startup: People and Organizational Issues," HBS course note 812100, Jan. 2012 (Feb. 2012 rev.)。關於新創企業在擴大規模時的人

資管理挑戰，其他觀點請參見：Ben Horowitz, *The Hard Thing about Hard Things* (New York: HarperCollins, 2014); Hoffman and Yeh, *Blitzscaling,* Part IV; Blumberg, *Startup CEO,* Part 2; Sam Altman, "Later Stage Advice for Startups," Y Combinator blog, July 6, 2016; Brian Halligan, "Scale-Up Leadership Lessons I've Learned over 9 Years as HubSpot's CEO," *Medium,* Jan. 10, 2016; Mark Suster, "This Is How Companies 'Level Up' after Raising Money," Both Sides blog, Apr. 10, 2014；Wasserman, *Founder's Dilemmas* 書中第8與第10章分別討論執行長雇用與交棒上的挑戰。

19. Horowitz, *The Hard Thing,* p. 193.

20. Fred Wilson, "MBA Mondays: Turning Your Team," AVC blog, Aug. 12, 2013.

21. 參見：Steve Blank, "The Peter Pan Syndrome: The Startup to Company Transition," Steve Blank blog, Sept. 20, 2010。這個說法原本指的是已經成人的人，但行為仍然像小孩一樣，出自：Dan Kiley, *The Peter Pan Syndrome: Men Who Have Never Grown Up* (New York: Dodd, Mead, 1983)。

22. John Hamm, "Why Entrepreneurs Don't Scale," *Harvard Business Review,* Dec. 2002.

23. Wasserman, *Founder's Dilemmas,* p. 299.

24. Eisenmann and Wagonfeld, "Scaling a Startup: People and Organizational Issues."

25. 關於產品經理的角色介紹，請參見：Jeffrey Bussgang, Thomas Eisenmann, and Rob Go, "The Product Manager," HBS course note 812105, Dec. 2011 (Jan. 2015 rev.)。

26. 相反的觀點請參見：Mark Suster, "Why Your Startup Doesn't Need a COO," Both Sides blog, Sept. 13, 2013。

27. 關於新創企業引進系統會有哪些模式，相關研究請參見：Anthony Davila, George Foster, and Ning Ja, "Building Sustainable High-Growth Startup Companies: Management Systems as an Accelerator," *California Management Review,* Spring 2010。許多科技公司都採用OKR（Objectives and Key Results，意思是「目標」與「關鍵結果」）進行績效管理，關

於 這 套 方 法 請 參 見：John Doerr, *Measure What Matters: How Google, Bono, and the Gates Foundation Rock the World with OKRs* (New York: Portfolio, 2018)；First Round Review, "AltSchool's CEO Rebuilt Google's Performance Management System to Work for Startups—Here It Is"。後者的 First Round Review 網站中訪談馬克斯・溫提拉（Max Ventilla），就討論 到新創企業如何採用 OKR。

28. 參　見：Ben Horowitz, *What You Do Is Who You Are: How to Create Your Business Culture* (New York: HarperCollins, 2019)。關於擴大規模中的新創 企業如何做好公司文化管理，其他觀點請參見：Horowitz, *The Hard Thing;* Blumberg, *Startup CEO,* Ch. 9; Hoffman and Yeh, *Blitzscaling,* Part IV; Dharmesh Shah, "Does HubSpot Walk the Talk on Its Culture Code?" OnStartups blog, Apr. 11, 2013; Kristi Riordan, "You Hire for Culture, but Have You Established What Your Culture Is?" *Medium,* May 30, 2016; Steve Blank, "The Elves Leave Middle Earth—Sodas Are No Longer Free," Steve Blank blog, Dec. 21, 2009。

29. 改寫自：Jerry Colonna, *Reboot: Leadership and the Art of Growing Up* (New York: Harper Business, 2019), p. 185。

30. 其他觀點請參見：Rands, "The Old Guard," *Medium,* Jan. 27, 2016。

31. Justin Randolph, Peter Levine, and James Lattin, "Dropbox," Stanford Graduate School of Business case E471, Apr. 20, 2013 (May 15, 2015, rev.).

32. Author interview with Samir Kaul, July 19, 2019.

33. Eisenmann and Godden, "Lit Motors."

34. William Sahlman and Matthew Lieb, "E Ink: Financing Growth," HBS case 800252, Dec. 1999.

第7章　速度陷阱

1. Ben Popper, "Demolition Man: Why Does Fab's CEO Keep Building Companies That Suddenly Implode?" The Verge website, Nov. 26, 2013.

2. 除非另有標注，否則本章前四段資訊均引自：Adam Penenberg, "Fab.

com: Ready, Set, Reset!" *Fast Company,* May 16, 2012。

3. Allison Shontell, "The Tech Titanic: How Red-Hot Startup Fab Raised $330 Million and Then Went Bust," Business Insider website, Feb. 6, 2015.

4. 2012年募資總金額引自Crunchbase。

5. 2012年銷售總金額引自Penenberg, "Ready, Set, Reset!"。2011年銷售總金額引自Jason Goldberg, "On the Rebound from Epic Failure," Hackernoon blog, June 20, 2016。

6. 虧損9,000萬美元的數字引自：Erin Griffith, "Fab's Eyes Are Bigger Than Its Wallet. That's Nothing $100 Million Can't Fix," *Pando Daily,* Apr. 30, 2013。

7. 行銷支出數字引自：Erin Griffith, "The Samwer Brothers May Have the Last Laugh on Fab after All," *Pando Daily,* Nov. 26, 2013。

8. 本處引自作者與傑森‧戈德堡於2019年7月3日的訪談內容。

9. 本段資訊引自：Griffith, "Samwer Brothers"。

10. 本處引自作者與戈德堡的訪談內容。

11. 除非另有標注，否則本段資訊均引自：Shontell, "Tech Titanic"。

12. Sarah Perez, "Fab: Europe Will Be 20% of Fab's 2012 Revenue," *TechCrunch,* Aug. 7, 2012.

13. Alex Konrad, "Fab Pivots Away from Flash Sales; Sets Sights on Amazon and IKEA," Forbes website, Apr. 30, 2013.

14. 本處引自作者與戈德堡的訪談內容。

15. Konrad, "Fab Pivots." 11,000種這個數字引自：Zachary Crockett, "Sh*t, I'm F*cked: Jason Goldberg, Founder of Fab," The Hustle website, Oct. 17, 2017。

16. 本處引自作者與戈德堡的訪談內容。

17. Crockett, "Sh*t, I'm F*cked."

18. 本段及下一段取自：Goldberg, "On the Rebound"。

19. Ingrid Lunden, "Fab Was Burning through $14 Million/Month before Its Layoffs and Pivot," *TechCrunch,* Oct. 20, 2014.

20. Goldberg, "On the Rebound."

21. Crockett, "Sh*t, I'm F*cked."

22. Ingrid Lunden, "Hem.com Is on the Block; Swiss Furniture Maker Vitra Likely Buyer," *TechCrunch,* Dec. 30, 2015.

23. Shontell, "Tech Titanic."

24. Kate Taylor and Benjamin Goggin, "49 of the Biggest Scandals in Uber's History," Business Insider website, May 10, 2019.

25. Claire Suddath and Eric Newcomer, "Zenefits Was the Perfect Startup. Then It Self-Disrupted," *Bloomberg Businessweek,* May 9, 2016.

26. RAWI測試的起源眾說紛紜，但我相信哈佛商學院同事希哈爾・戈許應該就是發明者，而且我、費爾達・哈迪蒙（Felda Hardymon）、托比・史都華（Toby Stuart）以及其他幾位哈佛商學院企管碩士所創業教學群組的同事也有幫點忙。

27. 「產品契合度」一詞為馬克・安德森所創，出自："Part 4: The Only Thing That Matters," The Pmarca Guide to Startups blog, June 25, 2007。也請參見：Andrew Chen, "When Has a Consumer Startup Hit Product-Market Fit?" @andrewchen blog; Sean Ellis, "Using Product/Market Fit to Drive Sustainable Growth," *Medium: Growth Hackers,* Apr. 5, 2019; Brian Balfour, "The Neverending Road to Product-Market Fit," Brian Balfour blog, Dec. 11, 2013。

28. 參見第2章關於LTV/CAC比計算的引用書目。

29. 許多資料都提到3.0這個目標，其中之一就是：Jared Sleeper, "Why Early-Stage Startups Should Wait to Calculate LTV: CAC, and How They Should Use It When They Do," for Entrepreneurs blog。

30. 關於世代分析的進一步討論，請參見：David Skok, "SaaS Metrics 2.0—A Guide to Measuring and Improving What Matters," for Entrepreneurs blog; Nico Wittenborn, "Cohort Analysis: A (Practical) Q&A," The Angel VC blog, Mar. 14, 2014; Sean Ellis and Morgan Brown, *Hacking Growth: How Today's Fastest-Growing Companies Drive Breakthrough Success* (New York: Currency, 2017), Ch. 7。

31. 本節的世代與CAC表格改寫自Mark Roberge and Thomas Eisenmann, "eSig: Growth Analysis," HBS case 817009, Aug. 2019 (Nov. 2019 rev.)的補

充資料。

32. Mark Roberge, *The Science of Scaling,* forthcoming ebook.

33. Jeff Bussgang, "Your LTV Math Is Wrong," *Seeing Both Sides,* Oct. 24, 2015 文中討論創業者常常會膨脹LTV的預測、以及在計算LTV時常犯的錯誤。

34. Jeff Bussgang, "Why Metrics Get Worse with Scale," *HuffPost,* Feb. 12, 2015.

35. Shontell, "Tech Titanic."

36. 本處引自作者與戈德堡的訪談內容；這也是下一段引文的來源。

37. Shontell, "Tech Titanic."

38. Shontell, "Tech Titanic."

39. Hoffman and Yeh, *Blitzscaling,* pp. 217–218.

40. Paul Graham, "Startup = Growth," Paul Graham blog, Sept. 2012.

41. 關於網路效應的參考資料，請見第2章引用書目。

42. 關於進行聯合分析的進一步指引，請參見：Elie Ofek and Olivier Toubia, "Conjoint Analysis: A Do-It-Yourself Guide," HBS course note 515024, Aug. 2014。

43. 關於計算病毒係數的原因及方式，進一步的指引請參見：Adam Nash, "User Acquisition: Viral Factor Basics," Psychohistory blog, Apr. 4, 2012。

44. 本節關於轉換成本、與下一節關於規模經濟的部分，改寫自：Thomas Eisenmann, "Note on Racing to Acquire Customers," HBS course note 803103, Jan. 2003 (Sept. 2007 rev.)。

45. 關於降階作為以及可能的影響，改寫自：Eisenmann, "Note on Racing"。

第8章　缺少援助

1. 除非另有標注，否則本章關於Dot&Bo的資訊及安東尼・蘇胡與同事的引文均出自：Thomas Eisenmann, Allison Ciechanover, and George Gonzalez, "Anthony Soohoo at Dot & Bo: Bringing Storytelling to Furniture E-Commerce," HBS case 820036, Sept. 2019 (Dec. 2019 rev.); Eisenmann, Ciechanover, and Gonzalez, "Anthony Soohoo: Retrospection on Dot & Bo,"

HBS case 820037, Sept. 2019 (Dec. 2019 rev.)。

2. Jason DelRay, "One Kings Lane Sold for Less Than \$30 Million after Being Valued at \$900 Million," *Vox recode,* Aug. 23, 2016.

3. 關於創投資金超漲超跌的原因及影響分析，請參見：Paul Gompers and Josh Lerner, *The Money of Invention: How Venture Capital Creates New Wealth* (Boston: Harvard Business School Press, 2001), Ch. 6; Gompers and Lerner, *The Venture Capital Cycle* (Cambridge, MA: MIT Press, 2004); Paul Gompers, Anna Kovner, Josh Lerner, and David Scharfstein, "Venture Capital Investment Cycles: The Impact of Public Markets," *Journal of Financial Economics* 87 (2008): 1–23; Nicholas, *VC: An American History,* Ch. 8。

4. 關於如何撐過估值超漲超跌循環的其他觀點，請參見：Eisenmann, "Note on Racing"。關於資本市場估值過高與產品市場投資過度之間關係的分析，相關整理歸納請見：Thomas Eisenmann, "Valuation Bubbles and Broadband Deployment," Ch. 4 in Robert Austin and Stephen Bradley (eds.), *The Broadband Explosion: Leading Thinkers on the Promise of a Truly Interactive World* (Boston: Harvard Business School Press, 2005)。

5. 請參見本・霍羅維茲的兩篇文章："Old People," Andreessen Horowitz blog, December 5, 2012, "Why Is It Hard to Bring Big Company Execs into Little Companies?" Business Insider website, Apr. 22, 2010。

6. Rand Fishkin, *Lost and Founder: A Painfully Honest Field Guide to the Startup World* (New York: Portfolio, 2018), Ch. 5.

7. 關於聘用時的最佳實務，請參見第6章相關引用書目。

8. Thomas Eisenmann and Halah AlQahtani, "Flatiron School," HBS case 817114, Jan. 2017.

9. 本段及下一段改寫自：Eisenmann and Wagonfeld, "Scaling a Startup: People and Organizational Issues"。

第9章　登月計畫與一再發生的奇蹟

1. Daniel Weisfield, "Peter Thiel at Yale: We Wanted Flying Cars, Instead We Got

140 Characters," Yale School of Management website, Apr. 27, 2013.

2. 除非另有標注，否則本章前三段資訊均出自於：Max Chafkin, "A Broken Place: The Spectacular Failure of the Startup That Was Going to Change the World," *Fast Company,* May 2014。

3. 關於 SAP 公司裡的角色，出自：Elie Ofek and Alison Wagonfeld, "Speeding Ahead to a Better Place," HBS case 512056, Jan. 2012 (Mar. 2012 rev.)。

4. Brian Blum and Shlomo Ben-Hur, "Better Place: An Entrepreneur's Drive Goes Off Track," IMD case 940, Oct. 2018.

5. 稅率資訊出自：Brian Blum, *Totaled: The Billion-Dollar Crash of the Startup That Took on Big Auto, Big Oil and the World* (Sherman Oaks, CA: Blue Pepper, 2017), p. 27。

6. 本章提到樂土公司的募資細節出自 PitchBook。

7. 團隊成員背景資訊出自：Blum and Ben-Hur, "Better Place: An Entrepreneur's Drive"。

8. 本段所提到的第一個市場選擇、充電據點與電池交換站預計的成本與容量，引自：Ofek and Wagonfeld, "Speeding Ahead"。

9. Blum, *Totaled,* p. 225.

10. Chris Nuttal, "Better Place's $200M Round to Expand Electric Car Networks," *Financial Times,* Nov. 22, 2011.

11. Ofek and Wagonfeld, "Speeding Ahead."

12. 關於車輛與年費的定價，分別引自 Blum, *Totaled* 的第 200 頁與 205 頁。

13. 關於車輛與電池的成本，分別引自 Blum, *Totaled* 的第 201 頁與 190 頁；2008 年的電池成本預測引自：Ofek and Wagonfeld, "Speeding Ahead"。

14. Ofek and Wagonfeld, "Speeding Ahead" 書中提到行駛 12,000 英里的電力成本為 600 美元，再加上每位顧客每年的維修費為「幾百美元」。因此，根據文中所提供的數據：一、每個充電據點的成本為 250 美元、每個電池交換站成本為 40 萬美元；二、每位顧客需要兩個充電據點、每 2,000 位顧客需要一個電池交換站；我再加上假設充電據點和電池交換站的

折舊為70美元，而兩者的折舊年限都是10年。

15. Blum, *Totaled,* p. 86列出各辦事處及預定地點。

16. OSCAR的敘述請見：Blum, *Totaled,* p. 64 and p. 135。

17. 6,000萬美元的預估成本引自：Blum, *Totaled,* p. 67。

18. 《時代》雜誌列表引自：Blum and Ben-Hur, "Better Place: An Entrepreneur's Drive"。TED Talk日期為2009年4月19日。

19. Chafkin, "Broken Place."

20. Vauhini Vara, "Software Executive Shifts Gears to Electric Cars," *Wall Street Journal,* Oct. 29, 2007.

21. Clive Thompson, "Batteries Not Included," *New York Times Magazine,* Apr. 16, 2009.

22. 關於這場通用汽車的會議，可參見：Chafkin, "Broken Place"; Ch. 6 of Blum, *Totaled*。

23. 樂土公司與雷諾日產聯盟新電動車負責人的關係，以及下一段就「智慧螺絲」的爭論，可參見：Blum, *Totaled*第10章，關於快速充電的權衡則在原文書第61頁。

24. Peter Valdes-Dapena, "The Nissan Leaf Will Cost $25,000," CNN Money website, Mar. 30, 2010.

25. Blum, *Totaled,* p. 219提到對樂土公司充電據點含安裝的成本預測，金額為2,000～3,000美元；平均在美國建置充電據點的成本則為1,350美元。

26. Leslie Guevarra, "GE and Lowe's Partner to Power EV Charging at Home," GreenBiz website, July 19, 2011.

27. 平均每站成本超過200萬美元的數字是引自：Chafkin, "Broken Place"。

28. Blum, *Totaled,* pp. 62–63.

29. Blum, *Totaled,* pp. 172–174.

30. Blum, *Totaled,* pp. 158–159.

31. Blum, *Totaled,* p. 193提到Fluence交貨延遲。

32. Blum, *Totaled,* pp. 186–188討論開挖的限制。

33. Blum, *Totaled,* p. 181討論加油站的限制。

34. Blum, *Totaled,* pp. 202–204.

35. Blum, *Totaled,* p. 195.

36. Chafkin, "Broken Place" 提到每日 50 萬美元的燒錢速率。

37. Blum, *Totaled,* p. 226 討論使用稅，p. 228 則提到剩餘價值的考量。

38. Blum, *Totaled,* pp. 210–212；「朋友如果不真心，就算不上朋友」引自 p. 232。

39. Blum, *Totaled,* pp. 192–194.

40. 關於募資失敗與阿格西的離職，可參見：Chafkin, "Broken Place"；這也是「不到 1,500 輛」的資料來源。關於繼任阿格西的後續兩位執行長做了哪些努力，可參見：Blum, *Totaled,* Ch. 19。

41. Blum, *Totaled,* p. 258 提到樂土公司顧客的使用情形。

42. Kristen Korosec, "Telsa's Battery Swap Program Is Pretty Much Dead," Fortune website, June 10, 2015.

43. 參見：Barry Staw, "The Escalation of Commitment to a Course of Action," *Academy of Management Review* 6, no. 4 (1981): 577–587。遇上不好的結果之後反而會想「加碼投入」的傾向，其實符合展望理論（prospect theory）的核心原則，也就是個人面臨「獲利」時（當下處於獲利狀態，如果賭錯就會虧損），常常傾向規避風險；而面臨「虧損」時，則會傾向追求風險；可參見：Daniel Kahneman and Amos Tversky, "Prospect Theory: An Analysis of Decision under Risk," *Econometrica* 47, no. 2 (1979): 263–292。同樣的，「承諾升級」大致上也很類似「危機僵化反應」，所以個人或組織受到威脅時，常常會回頭使用自己熟悉的策略，而非尋找新的策略；可參見：Barry Staw, Lance Sandelands, and Jane Dutton, "Threat-Rigidity Effects in Organizational Behavior: A Multilevel Analysis," *Administrative Science Quarterly* 26, no. 4 (1981): 501–524。

44. 本段細節引自：John Bloom, *Eccentric Orbits: How a Single Man Saved the World's Largest Satellite Constellation from Fiery Destruction* (New York: Atlantic Monthly Press, 2016)；市場研究預測請見第 196 頁，64 億美元投資請見第 209 頁。

45. Patrick Vlaskovits, "Henry Ford, Innovation, and That 'Faster Horse' Quote," Harvard Business Review blog, Aug. 29, 2011.

46. 本 段 細 節 引 自：Steve Kemper, *Code Name Ginger: The Story Behind Segway and Dean Kamen's Quest to Invent a New World* (Boston: Harvard Business School Press, 2003)。ADL預測引自第63頁；最初消費者試乘測試可參見第227頁。

47. Jordan Golson, "Well, That Didn't Work: The Segway Is a Technological Marvel. Too Bad It Doesn't Make Any Sense," *Wired,* Jan. 16, 2015.

48. Johnny Diaz, "Segway to End Production of Its Original Personal Transporter," *New York Times,* June 24, 2020.

49. 本段細節及下一段關於GO公司產品開發的資訊，引自：Josh Lerner, Thomas Kosnik, Tarek Abuzayyad, and Paul Yang, "GO Corp," HBS case 297021, Sept. 2016 (Apr. 2017 rev.)。下一段關於GO公司失敗的細節，引自：Jerry Kaplan, *Startup: A Silicon Valley Adventure* (New York: Penguin, 1994), Ch. 13。

50. Bloom, *Eccentric Orbits,* p. 180.

51. Frederick Brooks, *The Mythical Man Month: Essays on Software Engineering* (Boston: Addison-Wesley, 1975).

52. Kemper, *Code Name Ginger,* p. 36.

53. Bloom, *Eccentric Orbits,* p. 182.

54. 這句話究竟是否出自賈伯斯仍有爭議。Quora上就有這個問題：「史蒂夫‧賈伯斯是在哪裡、什麼時候說了『我們活著，就該在這個宇宙留下一點印記』？」有一則回應猜這句話是為了電影《微軟英雄》(*Pirates of Silicon Valley*)所寫；另一則回應則認為是出自賈伯斯在1985年接受《花花公子》雜誌(*Playboy*)專訪時所提；也有人回應在華特‧艾薩克森(Walter Isaacson)執筆的《賈伯斯傳》(*Steve Jobs*)書中，多次提到賈伯斯用了「宇宙裡的印記」(dent in the universe)這個說法。

55. 這句關於車輛／大型主機的引文，引自：Kemper, *Code Name Ginger,* p. 93；「發展最快的企業」引自原文書第50頁；「引人注目，難以抗拒」則是引自第49頁。

56. Michael Maccoby, "Narcissistic Leaders: The Incredible Pros, the Inevitable Cons," *Harvard Business Review,* Jan. 2001.

57. Chad Navis and O. Ozbek, "The Right People in the Wrong Places: The Paradox of Entrepreneurial Entry and Successful Opportunity Realization," *Academy of Management Review* 41, no. 1 (2016): 109–129 文中認為，過度自信與自戀的人會高估成功的機率（因為過度自信），也會希望能做些新的大事而得到關注（因為自戀），因此更有可能被大膽、新穎的機會所吸引。文中兩位作者也認為過度自信與自戀會抑制學習，並且降低新企業成功的機率。

58. John Carreyrou, *Bad Blood: Secrets and Lies in a Silicon Valley Startup* (New York: Knopf, 2018), p. 43.

59. 參見：Blumberg, *Startup CEO,* Ch. 37。關於管理董事會的最佳實務，其他準則請參見第6章關於「各個董事的優先考量」段落的參考書目。

60. Frock, *Changing How the World Does Business.*

第10章　引擎空轉

1. Andrew Lee, "Startup Mortality: What End-of-Life Care Teaches Us about Startup Failure," *Medium: Startup Grind,* Nov. 28, 2017.

2. 除了 Wasserman, *Founder's Dilemmas,* Ch. 10之外，Michael Ewens and Matt Marx, "Founder Replacement and Startup Performance," *Review of Financial Studies* 31, no. 4 (2018): 1532–1565 文中也提供在新創企業表現不佳時更換執行長的資料數據，顯示企業表現在換人之後通常會有所改善。

3. Eric Jackson, *The PayPal Wars: Battles with eBay, the Media, the Mafia, and the Rest of Planet Earth* (Los Angeles: World Ahead, 2004).

4. Jason Koebler, "Ten Years Ago Today, YouTube Launched as a Dating Website," Vice website, Apr. 23, 2015.

5. Wilson, "Why Early Stage Venture Investments Fail" 文中提到，在他的投資組合中，有11家企業曾為他帶來5倍以上的獲利，而其中有7家曾經成

功轉向；但在他的投資組合中也有5家失敗的企業，而其中就只有1家
曾經成功轉向。他認為原因在於「他們營造出太大而無法持續的燒錢
速率。」

6. 其他觀點請參見：Fred Wilson, "The Pro Rata Participation Right," AVC
blog, Mar. 4, 2014; Mark Suster, "What All Entrepreneurs Need to Know about
Prorata Rights," Both Sides blog, Oct. 12, 2014。

7. 關於出售新創企業的其他觀點，請參見：Chris Dixon, "Notes on the
Acquisition Process," cdixon blog, Sept. 10, 2012; Ben Horowitz, "Should You
Sell Your Company?" Andreessen Horowitz blog, Jan. 19, 2011; Chris
Sheehan, "Corporate Development 101: What Every Startup Should Know,"
OnStartups blog, Apr. 2, 2014; John O'Farrell, "Knowing Where the Exits
Are," Andreessen Horowitz blog, May 30, 2012; James Altucher, "The 9 Most
Important Things to Remember If You Want to Sell Your Company,"
TechCrunch website, June 13, 2011。

8. Eisenmann, Ciechanover, and Gonzalez, "Anthony Soohoo: Retrospection."

9. Lindsay Hyde class visit, HBS MBA "Entrepreneurial Failure" course, Feb.
2019.

10. 關於創辦人將新創企業賣給大企業的指引，請參見：Scott Weiss, "The
'I-Just-Got-Bought-by-a-Big-Company' Survival Guide," Andreessen
Horowitz blog, Feb. 2, 2013。

11. Eisenmann et al., "Poppy (B)."

12. Fred Destin, "How to Get Really Screwed by Your Board and Investors in a
Scaled Startup," *Medium,* Sept. 30, 2016.

13. 關於過橋募資的其他觀點，請參見：Fred Wilson, "Financing Options:
Bridge Loans," AVC blog, Aug. 15, 2011; Jason Lemkin, "How Bridge Rounds
Work in Venture Capital: Messy, Full of Drama, and Not Without High Risk,"
SaaStr blog, June 20, 2019。

14. 關於裁員的其他觀點，請參見：Erick Schonfeld, "Email from Jason
Calacanis: How to Handle Layoffs," TechCrunch website, Oct. 22, 2008; Fred

Wilson, "MBA Mondays: How to Ask an Employee to Leave the Company," AVC blog, July 2, 2012。

15. Fishkin, *Lost and Founder,* Ch. 17.

16. Goldberg, "On the Rebound."

17. Author's interview with Goldberg.

18. Fishkin, *Lost and Founder,* Ch. 17.

19. Lee, "Startup Mortality."

20. Dawn DeTienne, Dean Shepherd, and Julio De Castro, "The Fallacy of 'Only the Strong Survive': The Effects of Extrinsic Motivation on the Persistence Decisions for Under-Performing Firms," *Journal of Business Venturing* 23 (2008): 528–546 文中提出一項理論模型來解釋為何創業者可能死守一家表現不佳的企業，再透過聯合分析來測試這項模型。其中一項我沒提到的因素是創業者過去創業成功的經驗。在本文作者群看來，創業者如果過去曾經成功，就可能認為自己已經掌握了致勝的方程式，也就更容易死守下去。

21. Mike Gozzo, My Startup Has 30 Days to Live blog, *Tumblr,* 2013.

22. Gozzo, 30 Days.

23. Lee, "Startup Mortality."

24. Steve Carpenter, class visit to HBS MBA course "Entrepreneurial Failure," Feb. 2019.

25. Gozzo, 30 Days.

26. Jerry Colonna, class visit to HBS MBA course "Entrepreneurial Failure," Mar. 2019.

27. Gozzo, 30 Days.

28. Gozzo, 30 Days.

29. Jasper Diamond Nathaniel, "When Your Startup Fails," Medium: Noteworthy blog, Apr. 15, 2019.

30. Eisenmann and Ma, "Baroo (B)."

31. 昆西服飾停業時的各項細節描述，是根據作者擔任投資人當時的經驗。

32. Eisenmann and Ma, "Baroo (B)."

33. Eisenmann and Ma, "Baroo (B)."

34. Author's interview with Aileen Lee, July 9, 2019.

35. 關於人才收購的其他觀點，請參見：John Coyle and Gregg Polsky, "Acqui-hiring," *Duke Law Journal* 62, no. 3 (2013): 281–346; Chris Dixon, "The Economic Logic Behind Tech and Talent Acquisitions," cdixon blog, Oct. 18, 2012。

36. Gozzo, 30 Days.

37. Lee, "Startup Mortality."

38. 關於事前支付律師費的建議，出自：Gabe Zichermann, "How and Why to Shut Down Your Startup," Medium: The Startup, Aug. 2, 2019，文中也提供其他關於停業過程的寶貴準則；另一項提供類似資訊的文獻則是 Alex Fishman, "How to Shut Down a Startup in 36 Hours," *Medium,* July 2, 2016。更多資源可參見由 Abigail Edgecliffe-Johnson 成立的網站 The Shut Down。

39. 停業時處理請求權的三種方式引自：Bethany Laurence, "Going Out of Business: Liquidate Assets Yourself or File for Bankruptcy?", Laurence, "How to Liquidate a Closing Business's Assets," NOLO website。其他參考資料也可參見：NOLO "Going Out of Business Page"。

40. Eisenmann et al., "Anthony Soohoo: Retrospection."

41. Bethany Laurence, "Negotiating Debt Settlements When You Go Out of Business," NOLO website.

42. Eisenmann and Ma, "Baroo (B)."

第11章　重整旗鼓

1. 本章前兩段是根據：Christina Wallace, "What Happens When You Fail?" Ch. 13 in Charu Sharma (ed.), *Go Against the Flow: Women, Entrepreneurship and Success* (independently published, 2019)。

2. Josh Carter, "Failing and Other Uplifting Anecdotes," *Medium,* Jan. 5, 2019.

3. Nikki Durkin, "My Startup Failed, and This Is What It Feels Like," *Medium:*

Female Founders, June 23, 2014.

4.　Elisabeth Kübler-Ross, *On Death and Dying: What the Dying Have to Teach Doctors, Nurses, Clergy and Their Own Families* (New York: Scribner, 1969).

5.　Eisenmann et al., "Anthony Soohoo: Retrospection."

6.　Eisenmann et al., "Anthony Soohoo: Retrospection."

7.　謝普教授關於創業失敗的學術研究重點可參見：Dean Shepherd, Trenton Williams, Marcus Wolfe, and Holger Patzelt, *Learning from Entrepreneurial Failure: Emotions, Cognitions, and Actions* (Cambridge, UK: Cambridge University Press, 2016)。如果一般讀者想瞭解謝普的見解，可參見：*From Lemons to Lemonade: Squeeze Every Last Drop of Success Out of Your Mistakes* (Upper Saddle River, NJ: Prentice Hall, 2009)。Walsh and Cunningham, "Business Failure and Entrepreneurship"則是整理歸納其他關於創業者如何在創業失敗後恢復的學術文獻。

8.　Eisenmann et al., "Poppy (B)."

9.　Adi Hillel, "Killing Your Startup and Staying Alive: Four Steps to Entrepreneurial Resilience," *Medium: Hubitus,* Mar. 23, 2016.

10.　Walsh and Cunningham, "Business Failure and Entrepreneurship"整理歸納了關於創業者如何在創業失敗後從中學習的學術文獻。Amy Edmondson, "Strategies for Learning from Failure," *Harvard Business Review,* April 2001 文中概述組織失敗的各種原因、從失敗中學習的阻礙，以及克服這些阻礙的策略。

11.　Y. Liu, Y. Li, X. Hao, and Y. Zhang, "Narcissism and Learning from Entrepreneurial Failure," *Journal of Business Venturing* 34 (2019): 496– 512 文中調查資料顯示，自戀型的創業者比較無法從過去的創業失敗中學習。

12.　本章戈德堡的引文出自：Goldberg, "On the Rebound"。

13.　要找出曾在2013、2014年創立並募資超過50萬美元、又在2015年停業的新創企業時，我使用的是PitchBook的資料。至於執行長的職涯經歷，是根據他們的LinkedIn個人頁面。在這50位執行長中，有25位過去曾有創業經驗，另外25位則是首次創業。

14. Jason Cope, "Learning from Entrepreneurial Failure: An Interpretive Phenomenological Analysis," *Journal of Business Venturing* 26 (2011): 604–623.

15. Fishkin, *Lost and Founder,* Afterword.

16. Eisenmann and Ma, "Baroo (B)."

17. "Agassi Turns Environment Friendly Focus to Mass Transport," *Haaretz,* Aug. 7, 2014.

給初次創業者的一封信

1. Graham, "Startup = Growth."

2. Daniel Kahneman, *Thinking, Fast and Slow* (New York: Farrar, Strauss and Giroux, 2011).

3. 校友創業者的回應請參見：Tom Eisenmann, "No Regrets (Mostly): Reflections from HBS MBA '99 Entrepreneurs," Launching Technology Ventures course blog, Mar. 28, 2011。

附錄　創業早期新創企業調查

1. 以470名樣本進行多元羅吉斯迴歸分析，模型適配度的卡方值等於198.1，在自由度等於92的情形下達到.000的顯著水準，顯示有良好的適配情形，且Cox–Snell的R^2值為.344。順序羅吉斯迴歸（ordinal logistic regression）所產生的結果大致類似，但我之所以使用多元羅吉斯迴歸，是因為手中的資料並不符合順序羅吉斯迴歸對等比優勢（proportional odds）的要求。換句話說，在估值結果從「中」到「低」的時候，預測變項對結果的影響與估值結果從「中」到「高」的時候並不相同。在本書作者一篇未正式發表的論文初稿中，可取得關於本模型與迴歸結果的進一步細節。

財經企管 BCB756

不受傷創業
Why Startups Fail: A New Roadmap for Entrepreneurial Success

作者 —— 湯姆・艾森曼　Tom Eisenmann
譯者 —— 林俊宏

副社長兼總編輯 —— 吳佩穎
書系主編 —— 蘇鵬元
責任編輯 —— 王映茹
封面設計 —— 倪旻鋒

出版者 —— 遠見天下文化出版股份有限公司
創辦人 —— 高希均、王力行
遠見・天下文化 事業群榮譽董事長 —— 高希均
遠見・天下文化 事業群董事長 —— 王力行
天下文化社長 —— 王力行
天下文化總經理 —— 鄧瑋羚
國際事務開發部兼版權中心總監 —— 潘欣
法律顧問 —— 理律法律事務所陳長文律師
著作權顧問 —— 魏啟翔律師
社址 —— 臺北市 104 松江路 93 巷 1 號
讀者服務專線 —— 02-2662-0012｜傳真 —— 02-2662-0007；02-2662-0009
電子郵件信箱 —— cwpc@cwgv.com.tw
直接郵撥帳號 —— 1326703-6 號　遠見天下文化出版股份有限公司

電腦排版 —— 薛美惠
製版廠 —— 東豪印刷事業有限公司
印刷廠 —— 祥峰印刷事業有限公司
裝訂廠 —— 台興印刷裝訂股份有限公司
登記證 —— 局版台業字第 2517 號
總經銷 —— 大和書報圖書股份有限公司｜電話 —— 02-8990-2588
出版日期 —— 2021 年 12 月 27 日第一版第 1 次印行
　　　　　　2024 年 10 月 9 日第一版第 3 次印行

國家圖書館出版品預行編目（CIP）資料

不受傷創業／湯姆・艾森曼（Tom Eisenmann）著；
林俊宏譯 . -- 第一版 . -- 臺北市：遠見天下文化出版股
份有限公司，2021.12
464 面；14.8×21 公分 . -- （財經企管；BCB756）

譯自：Why Startups Fail : A New Roadmap for
Entrepreneurial Success

ISBN 978-986-525-410-0（平裝）

1. 創業 2. 企業管理 3. 成功法

494.1　　　　　　　　　　　　　　　110021085

定價 —— 550 元
ISBN —— 978-986-525-410-0｜EISBN —— 9789865254162（EPUB）；9789865254155（PDF）
書號 —— BCB756
天下文化官網 —— bookzone.cwgv.com.tw

天下文化
BELIEVE IN READING